CAD/CAM 软件精品教程系列

CAXA

制造工程师2013实用教程

汤爱君　马海龙　段　辉　编著

电子工业出版社.

Publishing House of Electronics Industry

北京·BEIJING

内 容 简 介

本书面向 CAXA 制造工程师 2013 的初中级读者，全面系统地介绍了 CAXA 制造工程师 2013 的基本功能和应用技巧。全书共分 10 章，内容包括软件的基本操作、线架造型、曲面造型、特征实体造型、常用的数控加工方式、多轴加工、雕刻加工和其它加工、刀具轨迹编辑、综合实例等。相关章节都安排有知识点讲解及相关实例，能够使学生在理解工具命令的基础上，达到边学边练的目的。每章最后都精心安排了思考与练习，这样可以使学生巩固并检验本章所学的知识。

本书内容翔实，结构合理，图文并茂，深入浅出，案例丰富实用，步骤清晰明确，能够使用户快速、全面地掌握 CAXA 制造工程师 2013 基本应用。本书既可以作为各类培训学校的教学用书，也可作为工程技术人员及中专、中技、高职高专、本科院校相关专业师生的参考书。

图书在版编目（CIP）数据

CAXA 制造工程师 2013 实用教程/汤爱君，马海龙，段辉编著. —北京：电子工业出版社，2015.6
CAD/CAM 软件精品教程系列

ISBN 978-7-121-26256-2

Ⅰ.①C… Ⅱ.①汤… ②马… ③段… Ⅲ.①数控机床－计算机辅助设计－应用软件－教材 Ⅳ.①TG659

中国版本图书馆 CIP 数据核字（2015）第 123403 号

策划编辑：张　凌
责任编辑：夏平飞
印　　刷：北京虎彩文化传播有限公司
装　　订：北京虎彩文化传播有限公司
出版发行：电子工业出版社
　　　　　北京市海淀区万寿路 173 信箱　邮编 100036
开　　本：787×1 092　1/16　印张：20　字数：547 千字
版　　次：2015 年 6 月第 1 版
印　　次：2021 年 7 月第 8 次印刷
定　　价：38.00 元

凡所购买电子工业出版社图书有缺损问题，请向购买书店调换。若书店售缺，请与本社发行部联系，联系及邮购电话：（010）88254888，88258888。

质量投诉请发邮件至 zlts@phei.com.cn，盗版侵权举报请发邮件至 dbqq@phei.com.cn。

本书咨询联系方式：（010）88254583，zling@phei.com.cn。

前 言
Preface

基本内容

　　CAXA 制造工程师 2013 是北京数码大方科技有限公司（前称北航海尔软件有限公司）开发的，是在我国 CAM 领域有自主知识产权的品牌软件，它在 Windows 环境下运行，易学易用，一般用于加工中心/数控铣编程的 CAM 编程。它不仅从产品二维、三维设计，而且从加工、管理等众多方面，对产品的全生命周期提供了更加强大、更加完美的服务，广泛应用于机械、航天、汽车、船舶、轻工、化工、纺织等众多领域，并成为数控工艺员培训与资格考试和全国大学生数控大赛（数控铣和加工中心部分）的指定软件。

　　本书系统全面地介绍了 CAXA 制造工程师从平面图形、三维图形到数控编程的全过程。具体内容包括 CAXA 制造工程师 2013 的基本操作、线架造型、曲面造型、特征实体造型、常用的数控加工方式、多轴加工、雕刻加工和其它加工、刀具轨迹编辑、综合实例等。

　　针对市场上同类型入门书籍的不足，为了使读者迅速掌握使用 CAXA 制造工程师软件入门的要点与难点，每个知识点都通过一个典型的例题来说明其功能和用法，并给出重要的设置选项含义。本书按照案例式教学的写作模式，采用了知识点与实例并行的教学形式，不仅介绍了知识点，而且使初学者能够边学边练、快速上手，具有很高的实用价值，提高了读者的学习兴趣。

主要特点

　　本书作者都是长期使用 CAXA 制造工程师进行教学、科研和实际生产工作的教师和工程师，有着丰富的教学和写作经验。在内容编排上，按照读者学习的一般规律，结合大量实例讲解操作步骤，能够使读者快速、真正地掌握 CAXA 制造工程师软件的使用。

　　具体地讲，本书具有以下鲜明的特点：

- 从零开始，轻松入门；
- 图解案例，清晰直观；
- 图文并茂，操作简单；
- 实例引导，专业经典；
- 学以致用，注重实践。

读者对象

- 学习数控加工的初级读者；
- 具有一定三维知识、希望进一步深入掌握数控加工的中级读者；
- 大中专院校机械相关专业的学生；
- 从事三维建模及数控加工的工程技术人员。

　　本书既可以作为大中专院校机械专业的教材，也可以作为读者自学的教程和专业人员的参考手册。

本书由山东建筑大学汤爱君（编写第 3、第 4、第 5、第 6、第 7 章）、马海龙（编写第 2、第 8、第 9 章）、段辉（编写第 1、第 10 章）编写。参与编写的老师还有宋一兵、管殿柱、王献红、李文秋、张忠林、赵景波、曹立文、郭方方、初航、谢丽华等，在此一并表示感谢。

感谢您选择了本书，希望我们的努力对您的工作和学习有所帮助，也希望您把对本书的意见和建议告诉我们。

零点工作室网站地址：www.zerobook.net
零点工作室联系信箱：syb33@163.com

零点工作室

目 录

Contents

第 1 章 CAXA 制造工程师 2013 概述

【内容与要求】

　　CAXA 制造工程师是在 Windows 环境下运行 CAD/CAM 一体化的数控加工编程软件。CAXA 制造工程师 2013 为数控加工行业提供了从造型、设计到加工代码生成、加工仿真、代码校验等一体化的解决方案，是一款高效易学、具有很好工艺性的数控加工编程软件。

　　本章重点介绍 CAXA 制造工程师 2013 的基础知识，用户可以了解该软件的功能特点和常用的操作。CAXA 制造工程师 2013 是 CAXA 制造工程师系列软件的最新版本，它在性能和功能方面都有较大的增强，同时保证与低版本完全兼容。

　　本章应达到如下目标：

- 了解 CAXA 制造工程师 2013 的基本功能；
- 熟悉 CAXA 制造工程师 2013 的工作界面；
- 掌握 CAXA 制造工程师 2013 的常用键和坐标设置。

1.1 CAXA 制造工程师 2013 简介

　　CAXA 制造工程师是北京数码大方科技有限公司研制开发的全中文、面向数控铣床和加工中心的三维 CAD/CAM 软件。CAXA 制造工程师基于微机平台，采用原创 Windows 菜单和交互方式，包含特征实体造型、自由曲面造型、两轴到五轴的数控加工等重要功能。

1. 实体曲面完美结合

（1）方便的特征实体造型

　　采用精确的特征实体造型技术，可将设计信息用特征术语来描述，简便而准确。通常的特征包括孔、槽、型腔、凸台、圆柱体、圆锥体、球体和管子等，CAXA 制造工程师 2013可以方便地建立和管理这些特征信息。实体模型的生成可以用增料方式，通过拉伸、旋转、导动、放样或加厚曲面来实现，也可以通过减料方式，从实体中减掉实体或用曲面裁剪来实现，还可以用等半径过渡、变半径过渡、倒角、打孔、增加拔模斜度和抽壳等高级特征功能来实现，如图 1-1 所示。

（2）强大的 NURBS 自由曲面造型

　　CAXA 制造工程师 2013 从线框到曲面，提供了丰富的建模手段。可通过列表数据、数学模型、字体文件及各种测量数据生成样条曲线，通过扫描、放样、拉伸、导动、等距、边界网格等多种形式生成复杂曲面，并可对曲面进行任意裁剪、过渡、拉伸、缝合、拼接、相交和变形等，建立任意复杂的零件模型。通过曲面模型生成的真实感图，可直观显示设计结果，如图 1-2 所示。

（3）灵活的曲面实体复合造型

　　基于实体的精确特征造型技术，使曲面融合进实体中，形成统一的曲面实体复合造型模式，如图 1-3 所示。利用这一模式，可实现曲面裁剪实体、曲面生成实体、曲面约束实体等混合操作，是用户设计产品和模具的有力工具。

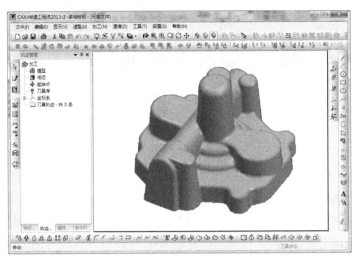

图 1-1　特征实体造型

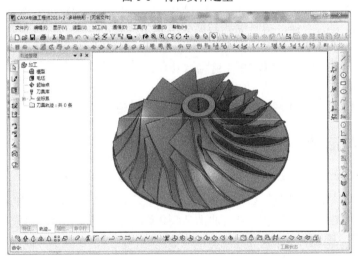

图 1-2　曲面造型

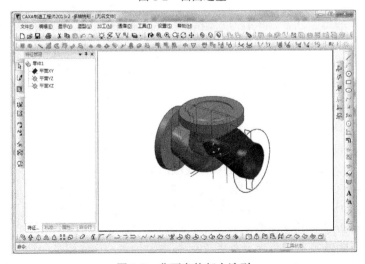

图 1-3　曲面实体复合造型

2. 优质高效的数控加工

CAXA制造工程师2013将CAD模型与CAM加工技术无缝集成，可直接对曲面、实体模型进行一致的加工操作。支持轨迹参数化和批处理功能，明显提高工作效率；支持高速切削，大幅度提高加工效率和加工质量，通用的后置处理可向任何数控系统输出加工代码。

（1）两轴到五轴的数控加工功能

系统提供了多种加工方式供自动编程时灵活选择，以保证合理安排从粗加工、半精加工到精加工的工艺路线，从而可以生成各种刀具轨迹。

- 粗加工：平面区域粗加工、区域式粗加工、等高线粗加工、等高线粗加工2、扫描线粗加工、摆线粗加工、插铣式粗加工和导动线粗加工，共8种粗加工方式。
- 精加工：平面轮廓精加工、轮廓导动精加工、曲面轮廓精加工、曲面区域精加工、参数线精加工、投影线精加工、轮廓线精加工、导动线精加工、等高线精加工、等高线精加工2、扫描线精加工、浅平面精加工、限制线精加工、三维偏置加工和深腔侧壁加工，共15种精加工方式。
- 补加工：等高线补加工、笔式清根补加工、笔式清根补加工2、区域式补加工和区域式补加工2，共5种补加工方式。
- 槽加工：曲线式铣槽和扫描式铣槽2种槽加工方式。
- 多轴加工：4~5轴加工模块提供曲线加工、平切面加工、参数线加工、侧刃铣削加工等多种4~5轴加工功能。标准模块提供2~3轴铣削加工。4~5轴加工为选配模块，如图1-4所示。

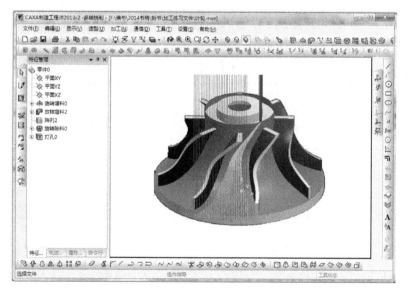

图1-4　多轴加工

（2）支持高速加工

本系统支持高速切削工艺，以提高产品精度，降低代码数量，使加工质量和效率大大提高。可设定斜向切入和螺旋切入等接近和切入方式，拐角处可设定圆角过渡，轮廓与轮廓之间可通过圆弧或S字形方式来过渡形成光滑连接，从而生成光滑刀具轨迹，有效地满足了高速加工对刀具路径形式的要求。

（3）参数化轨迹编辑和轨迹批处理

CAXA制造工程师的"轨迹编辑"功能（见图1-5）可实现参数化轨迹编辑。用户只需选中已有的数控加工轨迹,修改原定义的加工参数表,即可重新生成加工轨迹。CAXA 制造工程师可以先定义加工轨迹参数,而不立即生成轨迹。工艺设计人员可先将大批加工轨迹参数事先定义而在某一集中时间批量生成。这样,合理地优化了工作时间。

（4）独具特色的加工仿真与代码验证

可直观、精确地对加工过程进行模拟仿真、对代码进行反读校验。仿真过程中可以随意放大、缩小、旋转,便于观察细节,可以调节仿真速度;能显示多道加工轨迹的加工结果,如图 1-6 所示。仿真过程中可以检查刀柄干涉、快速移动过程（G00）中的干涉、刀具无切削刃部分的干涉情况,可以将切削残余量用不同颜色区分表示,并把切削仿真结果与零件理论形状进行比较等。

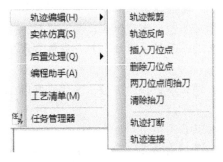

图 1-5 轨迹编辑

图 1-6 加工仿真

（5）加工工艺控制

CAXA 制造工程师 2013 提供了丰富的工艺控制参数,可以方便地控制加工过程,使编程人员的经验得到充分地体现,如表 1-1 所示。

表 1-1 加工工艺

工艺清单				日　期	2003.4.3
零件	零件名称	零件编号	零件图图号	毛坯种类	材料	加工件数
	刹车片锻模	001	PDM9832145-01	精锻件	Q235-A	1
工序	序号	工序名称	机床型号	刀具号	刀具参数	工时	总工时
	1	1-等高粗加工		1	刀具直径=20.00 刀角半径=0.00 刀刃长度=50.00	211 分钟	
	2	2-平切面粗加工		0	刀具直径=10.00 刀角半径=5.00 刀刃长度=50.00	190 分钟	
	3	3-曲面区域加工	FANUC	2	刀具直径=16.00 刀角半径=8.00 刀刃长度=50.00	28 分钟	499 分钟
	4	4-等高精加工		0	刀具直径=10.00 刀角半径=5.00 刀刃长度=50.00	68 分钟	
	5	5-清根补加工		0	刀具直径=10.00 刀角半径=5.00 刀刃长度=50.00	2 分钟	
工艺数据与人员	加工参数文件	G 代码文件	设　计	工艺制定	审　核	
	F:/锻模 002（参数）.htm	F:/锻模 002（G 代码）.htm	闫光荣	李秀	谢小显	

（6）通用后置处理

全面支持 SIEMENS、FANUC 等多种主流机床控制系统。CAXA 制造工程师提供的后置处理器，无须生成中间文件就可直接输出 G 代码控制指令。系统不仅可以提供常见的数控系统的后置格式，用户还可以定义专用数控系统的后置处理格式，如图 1-7 所示。可生成详细的加工工艺清单，方便 G 代码文件的应用和管理。

图 1-7　后置配置

3．卓越的工艺性与"知识加工"

可将某类零件的加工步骤、使用刀具、工艺参数等加工条件保存为规范化的模板，形成企业的标准工艺知识库，类似零件的加工即可通过调用"知识加工"模板来进行。这样就保证了同类零件加工的一致性和规范化。同时，初学者更可以借助师傅积累的"知识加工"模板，实现快速入门和提高。

4．Windows 界面操作

CAXA 制造工程师基于微机平台，采用原创 Windows 菜单和交互，全中文界面，让用户一见如故，轻松流畅地学习和操作。全面支持英文、简体和繁体中文 Windows 环境。

5．丰富流行的数据接口

CAXA 制造工程师是一个开放的设计／加工工具。它提供了丰富的数据接口，包括：直接读取市场上流行的三维 CAD 软件，如 CATIA、Pro／ENGINEER、UG 的数据接口；基于曲面的 DXF 和 IGES 标准图形接口，基于实体的 STEP 标准数据接口；Parasolid 几何核心的 x_t、x_b 格式文件；ACIS 几何核心的 SAT 格式文件，面向快速成型设备的 STL 以及面向 Internet 和虚拟现实的 VRML 等接口。这些接口保证了与世界流行的 CAD 软件进行双向数据交换，使企业可以跨平台和跨地域地与合作伙伴实现虚拟产品开发和生产。

6．全面开放的 2D、3D 开发平台

CAXA 制造工程师充分考虑用户的个性化需求，提供了专业而易于使用的 2D 和 3D 开发平台，以实现产品的个性化和专业化。用户可以随心所欲地扩展制造工程师的功能，甚至可以开发出全新的 CAD／CAM 产品。

7．品质一流的刀具轨迹和加工质量

加工路径的优化处理使刀具轨迹更加光滑、流畅、均匀、合理，大大提高了加工走刀的流畅性，保证了工件表面的加工质量。

1.2　软件安装与启动

CAXA 制造工程师以 PC 为硬件平台，可运行于 Windows XP、Windows 2003、Windows 2007 系统平台之上。

1.2.1　软件安装

CAXA 制造工程师 2013 以光盘介质发布，下面以 CAXA 制造工程师 2013 在 Windows XP 系统中的安装为例，介绍软件的安装。

[1] 将 CAXA 制造工程师 2013 光盘放入光盘驱动器中，待其自动运行。若光驱自动播放功能未启用，则单击鼠标进入【我的电脑】，双击光盘图标，直接运行光盘上的 AUTORUN.EXE 文件，将出现如图 1-8 所示的安装界面。

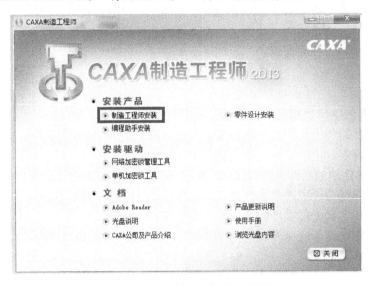

图 1-8　CAXA 制造工程师安装界面

[2] 选择"制造工程师安装"，系统自动配置安装向导，如图 1-9 所示。单击【下一步】按钮继续安装。

[3] 系统显示如图 1-10 所示的许可证协议对话框，单击【我接受】按钮，接受许可证协议中的全部条款，继续安装。如果不能接受许可证协议中的全部条款，单击【取消】按钮，系统会退出 CAXA 制造工程师 2013 的安装。

图 1-9　安装向导配置界面

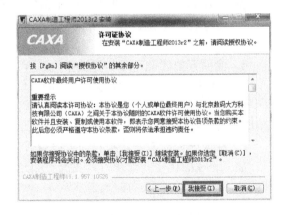

图 1-10　许可证协议

[4] 系统显示如图 1-11 所示的安装文件夹对话框，默认安装位置在 "c:\Program Files\CAXA\CAXACAM\11.1\" 目录下，读者可以单击【浏览】按钮来重新选择安装路径。

[5] 单击【安装】按钮，继续安装，系统显示如图 1-12 所示的安装过程界面。

[6] 整个软件安装完成后，系统显示如图 1-13 所示的安装完成对话框，单击【完成】按钮，即可以启动 CAXA 制造工程师 2013 开始工作。

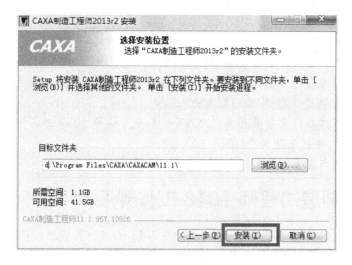

图1-11 安装文件夹

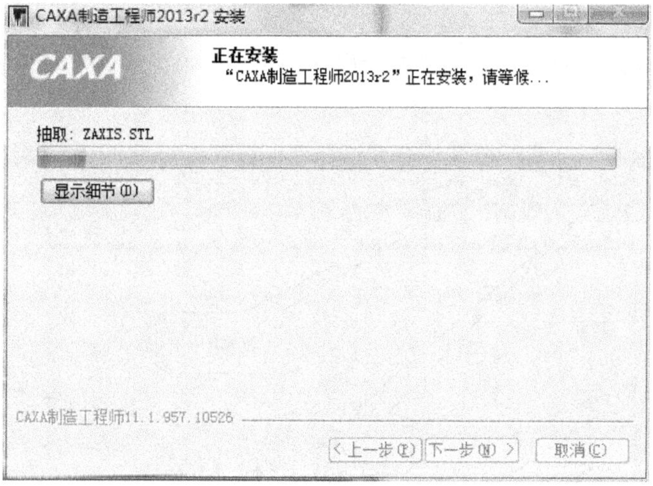

图1-12 安装过程

图1-13 安装完成

1.2.2 软件启动

用户可以通过多种方式来启动安装好的 CAXA 制造工程师 2013 程序：

- 依次单击屏幕左下角的【开始】—【程序】—【CAXA】—【CAXA 制造工程师】—【CAXA 制造工程师 2013】来进入软件。
- 程序安装完成后，会在桌面生成 CAXA 制造工程师 2013 的图标，双击它就可以进入 CAXA 制造工程师 2013。
- 进入【我的电脑】，双击图标为的 mxe 类型的文件。

1.3 CAXA 制造工程师 2013 工作界面

任意打开一个文件，进入 CAXA 制造工程师 2013 的工作界面，可以将该界面划分为不同的区域，如图 1-14 所示。和其它 Windows 风格的软件一样，各种应用功能通过菜单和工具栏驱动；状态栏指导用户进行操作并提示当前状态和所处位置；零件特征树/加工管理树记录了历史操作和相互关系；绘图区显示各种功能操作的结果；同时，绘图区和特征树为用户提供了数据的交互功能。

制造工程师工具栏中的每一个按钮都对应一个菜单命令，单击按钮和选择菜单命令是完全一样的。

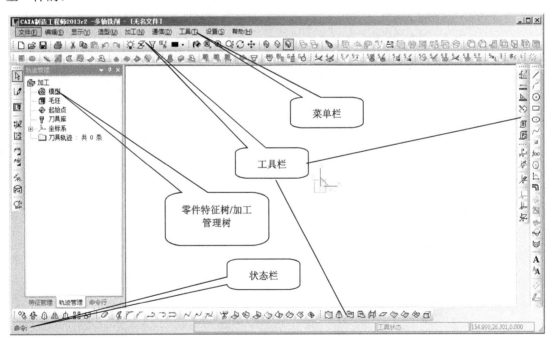

图 1-14　CAXA 制造工程师 2013 操作界面

1. 菜单栏

菜单栏包含了软件中所有的操作命令：文件、编辑、显示、造型、加工、通信、工具、设置、帮助功能模块。单击菜单栏上任意一个菜单项，都会弹出一个下拉式菜单，如图 1-15 所示。指向某一个菜单项会弹出其子菜单。

- 如果某一菜单右端有一个黑色的小三角，说明该菜单仍为标题项，单击，弹出相应子菜单，如图 1-15 所示。

- 如果某一菜单项为灰色的，则表明该项在当前状态下是不可选的。

2. 快捷菜单

光标处于不同的位置，单击鼠标右键就会弹出不同的快捷菜单。熟练地使用快捷菜单，可以大大地提高绘图速度。

- 将光标移到绘图区的实体上，单击实体，按鼠标右键，弹出快捷菜单如图1-16（a）所示。
- 在非草图状态，将光标移到绘图区的草图上，单击曲线，按鼠标右键，弹出快捷菜单如图1-16（b）所示。
- 将光标移到特征树中 XY、YZ、XZ 三个基准平面上，按鼠标右键，弹出快捷菜单如图1-16（c）所示。

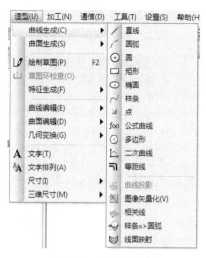

图1-15　下拉式菜单

- 将光标移到特征树中的特征上，按鼠标右键，弹出快捷菜单如图1-16（d）所示。
- 将光标移到特征树中的草图上，按鼠标右键，弹出快捷菜单如图1-16（e）所示。
- 在草图状态下，拾取草图曲线，按鼠标右键，弹出快捷菜单如图1-16（f）所示。
- 在空间曲线、曲面上选中曲线或者加工轨迹曲线，按鼠标右键，弹出快捷菜单如图1-16（g）所示。

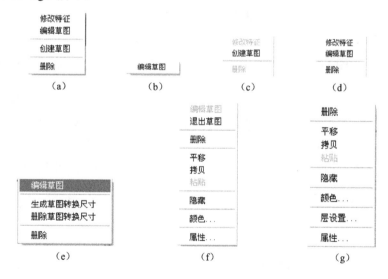

图1-16　快捷菜单

3. 工具栏

工具栏是一组工具的集合，以图标按钮方式表示。界面上的工具栏包括：标准工具栏、显示工具栏、状态工具栏、曲线工具栏、几何变换工具栏、线面编辑工具栏、曲面工具栏和特征工具栏，如图1-14所示。单击图标即可以直接启动相应命令。将光标停留在工具栏的按钮上，将会出现该工具按钮的功能提示。另外，用户可以根据需要自己定义工具栏。

（1）标准工具栏

标准工具栏（见图1-17）包含了常用的【新建文件】、【打开文件】、【打印文件】等 Windows 按钮，也有制造工程师的【线面可见】、【层设置】、【拾取过滤设置】、【当前颜色】按钮。

（2）显示变换栏

显示变换栏（见图1-18）包含了【移动】、【缩放】、【视向定位】等选择显示方式的按钮。

图1-17　标准工具栏　　　　　　　　　　　　图1-18　显示变换栏

（3）特征生成栏

特征生成栏（见图1-19）包含了特征造型过程中常用的命令，如【拉伸增料】、【旋转增料】、【拉伸除料】、【过渡】、【阵列】等命令。

图1-19　特征生成栏

（4）加工工具栏

加工工具栏（见图1-20）包含了常用的加工工具命令，如【粗加工】、【精加工】和【补加工】等加工方式。

图1-20　加工工具栏

（5）状态控制栏

状态控制栏（见图1-21）包含了【终止当前命令】、【绘制草图】和【启动数据接口】等功能。

（6）曲线生成栏

曲线生成栏（见图1-22）包含了【直线】、【圆弧】、【公式曲线】等丰富的曲线绘制工具。当单击某一个曲线命令按钮时，特征树会自动切换到命令行，如图1-23所示，并在状态栏显示相应的操作提示和执行命令状态。用户可以根据当前的作图要求，正确地选择某一选项，即可得到准确地响应。

图1-21　状态控制栏

图1-22　曲线生成栏　　　　　　　　　　　　图1-23　命令行

（7）几何变换栏

几何变换栏（见图1-24）包含了【平移】、【镜像】、【旋转】、【阵列】等常用的几何变换工具。

（8）线面编辑栏

图 1-24　几何变换栏

图 1-25　线面编辑栏

线面编辑栏（见图 1-25）包含了【删除】命令，以及曲线和曲面常用的【裁剪】、【过渡】等编辑命令。

（9）曲面生成栏

曲面生成栏（见图 1-26）包含了常用的曲面生成工具，如【直纹面】、【旋转面】和【扫描面】等命令。

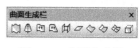
图 1-26　曲面生成栏

4．零件特征树/加工管理树

零件特征树/加工管理树位于工作界面的左侧，以树形格式直观地再现了该文件的一些特性。

- 零件特征树：记录了实体特征的创建顺序，选择某一特征，单击鼠标右键，用户可以对这些特征执行各种编辑操作，如图 1-27（a）所示。
- 加工管理树：记录了所生成刀具轨迹的刀具、几何元素、加工参数等信息，选择某一刀具轨迹，单击鼠标右键，用户可以对这些加工轨迹进行编辑处理等操作，如图 1-27（b）所示。

（a）零件特征树

（b）加工管理树

图 1-27　零件特征树/加工管理树

1.4　常用键

- 鼠标键：单击鼠标左键可以用来激活菜单、确定位置点、拾取元素等；单击鼠标右键可以用来确认拾取、结束操作和终止命令。

- [Enter]键和数值键：[Enter]键和数值键在系统要求输入点时，可以激活一个坐标输入条，在输入条中可以输入坐标值。
- 空格键：当系统要求输入点、输入矢量方向和选择拾取方式时，按空格键可以弹出对应菜单，便于查找选择。

当系统要求输入点时，按空格键可以激活点工具菜单，如图1-28（a）所示。

当系统要求输入方向时，按空格键可以激活矢量工具菜单，如图1-28（b）所示。

在一些操作中，如进行曲线组合时，当状态栏提示拾取元素时，按空格键可激活链拾取工具菜单，如图1-28（c）所示。

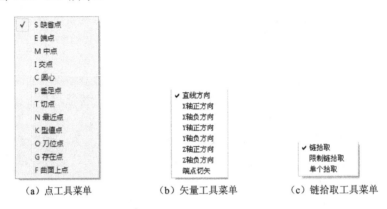

（a）点工具菜单　　　　（b）矢量工具菜单　　　（c）链拾取工具菜单

图1-28　按空格键弹出快捷菜单

> 📖 提示：当使用空格键进行操作时，在拾取操作完成后，最好重新按空格键进行选择，以便于下一步的选取。

CAXA 制造工程师 2013 设置了几种功能热键，对于一个熟悉 CAXA 制造工程师 2013 的用户，热键将极大地提高工作效率。

- [F1]键：请求系统帮助。
- [F2]键：草图器。用于绘制草图状态与非绘制草图状态的切换。
- [F3]键：显示全部。
- [F4]键：重画。
- [F5]键：将当前平面切换至 XOY 面。同时将显示平面置为 XOY 面，将图形投影到 XOY 面内进行显示。
- [F6]键：将当前平面切换至 YOZ 面。同时将显示平面置为 YOZ 面，将图形投影到 YOZ 面内进行显示。
- [F7]键：将当前平面切换至 XOZ 面。同时将显示平面置为 XOZ 面，将图形投影到 XOZ 面内进行显示。
- [F8]键：显示立体图。
- [F9]键：切换作图平面（XY、XZ、YZ）。
- 方向键（[←]、[↑]、[→]、[↓]）：显示平移。
- Shift+方向键（[←]、[↑]、[→]、[↓]）：显示旋转。
- [Ctrl]+[↑]：显示放大。
- [Ctrl]+[↓]：显示缩小。

- $\boxed{\text{Shift}}$+鼠标右键：显示缩放。
- $\boxed{\text{Shift}}$+鼠标左键：显示旋转。
- $\boxed{\text{Shift}}$+鼠标左键+右键：显示平移。

【例1-1】 常用键功能实例。

在 XOY 平面内绘制一条直线，直线的一个端点为已知圆的圆心点，直线的长度为30mm，与 X 轴夹角为45°。

设计过程

[1] 按 $\boxed{\text{F5}}$ 键，将当前平面切换至 XOY 面。

[2] 选择曲线工具栏上的【直线】按钮 ，此时特征树切换到命令行，如图1-29（a）所示。

[3] 在当前命令中选择"角度线""X 轴夹角""角度=45"，单击空格键，弹出点工具菜单，如图1-29（b）所示，选择拾取"圆心"，单击圆弧上任意一点。

[4] 根据状态提示栏拾取第二点或长度，按下 $\boxed{\text{Enter}}$ 键，激活坐标输入条，如图1-29（c）所示，通过键盘输入"30"，按下 $\boxed{\text{Enter}}$ 键，即可绘制如图1-29（d）所示直线。

（a）命令行　　　　（b）点工具菜单

（c）坐标输入条　　　　（d）直线

图1-29　绘制直线实例

1.5　坐标系设置

系统缺省坐标系叫做世界坐标系，系统允许用户同时存在多个坐标系，其中正在使用的坐标系叫做当前坐标系，其坐标架为红色，其它坐标架为白色。

在实际使用中，为了方便用户作图和管理，CAXA 制造工程师2013 设置了坐标系功能，主要包括创建坐标系、激活坐标系、删除坐标系、隐藏坐标系和显示所有坐标系。单击【工具】—【坐标系】，在该菜单中的右侧弹出下一级菜单选择项，如图1-30所示。

图1-30　坐标系

1.5.1 创建坐标系

在实际使用中，为方便作图，用户可以根据自己的实际需要，创建新的坐标系，在特定的坐标系下进行操作。单击【工具】—【坐标系】—【创建坐标系】，或直接单击按钮，系统弹出创建坐标系命令行，如图 1-31 所示。

图 1-31　创建坐标系立即菜单

创建坐标系常用的有五种方式：单点、三点、两相交直线、圆或圆弧、曲线切法线。

- 单点：输入一个坐标原点确定新的坐标系，坐标系名为给定名称。
- 三点：给出坐标原点、X 轴正方向上一点和 Y 轴正方向上一点生成新坐标系，坐标系名为给定名称。
- 两相交直线：拾取直线作为 X 轴，给出正方向，再拾取直线作为 Y 轴，给出正方向，生成新坐标系，坐标系名为指定名称。
- 圆或圆弧：以指定圆或圆弧的圆心为坐标原点，以圆的端点方向或指定圆弧端点方向为 X 轴正方向，生成新坐标系，坐标系名为给定名称。
- 曲线切法线：给定曲线上一点为坐标原点，以该点的切线为 X 轴，该点的法线为 Y 轴，生成新坐标系，坐标系名为给定名称。

【例 1-2】三点创建坐标系实例。

用三点方式创建名称为 ZJ 的直角坐标系。

设计过程

[1] 单击【工具】—【坐标系】—【创建坐标系】，在立即菜单中选择"三点"。

[2] 根据状态栏提示输入坐标原点，按下 Enter 键，在弹出的坐标输入条中输入坐标原点（20,20），按下 Enter 键。

[3] 根据状态栏提示输入 X+方向上一点，按下 Enter 键，在弹出的坐标输入条中输入（40,20），按下 Enter 键。用同样的方法确定 XOY 面及 Y+轴方位的一点（20,40）。

[4] 弹出输入条，根据状态栏提示输入用户坐标系名称 ZJ，按下 Enter 键确定。则结果如图 1-32 所示。

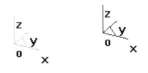

图 1-32　三点创建坐标

【例 1-3】两相交直线创建坐标系实例。

用图 1-33 所示的两相交直线，创建名称为 XJZX 的坐标系。

设计过程

[1] 单击【工具】—【坐标系】—【创建坐标系】，在立即菜单中选择"两相交直线"。

[2] 根据状态栏提示拾取第一条直线作为 X 轴，选择方向，如图 1-33 所示。

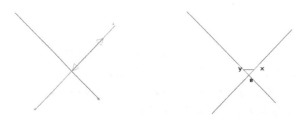

图 1-33　两相交直线创建坐标

[3] 根据状态栏提示拾取第二条直线，选择方向。

[4] 弹出输入条，输入坐标系名称XJZX，按下 Enter 键确定，生成如图 1-33 所示的坐标系。

【例1-4】 圆或圆弧创建坐标系实例。

用图 1-34 所示的圆弧，创建名称为 YH 的坐标系。

设计过程

[1] 单击【工具】—【坐标系】—【创建坐标系】，在立即菜单中选择"圆或圆弧"。

[2] 根据状态栏提示拾取圆弧，选择 X 轴位置（圆弧起点或终点位置），如图 1-34 所示。

[3] 弹出输入条，输入坐标系名称 YH，按下 Enter 键确定，生成如图 1-34 所示的坐标系。

图 1-34 圆弧创建坐标系

📖 **提示：** 用圆或圆弧方法创建的坐标系原点在圆或圆弧的圆心处，拾取的箭头方向即为 X 轴正向。

【例1-5】 曲线切法线创建坐标系实例。

用图 1-35 所示的样条曲线，创建名称为 QFX 的坐标系。

设计过程

[1] 单击【工具】—【坐标系】—【创建坐标系】，在立即菜单中选择"曲线切法线"。

[2] 根据状态栏提示拾取样条曲线，选择坐标原点为样条曲线上一点。

[3] 弹出输入条，输入坐标系名称 QFX，按下 Enter 键确定，生成如图 1-35 所示的坐标系。

图 1-35 曲线切法线创建坐标系

1.5.2 激活坐标系

有多个坐标系时，激活某一坐标系就是将这一坐标系设为当前坐标系。

单击【工具】—【坐标系】—【激活坐标系】，或者直接单击按钮 ⚙，弹出【激活坐标系】对话框，如图 1-36 所示，在对话框中显示已经创建的坐标系名称。

图 1-36 【激活坐标系】对话框

- 拾取坐标系列表中的某一坐标系，单击【激活】按钮，可见该坐标系已激活，变为红色。单击【激活结束】，对话框关闭。
- 单击【手动激活】按钮，对话框关闭，拾取要激活的坐标系，该坐标系变为红色，表明已激活。

1.5.3 删除坐标系

删除用户创建的坐标系。单击【工具】—【坐标系】—【删除坐标系】，或者直接单击按钮 ，弹出【坐标系编辑】对话框，如图 1-37 所示。

- 拾取要删除的坐标系，单击坐标系，删除坐标系完成。
- 拾取坐标系列表中的某一坐标系，单击【删除】按钮，可见该坐标系消失。单击【删除完成】按钮，对话框关闭。
- 单击【手动拾取】按钮，对话框关闭，拾取要删除的坐标系，该坐标系消失。

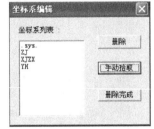

图 1-37 【坐标系编辑】对话框

1.5.4 隐藏/显示坐标系

使坐标系不可见。单击【工具】—【坐标系】—【隐藏坐标系】，或者直接单击按钮 ，激活隐藏坐标系功能，根据状态栏提示拾取工作坐标系，单击坐标系，隐藏坐标系完成。

使所有坐标系都可见。单击【工具】—【坐标系】—【显示所有坐标系】，或者直接单击按钮 ，则绘图区的所有坐标系都可见。

1.6 思考与练习

1. CAXA 制造工程师 2013 有哪些主要功能？
2. CAXA 制造工程师 2013 的工作界面由哪些部分组成？各部分的作用是什么？
3. 启动 CAXA 制造工程师 2013，各菜单栏和工具栏的命令有哪些？
4. CAXA 制造工程师 2013 有哪些常用键和功能键？它们的作用是什么？

第2章　CAXA 制造工程师 2013 基本操作

【内容与要求】

本章主要介绍 CAXA 制造工程师 2013 的各项基本操作方法，如文件管理、编辑、显示、工具、设置。通过本章的学习掌握软件基本操作、系统设置的方法和步骤。有些操作是今后绘图会经常用到的，而有些设置在根据个人的习惯调整后可以使我们更方便地绘图。

本章应达到如下目标：

- 掌握 CAXA 制造工程师 2013 图形文件的系统设置；
- 掌握 CAXA 制造工程师 2013 图形文件的显示控制；
- 掌握 CAXA 制造工程师 2013 图形文件的文件管理。

2.1 系统设置

根据绘图的需要，可以对系统的默认设置参数进行修改，主要包括对系统当前颜色、层、拾取过滤、光源、材质等选项的设置。

2.1.1 当前颜色

设置系统当前颜色。单击【设置】—【当前颜色】，或者直接单击标准工具栏上的【当前颜色】按钮🖨，弹出【颜色管理】对话框，如图 2-1 所示。用户可以根据需要，选择基本颜色或扩展颜色中任意颜色，单击【确定】按钮。

图 2-1 【颜色管理】对话框

> 📖 与层同色：指当前图形元素的颜色与图形元素所在层的颜色一致。

2.1.2 层设置

层设置可用于修改或查询图层名、图层状态、图层颜色、图层可见性以及创建新图层。单击【设置】—【层设置】，或者直接单击标准工具栏上的【层设置】按钮ℨ，弹出【图层管理】对话框，如图 2-2 所示。选定某个图层，双击【名称】、【颜色】、【状态】、【可见性】和【概述】其中任一项，用户都可以根据需要对图层进行编辑。

图 2-2 【图层管理】对话框

> 📖 提示：当部分图层上存在有效元素时，无法重置图层和导入图层。

2.1.3 拾取过滤设置

该功能可以用于设置拾取过滤和导航过滤类型。拾取过滤是指光标能够拾取到屏幕上的图形类型，拾取到的图形类型被加亮显示；导航过滤是指光标移动到要拾取的图形类型附近时，图形能够加亮显示。

单击【设置】—【拾取过滤设置】，或者直接单击标准工具栏上的【拾取过滤设置】按钮，弹出【拾取过滤器】对话框，如图 2-3 所示。

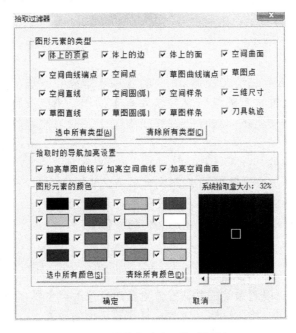

图 2-3 【拾取过滤器】对话框

- 如果要修改图形元素的类型、拾取时的导航加亮设置和图形元素的颜色，只要直接单击项目对应框即可。对于图形元素的类型和图形元素的颜色，可以单击下方的【选中所有颜色】和【清除所有颜色】按钮即可。
- 要修改拾取盒的大小，只要拖动下方的滚动条就可以了。

📖 提示：拾取元素时，系统提示导航功能。拾取盒的大小与光标拾取范围成正比。当拾取盒较大时，光标距离要拾取到的元素较远时，也可以拾取上该元素。

2.1.4 系统设置

用户根据绘图的需要，对系统的一系列参数进行设置。单击【设置】—【系统设置】，弹出【系统设置】对话框，如图 2-4 所示。

- 环境设置：要修改某项环境参数，可以直接在参数对应框中修改。
- 参数设置：可以根据需要对参数、辅助工具的状态进行设定，要修改某项参数，只要直接输入数值或选择状态即可，如图 2-5 所示。
- 颜色设置：可以修改拾取状态的颜色、修改非当前坐标系的颜色、修改无效状态的颜色、修改当前坐标系的颜色、修改背景的颜色、修改刀具轨迹的缺省颜色，如图 2-6 所示。

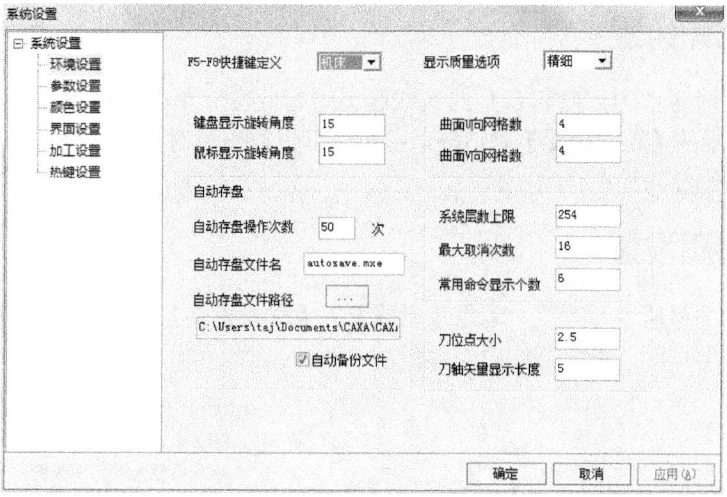

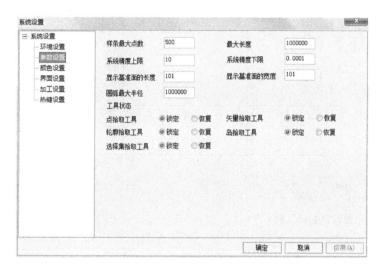

图 2-4 【系统设置】对话框

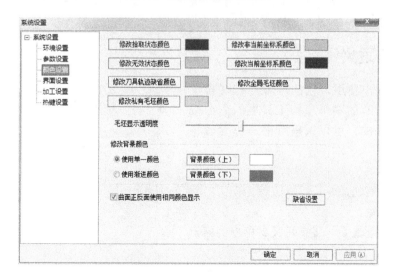

图 2-5 【参数设置】对话框

图 2-6 【颜色设置】对话框

2.1.5 光源设置

该命令可以对零件的环境和自身的光线强弱进行改变。单击【设置】—【光源设置】，弹出如图 2-7 所示的【光源设置】对话框，用户可以根据需要对光线的强弱进行编辑和修改，以及添加或删除光源。

2.1.6 材质设置

对生成实体的材质进行改变。单击【设置】—【材质设置】，弹出如图 2-8 所示的【材质属性】对话框，用户可以根据需要对实体的材质进行选择。

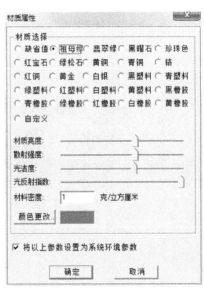

图 2-7 【光源设置】对话框   图 2-8 【材质属性】对话框

> 📖 提示：如果用户需对材质的亮度、密度以及颜色元素等进行修改时，可以选取"自定义"选项，单击【颜色更改】按钮，在弹出的颜色对话框中选择所需的颜色，单击【确定】按钮，回到【材质属性】对话框，单击【确定】按钮，完成自定义。

2.1.7 自定义

定义符合用户使用习惯的环境。打开自定义对话框后，所有的菜单项和工具栏的命令按钮都是可以拖动的，可以调整顺序、位置或将其关闭。

1. 命令

这里包含所有的命令，可以方便地在工具栏或菜单里添加命令。

- 单击【设置】—【自定义】命令，弹出【自定义】对话框，如图 2-9 所示。
- 用鼠标拖动命令图标到工具条上的适当

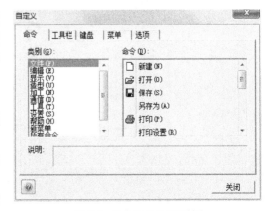

图 2-9 【自定义】对话框

位置再释放鼠标，命令图标即出现在该工具条上。

2. 工具栏

根据用户使用习惯，定义自己的工具栏。单击【设置】—【自定义】命令，打开【自定义】对话框，单击【工具栏】选项卡，如图2-10所示。

根据用户自己的使用特点选取工具栏是否显示，如果有特殊需要，用户还可以自定义新的工具栏。单击【新建】按钮，弹出【工具条名称】对话框，如图2-11所示，输入名称后单击【确定】按钮，出现新的工具栏。新创建的工具栏中是空白的，没有任何命令和按钮，单击【命令】选项卡，拖动某些需要或常用的命令按钮到新的工具栏中。

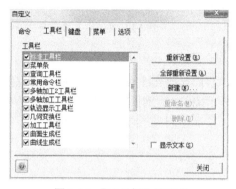

图2-10 【工具栏】选项卡　　　　　　图2-11 【工具条名称】对话框

按住 Ctrl 键，单击某个图标拖动可以复制一个按钮；若取消按住 Ctrl 键时，系统将移动选择的按钮，而且可以在不同的工具条及菜单栏之间复制、移动命令按钮。

> 📖 提示：【重新设置】和【全部重新设置】按钮用于将做过更改的系统菜单、工具栏恢复到默认状态，用户创建的工具栏不受影响。

3. 键盘设置

根据用户的使用习惯定义自己的快捷键。打开【自定义】对话框，单击【键盘】选项卡，如图2-12所示，用户根据快捷键的类别进行选择。单击【请按新快捷键】文本框，在键盘上按下要自定义的快捷键，该栏中显示出此快捷键。单击【指定】按钮，确认新的快捷键。

单击【重新设置】按钮，可以恢复系统默认的键盘命令。

（1）菜单设置

用户可以定义符合自己使用习惯的菜单。打开【自定义】对话框，单击【菜单】选项卡，如图2-13所示。

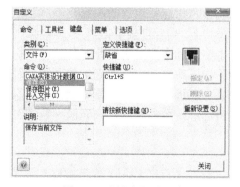

图2-12 【键盘】选项卡　　　　　　图2-13 【菜单】选项卡

用户可以对指定的菜单定义动画方式和阴影选项。单击【重新设置】按钮，可以恢复系统默认的菜单命令。

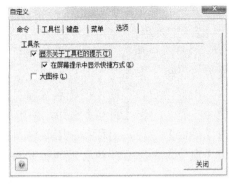

（2）选项

用户可以定义符合自己使用习惯的工具条选项，以及是否使用大图标。打开【自定义】对话框，单击【选项】选项卡，如图 2-14 所示。在该选项卡中，用户可以选定是否显示工具栏的提示，以及在屏幕提示中是否显示快捷方式等选项。

图 2-14 【选项】选项卡

2.2 显示控制

制造工程师为用户提供了绘制图形的显示命令，它们只改变图形在屏幕上显示的位置、比例、范围等，不改变原图形的实际尺寸。图形的显示控制对绘制复杂视图和大型图纸具有重要作用，在图形绘制和编辑过程中也要经常使用。显示控制包括显示变换、轨迹显示和工具栏显示操作。

2.2.1 显示变换

显示变换在主菜单的命令【显示】—【显示变换】的下拉菜单和显示变换栏中（见图 2-15）。

（1）显示重画

图 2-15 显示变换栏

刷新当前屏幕所有图形。经过一段时间的图形绘制和编辑，屏幕绘图区中难免留下一些擦除痕迹，或者使一些有用图形上产生部分残缺，这些编辑后产生的屏幕垃圾，虽然不影响图形的输出结果，但影响屏幕的美观。使用重画功能，可对屏幕进行刷新，清除屏幕垃圾，使屏幕变得整洁美观。

单击【显示】—【显示变换】—【显示重画】，或者直接单击 按钮。屏幕上的图形发生闪烁，原有图形消失，但立即在原位置把图形重画一遍也就实现了图形的刷新。用户还可以通过 F4 键使图形显示重画。

（2）显示全部

将当前绘制的所有图形全部显示在屏幕绘图区内。单击【显示】—【显示变换】—【显示全部】，或者直接单击 按钮。用户还可以通过 F3 键使图形显示全部。

（3）显示窗口

提示用户输入一个窗口的上角点和下角点，系统将两角点所包含的图形充满屏幕绘图区加以显示。单击【显示】—【显示变换】—【显示窗口】，或者直接单击 按钮。按提示要求在所需位置输入显示窗口的第一个角点，输入后十字光标立即消失。此时再移动鼠标时，出现一个由方框表示的窗口，窗口大小可随鼠标的移动而改变。窗口所确定的区域就是即将被放大的部分。窗口的中心将成为新的屏幕显示中心。在该方式下，不需要给定缩放系数，制造工程师将把给定窗口范围按尽可能大的原则，将选中区域内的图形按充满屏幕的方式重新显示出来。

（4）显示缩放

按照固定的比例将绘制的图形进行放大或缩小。单击【显示】—【显示变换】—【显示缩放】，或者直接单击 按钮。按住鼠标右键向左上或者右上方拖动鼠标，图形将跟着鼠标的上下拖动而放大或者缩小。按住 Ctrl 键，同时按动左右方向键或上下方向键，图形将跟着按键的按动而放大或者缩小。

（5）显示旋转

将拾取到的零部件进行旋转。单击【显示】—【显示变换】—【显示旋转】，或者直接单击 按钮。在屏幕上选取一个显示中心点，拖动鼠标左键，系统立即将该点作为新的屏幕显示中心，将图形重新显示出来。用户还可以使用 Shift 键配合 ←、↑、→、↓ 方向键使屏幕中心进行显示的旋转。也可以使用 Shift 键配合鼠标左键，执行该项功能。

（6）显示平移

根据用户输入的点作为屏幕显示的中心，将显示的图形移动到所需的位置。单击【显示】—【显示变换】—【显示平移】，或者直接单击 按钮。在屏幕上选取一个显示中心点，按下鼠标左键，系统立即将该点作为新的屏幕显示中心将图形重新显示出来。用户还可以使用上、下、左、右方向键使屏幕中心进行显示的平移。

（7）线架显示

将零部件采用线架的显示效果进行显示，如图2-16所示。

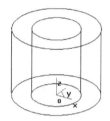

图2-16　线架显示

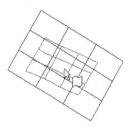

图2-17　拾取曲面

单击【显示】—【显示变换】—【显示平移】，或者直接单击 按钮。线架显示时，可以直接拾取被曲面挡住的另一个曲面，如图2-17所示，可以直接拾取下面曲面的网格，这里的曲面不包括实体表面。

（8）消隐显示

将零部件采用消隐的显示效果进行显示，如图2-18所示。单击【显示】—【显示变换】—【消隐显示】，或者直接单击 按钮。消隐显示只对实体的线架显示起作用。对线架造型和曲面造型的线架显示不起作用。

（9）实感显示

零部件采用真实感的显示效果进行显示，如图2-19所示。单击【显示】—【显示变换】—【实感显示】，或者直接单击 按钮。

图2-18　消隐显示

图2-19　实感显示

2.2.2　轨迹显示

轨迹显示在主菜单的命令【显示】—【轨迹显示】的下拉菜单和轨迹显示工具栏中（见

图 2-20）。

（1）动态简化显示

单击【显示】—【轨迹显示】—【动态简化显示】，或者直接

图 2-20　轨迹显示工具栏

单击 ▨ 按钮。如果用户启动动态简化显示，那么在用户用鼠标旋转、平移、缩放模型的过程中，轨迹会以简化的形式显示，以便增加显示速度。

（2）刀位点显示

是否显示轨迹的刀位点。单击【显示】—【轨迹显示】—【刀位点显示】，或者直接单击 ✐ 按钮。

（3）刀心轨迹显示

单击【显示】—【轨迹显示】—【刀心轨迹显示】，或者直接单击 ▽ 按钮。如果用户启动刀心轨迹显示，那么轨迹点显示的是刀心点，而非刀尖点。通常，利用刀心点、刀尖点的切换显示，可以查看、检验局部刀具轨迹的正确性。

2.2.3　工具栏显示

显示和关闭系统主界面的各处工具条。单击【显示】下拉菜单，在菜单中有很多个选项，每一项前有一个"✓"符号，表示相应的工具条，如图 2-21 所示，当用鼠标左键单击某项时，它前面的"✓"消失，表示关闭相应的工具条，这时在主界面中相应的工具条消失，用鼠标反复单击，可实现工具条显示和关闭的来回切换。

在主界面的任意工具条的空白处单击鼠标右键，也可弹出选择工具条的快捷菜单，如图 2-21 所示。

图 2-21　工具栏

2.3　文件管理

对于图形，CAXA 制造工程师 2013 提供了一系列的图形文件管理命令，文件管理功能通过主菜单【文件】下拉菜单来实现。选取该菜单项，系统弹出一个下拉菜单，如图 2-22 所示。

2.3.1　新建文件

创建新的图形文件。单击【文件】—【新建】，或者直接单击按钮 □，打开一个新建文件。建立一个新文件后，用户就可以应用图形绘制和实体造型等各项功能随心所欲地进行各种操作了。但是，用户必须记住，当前的所有操作结果都记录在内存中，只有在存盘以后，用户的设计成果才会被永久地保存下来。

2.3.2　打开文件

打开一个已有的 CAXA 制造工程师存储的数据文件。CAXA 制造工程师 2013 是一个开放的设计和加工工具，它提供了丰富的数据接口，包括基于曲面的 DXF 和 IGES 标准图形接口，基于实体的 x_t、x_b，面向快速成型设备的 STL 以及面向 Internet 和虚拟现实的 VRML 等接口。这些接口保

图 2-22　文件下拉菜单

证了与世界流行的 CAD 软件进行双向数据交换，使企业与合作伙伴可以跨平台和跨地区进行协同工作，实现虚拟产品开发和生产。

在制造工程师 2013 中可以读入 ME 数据文件 mxe、零件设计数据文件 epb、ME1.0、ME2.0 数据文件 csn、Parasolid x_t 文件、Parasolid x_b 文件、DXF 文件、IGES 文件和 DAT 数据文件。

[1] 单击【文件】—【打开】，或者直接单击 按钮，弹出【打开文件】对话框，如图 2-23 所示。

[2] 选择相应的文件类型并选中要打开的文件名，单击【打开】按钮。

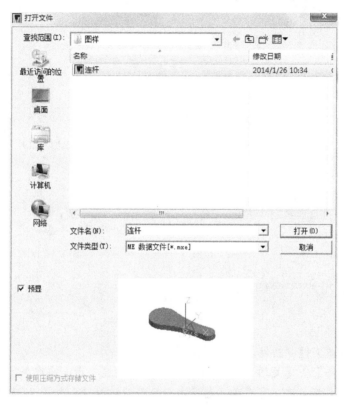

图 2-23 【打开文件】对话框

2.3.3 保存文件

将当前绘制的图形以文件形式存储到磁盘上。CAXA 制造工程师可以输出也就是将零件存储为多种格式的文件，方便在其它软件中打开。

[1] 单击【文件】—【保存】，或者直接单击 按钮，如果当前没有文件名，则系统弹出一个【存储文件】对话框，如图 2-24 所示。

[2] 在对话框的文件名输入框内输入一个文件名，单击【保存】按钮，系统即按所给文件名存盘。文件类型可以选用 ME 数据文件 mex、EB3D 数据文件 epb、Parasolid x_t 文件、Parasolid x_b 文件、DXF 文件、IGES 文件、VRML 数据文件、STL 数据文件和 EB97 数据文件。

[3] 如果当前文件名存在，则系统直接按当前文件名存盘。经常把结果保存起来是一个好习惯，这样可以避免因发生意外而造成成果丢失。

如果需要将当前绘制的图形另取一个文件名存储到磁盘上，则进行如下操作：

[1]　单击【文件】—【另存为】，系统弹出一个【存储文件】对话框，如图2-24所示。

[2]　在对话框的文件名输入框内输入一个文件名，单击【保存】按钮，系统将文件另存为所给文件名。

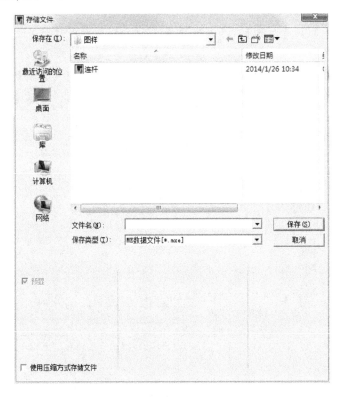

图2-24　【存储文件】对话框

关闭并退出制造工程师软件，则进行如下操作：

[1]　选取【文件】—【关闭】，如果系统当前文件已经存盘，系统关闭。

[2]　如果系统当前文件没有存盘，则弹出一个确认对话框，如图2-25所示。

[3]　系统提示用户是否要存盘，选择【是】，保存文件；选择【否】，不保存文件关闭系统；选择【取消】则返回。

图2-25　系统确认对话框

2.4　实例入门：连杆的造型与加工

使用实体特征造型命令制作如图2-26所示的模型，并使用等高线粗加工和等高线精加工命令生成刀具加工轨迹。

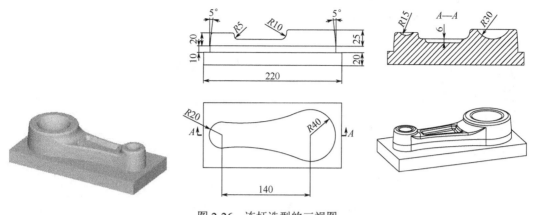

图 2-26　连杆造型的三视图

2.4.1　造型思路

　　根据连杆的造型及其三视图可以分析出连杆主要包括底部的托板、基本拉伸体、两个凸台、凸台上的凹坑和基本拉伸体上表面的凹坑。底部的托板、基本拉伸体和两个凸台通过拉伸草图来得到；凸台上的凹坑使用旋转除料来生成；基本拉伸体上表面的凹坑先使用等距实体边界线得到草图轮廓，然后使用带有拔模斜度的拉伸减料来生成。

2.4.2　连杆的实体造型

步骤1　绘制基本拉伸体的草图

[1]　选择零件特征树的"平面XOY"选项，选择XOY平面为绘图基准面。

[2]　单击【绘制草图】按钮，进入草图绘制状态。

[3]　绘制整圆。单击【曲线】工具栏上的【整圆】按钮，在立即菜单中选择绘制圆方式为"圆心_半径"，如图 2-27 所示。按 Enter 键，在弹出的对话框中先后输入圆心（70,0,0），半径为"20"并按 Enter 键确认，然后单击鼠标右键结束该圆的绘制。采用同样的方法输入圆心（-70,0,0），半径为"40"，绘制另一个圆，并单击鼠标右键两次退出圆的绘制。结果如图 2-28 所示。

图 2-27　【绘圆】立即菜单

图 2-28　"圆心_半径"画圆

[4]　绘制相切圆弧。单击【曲线】工具栏上的【圆弧】按钮，在特征树下的立即菜单中选择绘制圆弧方式为"两点_半径"，如图 2-29 所示。然后按空格键，在弹出的点工具菜单中选择【切点】命令，拾取两圆上方的任意位置，按 Enter 键，输入半径为"250"并按 Enter 键确认完成第一条相切线。拾取两圆下方的任意位置，同样输入半径为"250"。结果如图 2-29 所示。

[5]　单击【线面编辑】工具栏上的【曲线裁剪】按钮，在立即菜单的默认选项下，拾

取需要裁剪的圆弧上的线段，结果如图 2-30 所示。

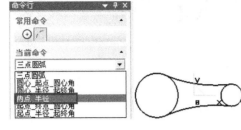

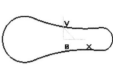

图 2-29　绘制相切圆弧　　　　　　　　　　　图 2-30　曲线裁剪圆弧

[6] 退出草图状态。单击【绘制草图】按钮 🖊，退出草图绘制状态。按 F8 键观察草图
轴测图，如图 2-31 所示。

步骤 2　利用拉伸增料生成拉伸体

[1] 单击【特征】工具栏上的【拉伸增料】按钮 🔃，在弹出的【拉伸增料】对话框中输
入深度为 "10"，选中【增加拔模斜度】复选框，输入拔模角度为 "5"，并单击【确
定】按钮。结果如图 2-32 所示。

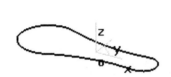

图 2-31　轴测图　　　　　　　　　　　　　　图 2-32　拉伸增料

[2] 拉伸小凸台。单击基本拉伸体的上表面，选择该上表面为绘图基准面，然后单击【绘
制草图】按钮 🖊，进入草图绘制状态。单击【整圆】按钮 ⊕，按空格键弹出【工具
点】快捷菜单，选择【圆心】命令。单击上表面小圆的边，拾取到小圆的圆心，再
次按空格键弹出【工具点】快捷菜单，选择【端点】命令。单击上表面小圆的边，
拾取到小圆的端点，单击鼠标右键完成草图的绘制。

[3] 单击【绘制草图】按钮 🖊，退出草图绘制状态。然后单击【拉伸增料】按钮 🔃，在
弹出的【拉伸增料】对话框中输入深度为 "10"，选中【增加拔模斜度】复选框，
输入拔模角度为 "5"，并单击【确定】按钮。结果如图 2-33 所示。

图 2-33　拉伸小凸台

[4] 拉伸大凸台。与绘制小凸台草图的步骤相同，拾取上表面大圆的圆心和端点，完成
大凸台草图的绘制。

[5] 与拉伸小凸台的步骤相同，输入深度为 "15"，拔模角度为 "5"，生成大凸台。结
果如图 2-34 所示。

图 2-34　拉伸大凸台

步骤 3　利用旋转减料生成小凸台凹坑

[1]　选择零件特征树的"平面 XOZ"选项，选择 XOZ 平面为绘图基准面，然后单击【绘制草图】按钮![icon]，进入草图绘制状态。

[2]　绘制直线 1。单击【直线】按钮![icon]，按空格键选择【端点】命令，拾取小凸台上表面圆的端点为直线的第一点。按空格键选择【中点】命令，拾取小凸台上表面圆的中点为直线的第二点。

[3]　单击【曲线】工具栏中的【等距线】按钮![icon]，在立即菜单中输入距离为"10"，拾取直线 1，选择等距方向为向上，将其向上等距的距离设为"10"，得到直线 2，如图 2-35 所示。

[4]　绘制用于旋转除料的圆。单击【整圆】按钮![icon]，按空格键选择【中点】命令，单击直线 2，拾取其中点为圆心，按 Enter 键输入半径为"15"，单击鼠标右键结束圆的绘制，如图 2-36 所示。

图 2-35　绘制等距线　　　　　　　　　图 2-36　绘制用于旋转除料的圆

[5]　删除和裁剪多余的线段。拾取直线 1 单击鼠标右键，在弹出的快捷菜单中选择【删除】命令，将直线 1 删除。单击【曲线裁剪】按钮![icon]，裁剪掉直线 2 的两端和圆的上半部分，如图 2-37 所示。

[6]　绘制用于旋转轴的空间直线。单击【绘制草图】按钮![icon]，退出草图绘制状态。单击【直线】按钮![icon]，按空格键选择【端点】命令，拾取半圆直径的两端，绘制与半圆直径完全重合的空间直线，如图 2-38 所示。

图 2-37　裁减后的效果　　　　　　　　图 2-38　绘制用于旋转轴的空间直线

[7]　单击【特征】工具栏中的【旋转除料】按钮![icon]，拾取半圆草图和作为旋转轴的空间

直线，单击【确定】按钮，然后删除空间直线。结果如图 2-39 所示。

 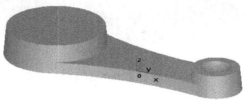

图 2-39   旋转除料生成小凸台凹坑

步骤 4   利用旋转除料生成大凸台凹坑

[1]   与绘制小凸台上旋转除料草图和旋转轴空间直线的方法相同，绘制大凸台上旋转
除料的半圆和空间直线。设置直线等距的距离为"20"、圆的半径为"30"。结果
如图 2-40 所示。

[2]   单击【旋转除料】按钮，拾取大凸台上半圆草图和作为旋转轴的空间直线，单击
【确定】按钮，然后删除空间直线。结果如图 2-41 所示。

图 2-40   绘制大凸台上旋转除料的半圆和空间直线   图 2-41   旋转除料生成大凸台凹坑

步骤 5   利用拉伸减料生成基本体上表面的凹坑

[1]   单击基本拉伸体的上表面，选择拉伸体上表面为绘图基准面，然后单击【绘制草图】
按钮，进入草图绘制状态。

[2]   单击【曲线】工具栏中的【相关线】按钮，选择立即菜单中的【实体边界】命
令，拾取如图 2-42 所示的 4 条实体边界线。

图 2-42   拾取 4 条实体边界线

[3]   生成等距线。单击【等距线】按钮，以等距距离为 10 和 6 分别绘制刚生成的边
界线的等距线，如图 2-43 所示。

[4]   曲线过渡。单击【线面编辑】工具栏中的【曲线过渡】按钮，在立即菜单处输入
半径为"6"，对等距生成的曲线作过渡。结果如图 2-44 所示。

[5]   删除多余的线段。单击【线面编辑】工具栏中的【删除】按钮，拾取 4 条边界线，
然后单击鼠标右键将各边界线删除。结果如图 2-45 所示。

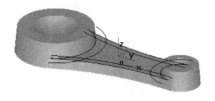

图 2-43　生成等距线　　　　　　　　图 2-44　曲线过渡

[6] 拉伸除料生成凹坑。单击【绘制草图】按钮，退出草图绘制状态。单击【特征】工具栏中的【拉伸除料】按钮，在弹出的对话框中设置深度为"6"、角度为"30"。结果如图 2-46 所示。

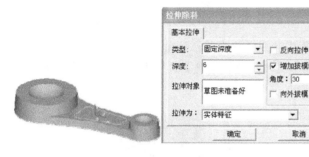

图 2-45　删除多余线段　　　　　　　图 2-46　拉伸除料生成凹坑

步骤6　过渡零件上表面的棱边

[1] 单击【特征】工具栏中的【过渡】按钮，在弹出的对话框中输入半径为"10"，拾取大凸台和基本拉伸体的交线，单击【确定】按钮。结果如图 2-47 所示。

[2] 单击【过渡】按钮，在弹出的对话框中输入半径为"5"，拾取小凸台和基本拉伸体的交线，单击【确定】按钮。

图 2-47　过渡大凸台和基本拉伸体的交线

[3] 单击【过渡】按钮，在弹出的对话框中输入半径为"3"，拾取上表面的所有棱边并确定。结果如图 2-48 所示。

步骤7　利用拉伸增料延伸基本体

[1] 单击基本拉伸体的下表面，选择该拉伸体下表面为绘图基准面，然后单击【绘制草图】按钮，进入草图绘制状态。

[2] 单击【曲线】工具栏上的【曲线投影】按钮，拾取拉伸体下表面的所有边，将其投影得到草图，如图 2-49 所示。

图 2-48　过渡零件上表面的棱边

[3] 单击【绘制草图】按钮，退出草图绘制状态。单击【拉伸增料】按钮，在弹出的对话框中输入深度为"10"，取消选中【增加拔模斜度】复选框，单击【确定】按钮。结果如图 2-50 所示。

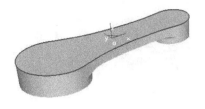

图 2-49　通过曲线投影得到草图

图 2-50　拉伸增料延伸基本体

步骤 8　利用拉伸增料生成连杆电极的托板

[1]　单击基本拉伸体的下表面，选择该拉伸体下表面为绘图基准面，然后单击【绘制草图】按钮 ✎，进入草图状态。

[2]　按 F5 键切换显示平面为 XOY 面，然后单击【曲线】工具栏上的【矩形】按钮 ▢，绘制如图 2-51 所示的矩形。

[3]　单击【绘制草图】按钮 ✎，退出草图状态。单击【拉伸增料】按钮 ▣，在弹出的对话框中输入深度为 "20"，取消选中【增加拔模斜度】复选框，并单击【确定】按钮。按 F8 键其轴测图如图 2-52 所示。

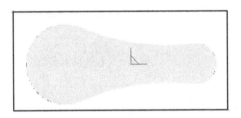

图 2-51　绘制草图

图 2-52　拉伸增料生成连杆电极的托板

2.4.3　加工前的准备工作

步骤 1　设定加工刀具

[1]　双击图 2-53 所示特征树中的【刀具库】选项，弹出【刀具库】对话框，如图 2-54 所示。

图 2-53　特征树

图 2-54　【刀具库】对话框

[2]　增加铣刀。单击图 2-54 中【增加】按钮，弹出【刀具定义】对话框，如图 2-55 所示。在该对话框中输入铣刀参数，刀具定义即可完成。其中的刃长和刀杆长与仿真有关而与实际加工无关，在实际加工中要正确选择吃刀量和吃刀深度，以免刀具损坏。

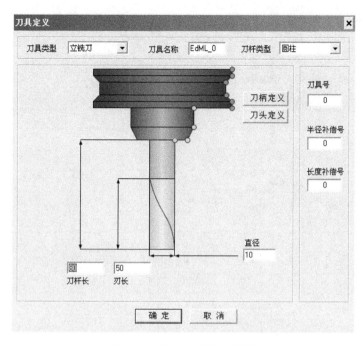

图 2-55 【刀具定义】对话框

步骤2 后置设置

用户可以增加当前使用的机床，给出机床名，定义合适的机床后置格式。系统默认为 FANUC 系统的格式。

[1] 选择【加工】—【后置处理】—【后置设置】命令，弹出【选择后置配置文件】对话框。

[2] 选择数控系统文件，在这里选择 Fanuc-5x-TATC-沈阳机床 VMC0656e，如图 2-56 所示。

[3] 单击【编辑】，打开如图 2-57 所示的 Fanuc-5x-TATC-沈阳机床 VMC0656e 机床各参数。

图 2-56 【选择后置配置文件】对话框

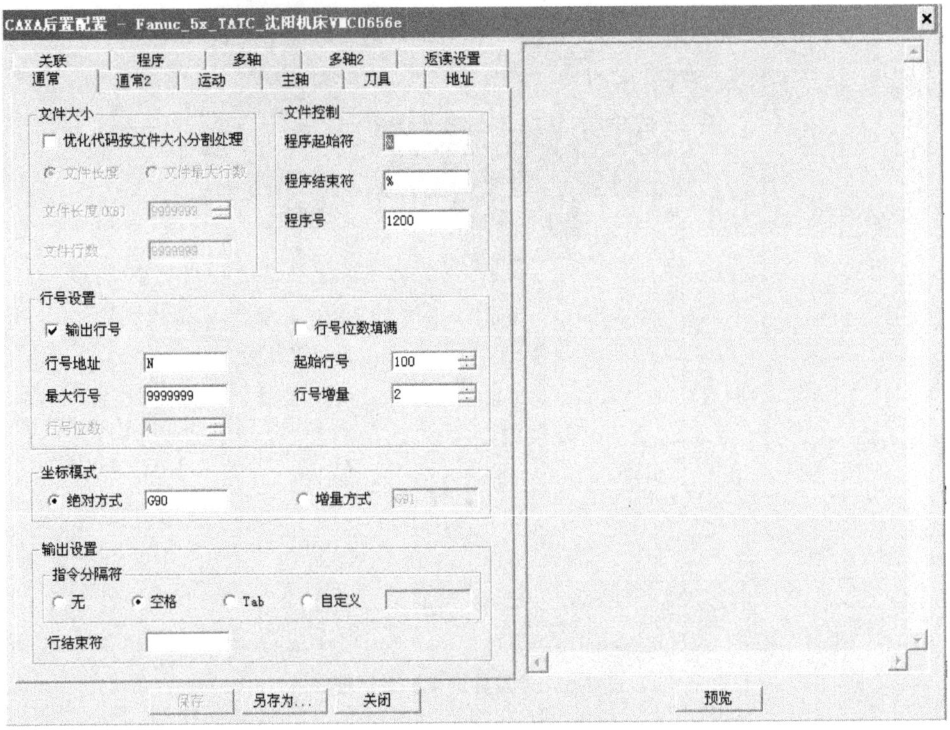

图 2-57 【后置配置】选项卡

步骤3 设定加工毛坯

[1] 单击【曲线】工具栏上的【矩形】按钮 □，拾取连杆托板的两个对角点，绘制如图 2-58 所示的矩形作为加工区域。

[2] 按 F7 键切换到 XOZ 平面，单击【等距线】按钮 ⌐，在立即菜单中输入参数，绘制在矩形任一边 Z 轴方向上距离为 40 的等距线，沿 Z 轴正方向等距得到一条空间直线。这样便得到毛坯"拾取两点"方式的两个角点，如图 2-59 所示。

图 2-58 设定加工范围

图 2-59 设定加工毛坯的两个角点

提示：毛坯"拾取两点"方式的两个角点为长方体的对角点，而不是矩形的对角点。

[3] 双击特征树中的【毛坯】选项，打开【毛坯定义】对话框，如图 2-60 所示。选择如图 2-60 所示的参数，单击【拾取两角点】按钮，分别拾取长方体的两个对角点，单击【确定】按钮，得到加工的毛坯。

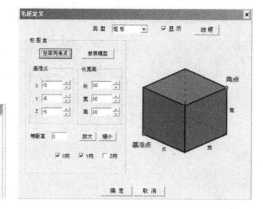

图 2-60 【毛坯定义】对话框

2.4.4 连杆件加工

连杆件电极的整体形状较为陡峭，整体加工选择等高粗加工，精加工采用等高精加工。对于凹坑部分根据加工需要还可以应用曲面区域加工方式进行局部加工。

步骤 1　建立等高线粗加工刀具轨迹

[1] 设置粗加工参数。选择【加工】—【常用加工】—【等高线粗加工】命令，在弹出的【等高线粗加工】对话框中设置粗加工的参数，如图 2-61 所示。

图 2-61 【加工参数】选项卡

[2] 根据使用的刀具和切削条件，分别修改相应的区域参数、连接参数、坐标系、干涉检查、计算毛坯、切削用量、刀具参数和几何参数，设置如图 2-62 ~ 图 2-69 所示。选择在刀具库中已经定义好的铣刀 D10 球刀，并可再次设定和修改球刀的参数。

[3] 粗加工参数设置好后，单击【确定】按钮，状态栏提示"拾取加工对象"。拾取设

定加工范围的矩形，并单击鼠标右键即可。

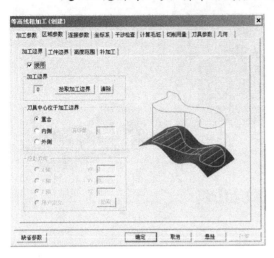

图 2-62 【区域参数】选项卡

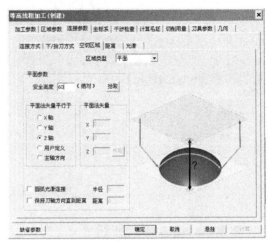

图 2-63 【连接参数】选项卡

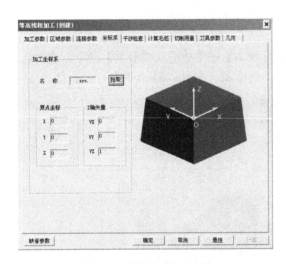

图 2-64 【坐标系】选项卡

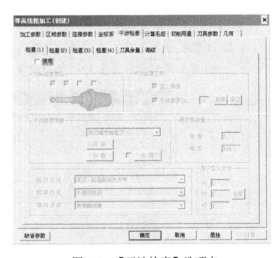

图 2-65 【干涉检查】选项卡

图 2-66 【计算毛坯】选项卡

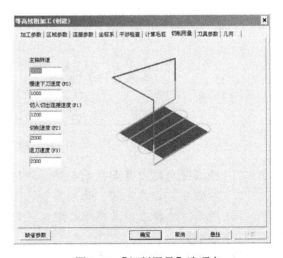

图 2-67 【切削用量】选项卡

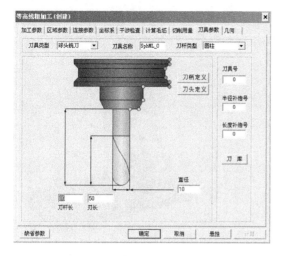

图2-68 【刀具参数】选项卡

图2-69 【几何】选项卡

[4] 拾取加工曲面。系统提示"拾取加工曲面",选中整个实体表面,系统将拾取的所有曲面变为红色,然后单击鼠标右键结束,如图2-70所示。

[5] 生成加工轨迹。系统提示"正在准备曲面请稍候"、"处理曲面"等,然后系统就会自动生成粗加工轨迹,如图2-71所示。

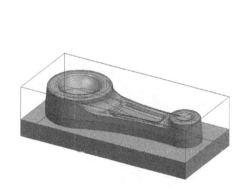

图2-70 拾取加工表面

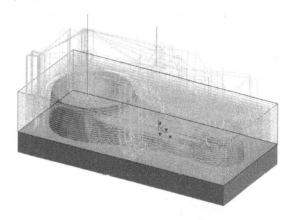

图2-71 生成等高线粗加工轨迹

[6] 隐藏生成的粗加工轨迹。拾取轨迹并单击鼠标右键,在弹出的快捷菜单中选择【隐藏】命令即可。

步骤2 建立等高线精加工刀具轨迹

[1] 设置精加工参数。选择【加工】—【常用加工】—【等高线精加工】命令,在弹出的【等高线精加工】对话框中设置精加工的参数,如图2-72所示。注意,加工余量为"0"。

[2] 区域参数、连接参数、坐标系、干涉检查、切削用量、刀具参数和几何参数的设置与粗加工的相同。

[3] 根据状态栏提示拾取加工曲面。拾取整个零件表面,单击鼠标右键确定。系统开始计算刀具轨迹,几分钟后生成精加工的轨迹,如图2-73所示。

[4] 隐藏生成的精加工轨迹。拾取轨迹并单击鼠标右键,在弹出的快捷菜单中选择【隐藏】命令即可。

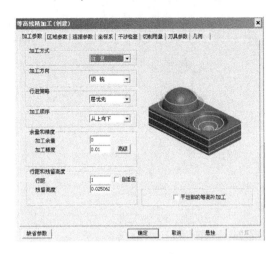

图 2-72 【加工参数】选项卡

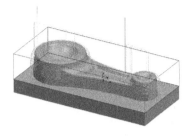

图 2-73　等高线精加工轨迹

2.4.5　轨迹仿真、检验与修改

[1]　单击【线面可见】按钮☼，显示所有已经生成的加工轨迹，然后拾取粗加工轨迹，
单击鼠标右键确认。

[2]　选择【加工】—【实体仿真】命令，根据状态栏提示拾取刀具轨迹。拾取粗加工刀
具轨迹，单击鼠标右键结束，打开如图 2-74 所示的 CAXA 轨迹仿真窗口。

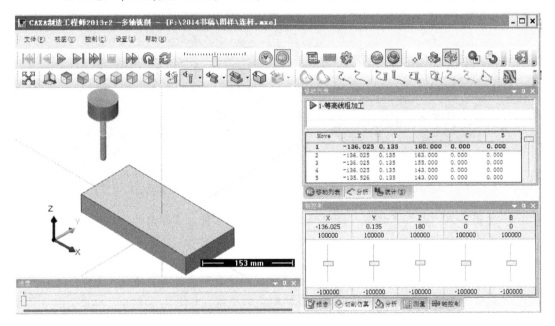

图 2-74　CAXA 轨迹仿真窗口

[3]　单击如图 2-74 所示工具栏上的【运行】按钮▷，系统立即进行加工仿真。

[4]　在仿真过程中，系统显示走刀速度和加工状况，如图 2-75 所示。

[5]　选择【文件】—【退出】命令，则退出加工仿真窗口，恢复为 CAXA 制造工程师
2013 工作界面。

[6]　采用同样的方法，可以生成等高线精加工仿真过程。

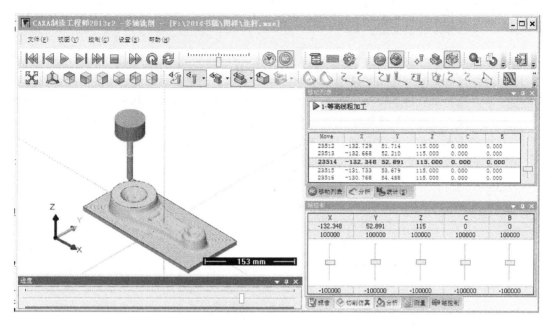

图 2-75　加工仿真

[7]　仿真检验无误后，选择【文件】→【保存】命令，保存粗加工和精加工轨迹。

2.4.6　生成 G 代码

操作步骤：

[1]　之前已经做好了后置设置。选择【加工】—【后置处理】—【生成 G 代码】命令，
　　弹出【生成后置代码】对话框，如图 2-76 所示。单击【代码文件】，选择 G 代码的
　　保存路径和名称。

[2]　拾取生成的粗加工刀具轨迹，单击鼠标右键确认，弹出粗加工 G 代码文件，如
　　图 2-77 所示，保存即可。

[3]　采用同样的方法生成精加工 G 代码。

图 2-76　【生成后置代码】对话框

图 2-77　粗加工 G 代码文件

2.4.7 生成加工工艺单

操作步骤:

[1] 选择【加工】—【工艺清单】命令,弹出【工艺清单】对话框,如图 2-78 所示。

[2] 单击【拾取轨迹】按钮,按屏幕左下角提示拾取加工轨迹,再单击鼠标右键,重新回到【工艺清单】对话框,单击【生成清单】按钮,则生成如图 2-79 所示的 CAXA 工艺清单。用户可以分别打开不同的文件,查看机床、起始点、模型、毛坯、功能参数、刀具、刀具轨迹、NC 数据等加工工艺。

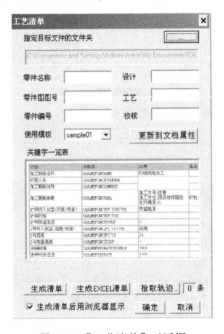

图 2-78 【工艺清单】对话框

工艺清单输出结果

- general.html
- function.html
- tool.html
- path.html
- ncdata.html

图 2-79 CAXA 工艺清单

至此,连杆的造型、生成加工轨迹、加工轨迹仿真检查、生成 G 代码程序、生成加工工艺单的工作已经全部完成,可以把加工工艺单和 G 代码程序通过工厂的局域网送到车间。车间在加工之前还可以通过 CAXA 制造工程师 2013 中的校核 G 代码功能，查看加工代码的轨迹形状，做到在加工之前心中有数。把工件装夹找正，按加工工艺单的要求找好工件零点，再按工序单中的要求装好刀具、找好刀具的 Z 轴零点，就可以开始加工了。

2.5 思考与练习

绘制如图 2-80 所示零件的立体模型，并生成 G 代码文件。

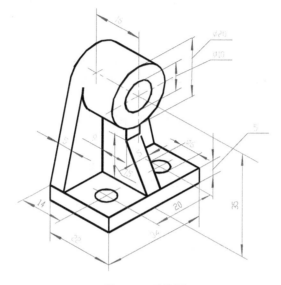

图 2-80　零件图

第3章　线架造型

【内容与要求】

CAXA 制造工程师 2013 提供了三种几何建模方式，即线架造型、曲面造型和特征造型。线架造型就是直接使用空间点、曲线来表达三维零件形状的造型方法。线架造型是曲面造型和特征造型的基础。

线架造型主要包括曲线生成、曲线编辑和几何变换功能，用户可以通过这些功能，方便、快捷地绘制各种复杂的图形。

本章应达到如下目标：

- 熟练掌握曲线生成的各个命令使用方法；
- 通过曲线编辑命令，能够对图形进行编辑和处理；
- 掌握几何变换命令的用法。

3.1 基础知识

在讲述具体的线架造型命令之前，首先讲述一下线架造型常用到的基础知识，包括点的输入方法、视图平面和作图平面的基础知识

3.1.1 点的输入方法

点的输入方式有两种：键盘输入和鼠标输入。

1. 键盘输入

CAXA 制造工程师提供了强大的输入坐标点的功能，主要支持如下：

- 绝对坐标点输入和相对坐标点输入。
- 笛卡儿坐标输入方式。
- 柱坐标输入方式（极坐标可以用 z=0 的柱坐标来表示）。
- 球坐标输入方式。

在造型过程中，在任何需要拾取点或者输入点时，用户都可以直接按 Enter 键，启动坐标输入功能，如图 3-1 所示。

@20,30,50

图 3-1　坐标输入条

坐标输入的形式为：[@][tt:]x,y,z。

1）"@" 为可选输入项

用户不输入该项，则表示该值为绝对坐标，这是缺省方式；否则表示该值为相对坐标。

2）"tt:" 也为可选输入项

用户不输入该项，则表示该值为笛卡儿坐标，这是缺省方式；否则，根据 "tt" 组合的不同，定义的坐标体系也不相同，并且 ":" 不能省略。细分如下：

（1）柱坐标表示

- tt = z 或者 tt = dz 或者 tt = zd: 表示这是一个柱坐标，其中角度单位为 "度"。如

在坐标输入条中输入@z:50,90，表示相对前点的极坐标点(50,90度)的点。

- tt = hz 或者 tt = zh：表示这是一个柱坐标，其中角度的单位为"弧度"。如在坐标输入条中输入 zh:80,0.2,50，表示绝对的柱坐标(80,0.2 弧度,50)的点。

（2）球坐标表示

- tt = q 或者 tt = dq 或者 tt = qd：表示这是一个球坐标，其中角度的单位为"度"。如在坐标输入条中输入@q:30,60,30，表示相对前点的球坐标(30,60 度,30)的点。

- tt = hq 或者 tt = qh：表示这是一个球坐标，其中角度的单位为"弧度"。

2．鼠标输入

用于捕捉图形对象的特征值点。主要是指使用点工具菜单。当状态栏提示输入点时，按空格键，弹出点工具菜单，选择合适的选项后，用鼠标捕捉该类型的特征值点，即可完成点的输入。

3.1.2　视图平面和作图平面

视图平面是指看图时使用的平面，作图平面是指绘制图形时使用的平面。CAXA 制造工程师的特征树中默认的平面有三个：平面 XY（俯视图）、平面 YZ（左视图）、平面 XZ（主视图）。在二维平面绘图中，视图平面和作图平面是统一的，在三维平面绘图中，视图平面和作图平面可以不统一。

在平面作图时，用连接两坐标轴正向的斜线标识当前面，如图 3-2 所示。按 F5、F6、F7 三个功能键可以切换不同的当前面。

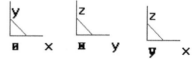

图 3-2　当前平面

3.2　曲线生成

CAXA 制造工程师 2013 为曲线绘制提供了强大的功能，主要包括直线、圆弧、圆、矩形、椭圆、样条线、点、公式曲线、多边形、二次曲线、等距线、曲线投影、相关线、样条线转圆弧和文字等。用户可以利用这些功能，方便快捷地绘制出各种各样复杂的图形。无论是在草图状态或非草图状态，曲线绘制或编辑功能的意义是相同的，操作方式也是一样的。曲线生成在主菜单【造型】—【曲线生成】的下拉菜单和曲线生成工具栏中（见图 3-3）。

图 3-3　曲线生成栏

3.2.1　直线

直线是图形构成的基本要素。直线功能提供了两点线、平行线、角度线、切线/法线、角等分线和水平/铅垂线六种方式。单击主菜单【造型】—【曲线生成】—【直线】，或者单击 ╱ 按钮，命令行如图 3-4 所示。通过直线命令，可选择直线生成方式。

生成直线的方式主要包括以下六种。

- 两点线：两点线就是在屏幕上按给定两点画一条直线段或按给定的连续条件画连续直线段，如图 3-5 所示。在命令行中（见图 3-5）选择两点线绘制直线时，可以采用单个或连续方

图 3-4　直线的命令行

式；也可以采用正交和非正交方式，各功能选项说明如下：

连续：是指每段直线段相互连接，前一段直线段的终点为下一段直线段的起点。

单个：是指每次绘制的直线段相互独立，互不相关。

非正交：可以画任意方向的直线，包括正交的直线。

正交：是指所画直线与坐标轴平行。

点方式：指定两点来画出正交直线。

长度方式：按指定长度和点来画出正交直线。

图 3-5　绘制两点线

- 平行线：按给定距离或通过给定的已知点绘制与已知线段平行、且长度相等的平行线段，如图 3-6 所示。在命令行中选择平行线绘制直线时，又分为过点和距离两种方式，各功能选项说明如下：

过点：是指过一点作已知直线的平行线。

距离：是指按照固定的距离作已知直线的平行线。

条数：可以同时作出的多条平行线的数目。

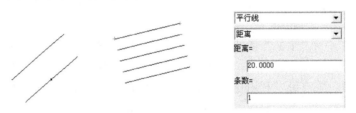

图 3-6　绘制平行线

- 角度线：生成与坐标轴或一条直线成一定夹角的直线，如图 3-7 所示。在命令行中选择角度线绘制直线时，选择 X 轴夹角、Y 轴夹角或直线夹角等方式，输入角度值。各功能选项说明如下：

与 X 轴夹角：所作直线从起点与 X 轴正方向之间的夹角。

与 Y 轴夹角：所作直线从起点与 Y 轴正方向之间的夹角。

与直线夹角：所作直线从起点与已知直线之间的夹角。

图 3-7　绘制角度线

- 切线/法线：过给定点作已知曲线的切线或法线，如图 3-8 所示。在命令行中选择切线/法线绘制直线，选择切线或法线，给出直线的长度值。根据左下角的状态栏提示输入直线中点，切线（法线）生成。

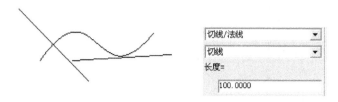

图 3-8　绘制切线/法线

- 角等分线：按给定等分份数、给定长度画条直线段将一个角等分，如图 3-9 所示。在命令行中选择角等分线，输入份数和长度值。根据左下角的状态栏提示，分别拾取第一条曲线和第二条曲线，角等分线生成。
- 水平/铅垂线：生成平行或垂直于当前平面坐标轴的给定长度的直线，如图 3-10 所示。在命令行中选择水平/铅垂线，输入长度值。根据左下角的状态栏提示，输入直线中点，直线生成。

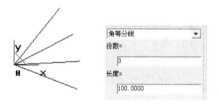

图 3-9　绘制角等分线

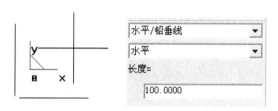

图 3-10　绘制水平/铅垂线

📖　提示：在"角度线"绘制直线方式中，角度值可正可负，逆时针为正，顺时针为负。

【例 3-1】　绘制两圆的外公切线。

利用两点线绘制图 3-11 所示圆的公切线。

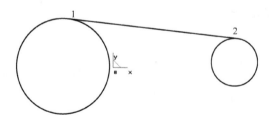

图 3-11　绘制圆的公切线

🐴　设计过程

[1]　单击【直线】 ⁄ 按钮，状态栏提示"输入第一点"。

[2]　按空格键弹出工具点菜单，单击【切点】项。

[3]　根据状态栏提示拾取第一个圆，拾取的位置如图 3-11 所示"1"所指的位置。

[4]　在输入第二点时，方法同第一点的拾取方法一样，拾取第二个圆的位置如图中"2"所指的位置，作图结果如图 3-11 所示。

这里需要注意的是，在拾取圆时，拾取位置的不同，则切线绘制的位置也不同，如图 3-12

所示，若第二点选在"3"所指位置处，则作出的为两圆的内公切线。

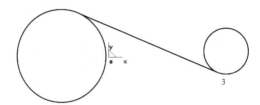

图 3-12　绘制圆的内公切线

3.2.2　圆弧

单击主菜单【造型】—【曲线生成】—【圆弧】，或者直接单击 按钮，弹出命令行，如图 3-13 所示。圆弧功能提供了六种方式：三点圆弧、圆心_起点_圆心角、圆心_半径_起终角、两点_半径、起点_终点_圆心角和起点_半径_起终角。

下面分别介绍圆弧的生成方式。

- 三点圆弧：过三点画圆弧，其中第一点为起点，第三点为终点，第二点决定圆弧的位置和方向。
- 圆心_起点_圆心角：已知圆心、起点及圆心角或终点画圆弧。
- 圆心_半径_起终角：由圆心、半径和起终角画圆弧。
- 两点_半径：已知两点及圆弧半径画圆弧。
- 起点_终点_圆心角：已知起点、终点和圆心角画圆弧。
- 起点_半径_起终角：由起点、半径和起终角画圆弧。

【例 3-2】绘制与已知曲线相切的圆弧。

作与三条曲线都相切的圆弧（见图 3-14）。

图 3-13　圆弧的命令行

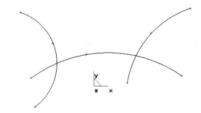

图 3-14　三条曲线

🐴 设计过程

[1]　单击【圆弧】按钮 ，在命令行中选择"三点圆弧"画圆弧方式。

[2]　根据状态栏提示输入第一点，按空格键弹出工具点菜单（见图 3-15），单击【切点】。

[3]　鼠标依次点取三条曲线，结果如图 3-15 所示。

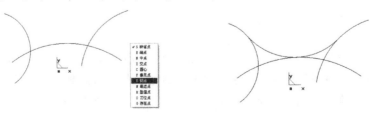

图 3-15　与三条曲线都相切的圆弧

📖 提示: 绘制圆弧或圆时状态栏动态显示半径大小。

3.2.3 圆

单击【造型】—【曲线生成】—【圆】，或者直接单击 ⊕ 按钮，弹出命令行，如图 3-16 所示。

下面分别介绍圆的生成方式。

圖 3-16 圆的命令行

- 圆心_半径: 已知圆心和半径画圆。
- 三点: 过已知三点画圆。
- 两点_半径: 已知圆上两点和半径画圆。

【例 3-3】绘制圆。

生成一个半径为 20mm，并且与两条已知曲线都相切的圆（见图 3-17）。

🛠 设计过程

[1] 单击【圆】按钮 ⊕，在命令行中选择"两点_半径"画圆方式。
[2] 系统左下角状态栏提示输入第一点，按空格键弹出工具点菜单，单击切点。
[3] 鼠标依次点取两条曲线。
[4] 当系统状态栏提示输入第三点或半径时，按 Enter 键，激活坐标输入条，在输入条中输入半径为 20，并按 Enter 键确定。
[5] 生成圆的结果如图 3-18 所示。

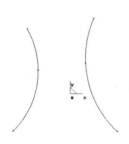
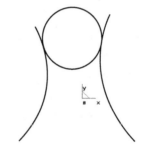

图 3-17 实例　　　　　　　　图 3-18 与两条已知曲线都相切的圆

3.2.4 矩形

单击【造型】—【曲线生成】—【矩形】，或者直接单击 ▭ 按钮，弹出矩形的命令行，系统提供了两点矩形和中心_长_宽两种方式绘制矩形，它们的命令行如图 3-19 所示，下面分别介绍。

- 两点矩形: 给定对角线上两点绘制矩形。
- 中心_长_宽: 给定长度和宽度尺寸值来绘制矩形。

图 3-19 矩形的命令行

【例 3-4】 绘制矩形。

生成一个长为 60mm、宽为 40mm、一个角点在坐标原点的矩形。

设计过程

[1] 单击【矩形】按钮□，在命令行中选择两点矩形绘制矩形。

[2] 系统左下角状态栏提示输入起点，按 Enter 键，激活坐标输入条，在坐标输入条内输入起点坐标（0,0），如图 3-20 所示。

[3] 系统左下角状态栏提示输入终点，按 Enter 键，激活坐标输入条，在坐标输入条内输入终点相对坐标，如图 3-20 所示。

[4] 生成矩形的结果如图 3-20 所示。

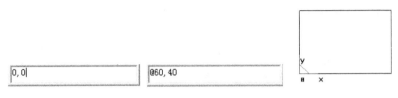

图 3-20　矩形绘制实例

3.2.5　椭圆

单击【造型】—【曲线生成】—【椭圆】，或者直接单击 ◯ 按钮，弹出命令行，如图 3-21 所示。在命令行中分别输入长半轴、短半轴、旋转角、起始角和终止角等参数，根据左下角状态栏提示输入中心，即可绘制椭圆或椭圆弧。

【例 3-5】 椭圆绘制。

生成一个长半轴为 100mm、短半轴为 50mm、旋转角为 30°、起始角为 0°、终止角为 360°的椭圆。

图 3-21　椭圆的命令行

设计过程

[1] 单击【椭圆】按钮 ◯，在命令行中输入如图 3-22 所示的参数值。

[2] 系统左下角状态栏提示输入中心坐标。

[3] 生成椭圆的结果如图 3-23 所示。

图 3-22　椭圆命令行

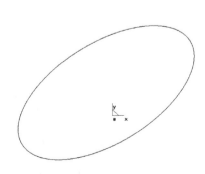

图 3-23　椭圆

3.2.6 样条线

样条线是生成过给定顶点（样条插值点）的曲线。点的输入可由鼠标输入或由键盘输入。单击【应用】—【曲线生成】—【样条】，或者直接单击 ～ 按钮，弹出样条线命令行，如图 3-24 所示。

选择样条线生成方式，按状态栏提示操作，生成样条线。样条线命令包括下面两种方式。

- 逼近：顺序输入一系列点，系统根据给定的精度生成拟合这些点的光滑样条曲线。用逼近方式拟合一批点，生成的样条曲线品质比较好，适用于数据点比较多且排列不规则的情况，如图 3-25 所示。

图 3-24　样条线命令行

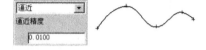

图 3-25　用逼近方式绘制样条线

- 插值：按顺序输入一系列点，系统将顺序通过这些点生成一条光滑的样条曲线。通过设置命令行，可以控制生成的样条的端点切矢，使其满足一定的相切条件，也可以生成一条封闭的样条曲线，如图 3-26 所示。

- 缺省切矢：按照系统默认的切矢绘制样条线。

- 给定切矢：按照需要给定切矢方向绘制样条线。

图 3-26　用插值方式绘制样条线

- 闭曲线：是指首尾相接的样条线。

- 开曲线：是指首尾不相接的样条线。

> 📖 提示：点的输入有两种方式：按空格键拾取工具点和按 Enter 键直接输入坐标值。

3.2.7 点

通过"点"命令，用户可以在屏幕指定位置处画一个孤立点，或在曲线上画等分点。单击【造型】—【曲线生成】—【点】，如图 3-27 所示，或者直接单击按钮 ，弹出命令行，如图 3-28 所示。

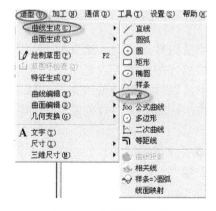

图 3-27　造型下拉菜单

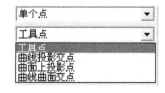

图 3-28　点的命令行

绘制点命令又包括单个点和批量点两种方式。单个点用来生成单个点；批量点用来生成多个点。

单个点有如下四个选项：

- 工具点：利用点工具菜单生成单个点。此时不能利用切点和垂足点生成单个点。
- 曲线投影交点：对于两条不相交的空间曲线，如果它们在当前平面的投影有交点，则在先拾取的直线上生成该投影交点。
- 曲面上投影点：对于一个给定位置的点，通过矢量工具菜单给定一个投影方向，可以在一张曲面上得到一个投影点。
- 曲线曲面交点：可以求一条曲线和一张曲面的交点。

批量点有如下三个选项：

- 等分点：生成曲线上按照指定段数等分点。
- 等距点：生成曲线上间隔为给定弧长距离的点。
- 等角度点：生成圆弧上等圆心角间隔的点。

【例3-6】 将一条直线三等分操作。

设计过程

[1] 单击 ▣ 按钮，在命令行中选择【批量点】、【等分点】、输入段数3，如图3-29所示。

[2] 按状态栏提示拾取曲线，按右键确认，生成两个点。

[3] 单击【曲线打断】按钮 ╱，按状态栏提示拾取直线，拾取1点。这时如果再拾取直线，则可以看到，原来的直线已在1点处被打断成两条线段。

[4] 用同样的方法可以将剩余的直线在2点处打断，原来的直线已被等分为三条线段，如图3-30所示。

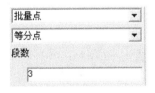

图3-29 命令行

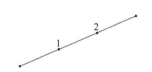

图3-30 将一条直线三等分

📖 提示：用同样的方法，也可以将其它曲线（如圆、圆弧）等分。

3.2.8 公式曲线

公式曲线即是数学表达式的曲线图形，也就是根据数学公式（或参数表达式）绘制出相应的数学曲线，公式的给出既可以是直角坐标形式的，也可以是极坐标形式的。公式曲线为用户提供一种更方便、更精确的作图手段，以适应某些精确型腔、轨迹线型的作图设计。用户只要交互输入数学公式，给定参数，计算机便会自动绘制出该公式描述的曲线。

单击【造型】—【曲线生成】—【公式曲线】，或者直接单击 f(x) 按钮，弹出【公式曲线】对话框，如图3-31所示，选择坐标系，给出参数及参数方式，按【确定】按钮，给出公式曲线定位点，即可绘制出公式曲线，如图3-32所示。

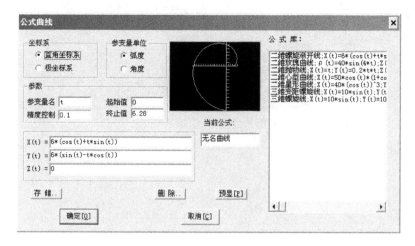

图 3-31 【公式曲线】对话框

图 3-32 公式曲线

现将其各功能选项说明如下：

- **存储：** 可将当前的曲线存入系统中，而且可以存储多个公式曲线。
- **删除：** 将存入系统中的某一公式曲线删除。
- **预显：** 新输入或修改参数的公式曲线在右上角框内显示。

元素定义时，函数的使用格式与 C 语言中的用法相同，所有函数的参数必须用括号括起来。公式曲线可用的数学函数有：sin、cos、tan、asin、acos、atan、sinh、cosh、sqrt、exp、log、log10，共 12 个函数。

- 三角函数 sin、cos、tan 的参数单位采用角度，如 sin(30) = 0.5，cos(45) = 0.707。
- 反三角函数 asin、acos、atan 的返回值单位为角度，如 acos(0.5) = 60，atan(1) = 45。
- sinh、cosh 为双曲函数。
- sqrt(x)表示 x 的平方根，如 sqrt(36) = 6。
- exp(x)表示 e 的 x 次方。
- log(x)表示 lnx(自然对数)，log10(x)表示以 10 为底的对数。
- 幂用^表示，如 x^5 表示 x 的 5 次方。
- 求余运算用%表示，如 18%4 = 2，2 为 18 除以 4 后的余数。

> 📖 **提示：** 在表达式中，乘号用 "*" 表示，除号用 "/" 表示；表达式中没有中括号和大括号，只能用小括号。

【例 3-7】 生成直角坐标系下的公式曲线。

生成直角坐标系下的公式曲线。

x(t)=60*cos(t)

y(t)=60*sin(t)

z(t)= t

t 的起始值为 0，终止值为 6.28，单位为弧度。

🐎 **设计过程**

[1] 单击【公式曲线】按钮 f(x)，弹出【公式曲线】对话框，在对话框中输入如图 3-33 所示参数，单击【确定】按钮。

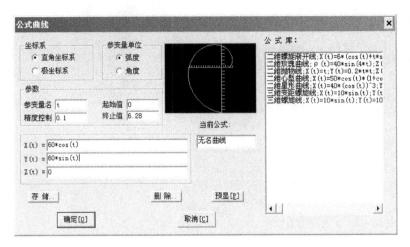

图 3-33 【公式曲线】对话框

[2] 系统左下角状态栏提示输入曲线定位点，按 Enter 键，激活坐标输入条，在坐标输入条内输入坐标（0,0），如图 3-34 所示。

[3] 按 F8 键，生成公式曲线的结果如图 3-34 所示。

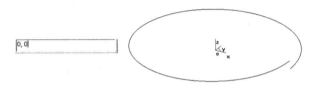

图 3-34 公式曲线

3.2.9 多边形

单击【造型】—【曲线生成】—【多边形】，或者直接单击 按钮，弹出多边形的命令行，系统提供了边和中心两种方式绘制正多边形，它们的命令行如图 3-35 所示。

- 边：根据输入边数绘制正多边形。
- 中心：以输入点为中心，绘制内切或外接正多边形。

图 3-35 正多边形的命令行

【例 3-8】绘制圆的外切正多边形。

生成一个中心在坐标原点，与已知圆外切的正六边形。

设计过程

[1] 单击【多边形】按钮 ，在命令行中选择中心方式绘制正多边形，输入如图 3-36 所示的参数。

[2] 系统左下角状态栏提示输入中心，按空格键，弹出工具点菜单，选择圆心点，出现多边形，用光标拖动多边形。

[3] 系统左下角状态栏提示输入边中点，按空格键，弹出工具点菜单，选择端点，点取圆上一点。

[4] 生成正多边形的结果如图 3-36 所示。

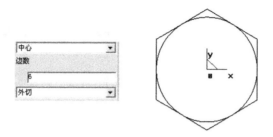

图 3-36　正多边形绘制实例

3.2.10　二次曲线

单击【造型】—【曲线生成】—【二次曲线】，或者直接单击 ⬒ 按钮，激活二次曲线功能。二次曲线可用定点和比例两种方式生成，它们的命令行如图 3-37 所示。

图 3-37　二次曲线的命令行

现将其各功能选项说明如下：

- 定点：给定起点、终点和方向点，再给定肩点，生成二次曲线。
- 比例：给定比例因子、起点、终点和方向点，生成二次曲线。

【例 3-9】二次曲线绘制。

生成比例因子为 0.5，起点坐标为（0,0），终点坐标为（40,0），方向点（20,40）的二次曲线。

设计过程

[1] 单击【二次曲线】按钮 ⬒，激活二次曲线功能。

[2] 在命令行中输入比例因子 0.5。

[3] 根据左下角状态栏提示依次给出起点坐标（0,0），终点坐标（40,0）和方向点坐标（20,40），生成的结果如图 3-38 所示。

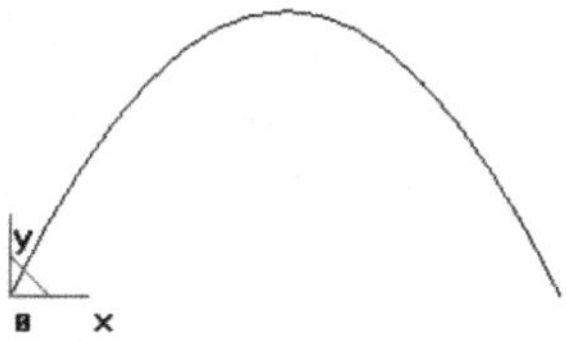

图 3-38　二次曲线

3.2.11　等距线

绘制给定曲线的等距线。单击【造型】—【曲线生成】—【等距线】，或者直接单击 ⬔ 按钮，激活等距线命令行。等距线有"等距"和"变等距"两种，它们的命令行如图 3-39 所示。

现将其各参数选项说明如下：

- 等距：按照给定的距离作曲线的等距线。
- 变等距：按照给定的起始和终止距离，作沿给定方向变化距离的曲线的变等距线。

【例 3-10】生成给定直线的变等距线，起始距离为 5，终止距离为 10。

图 3-39　等距线命令行

设计过程

[1]　单击【等距线】按钮，在命令行中输入如图 3-40 所示的参数。

[2]　根据系统左下角状态栏提示，拾取给定的直线，选择等距线方向向上，选择距离变化方向向右。

[3]　生成等距线的结果如图 3-41 所示。

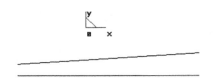

图 3-40　等距线命令行　　　　　　　　图 3-41　等距线实例

3.2.12　曲线投影

投影线定义：指定一条曲线沿某一方向向一个实体的基准平面投影，得到曲线在该基准平面上的投影线。利用这个功能可以充分利用已有的曲线来作草图平面里的草图线。这一功能不可与曲线投影到曲面相混淆。

- 投影的前提：只有在草图状态下，才具有投影功能。
- 投影的对象：空间曲线、实体的边和曲面的边。

在草图状态下，单击【造型】—【曲线生成】—【曲线投影】，或者直接单击 ⬛ 按钮。按状态栏的提示拾取曲线，即可将相应的元素投影到草图平面。

📖　**提示：曲线投影功能只能在草图状态下使用。**

【例 3-11】　生成图 3-42 给定空间曲线在 XY 平面草图上的投影线。

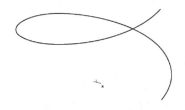

图 3-42　给定空间曲线

设计过程

[1] 依次单击 XY 平面和草图器按钮，激活曲线投影命令。

[2] 单击 按钮，根据状态栏提示拾取给定空间曲线，单击右键确定。

[3] 退出草图状态，删除空间曲线，可见草图上有曲线生成，如图 3-43 所示。

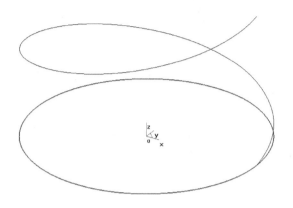

图 3-43　曲线投影实例

3.2.13　图像矢量化

把 *.bmp 格式的灰色图像做成矢量图像，也就是将图像用直线或圆弧拟合，保证图像无论放大、缩小或旋转等不会失真。单击【造型】—【曲线生成】—【位图矢量化】，或者直接单击 按钮，激活位图矢量化命令，如图 3-44 所示。单击【图像设置】选项卡中的 按钮，打开需要读入的 *.bmp 格式的图像，选择【参数设置】选项卡，如图 3-44 所示。

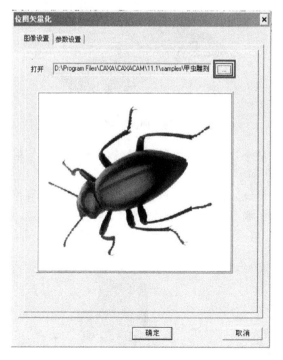

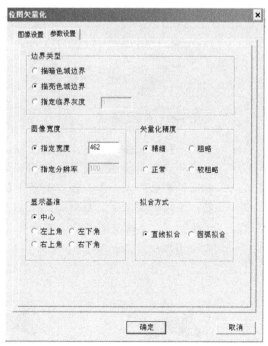

图 3-44　【位图矢量化】对话框

- 边界类型：分别以暗色、亮色和指定的灰度值三种方式为边界定义方式。
- 图像宽度：分别以指定图像宽度和以指定分辨率来控制图像的方式定义图像的宽度。
- 矢量化精度：控制图像拟合时的精度，共分为精细、正常、较粗略、粗略四个等级。
- 显示基准：图像原点的定义方式。
- 拟合方式：用直线或圆弧去拟合图像。

3.2.14 相关线

相关线是指绘制曲面或实体的交线、边界线、参数线、法线、投影线和实体边界。单击【造型】—【曲线生成】—【相关线】，或者直接单击 按钮，激活相关线，命令行如图 3-45 所示。相关线包括六种，下面分别介绍。

- 曲面交线：求两曲面的交线。根据状态栏提示，分别拾取第一张曲面和第二张曲面，曲面交线生成，如图 3-46 所示

图 3-45　相关线命令行　　　　　　　　　图 3-46　曲面交线

- 曲面边界线：求曲面的外边界线或内边界线。根据状态栏提示，拾取曲面，曲面边界线生成，如图 3-47 所示。
- 曲面参数线：求曲面的 U 向或 W 向的参数线。在命令行中选择曲面参数线，指定参数线（过点或多条曲线），等 W 参数线（等 U 参数线）。按状态栏提示操作，曲面参数线生成，如图 3-48 所示。

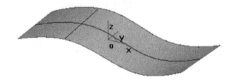

图 3-47　曲面边界线　　　　　　　　　图 3-48　曲面参数线

- 曲面法线：求曲面指定点处的法线。在命令行中选择曲面法线，输入长度值。拾取曲面和点，曲面法线生成，如图 3-49 所示。
- 曲面投影线：求一条曲线在曲面上的投影线。在命令行中选择曲面投影线，拾取曲面，给出投影方向，拾取曲线，曲面投影线生成，如图 3-50 所示。
- 实体边界：求特征生成后实体的边界线。在命令行中选择实体边界，拾取实体边界，实体边界生成，如图 3-51 所示。

图 3-49　曲面法线　　　　　图 3-50　曲面投影线　　　　　图 3-51　实体边界

【例 3-12】 生成两个曲面交线。

设计过程

[1] 在 XOY 平面内，分别绘制两条样条曲线 1 和 2。

[2] 单击【直纹面】按钮 📄，选择曲线+曲线方式，依次选择两条曲线，生成直纹面。

[3] 在 XOY 平面内，绘制样条曲线 3。

[4] 单击扫描面按钮，在命令行中输入如图 3-52 所示的参数，按空格键弹出扫描面方向快捷菜单，选择 "Z 轴正方向"。

[5] 根据状态栏提示，拾取曲线 3，生成扫描面。

[6] 单击【相关线】按钮 ✏️，选择曲面交线方式，按状态栏的提示依次拾取第一张曲面和第二张曲面，生成两曲面交线，结果如图 3-53 所示。

图 3-52　扫描面命令行

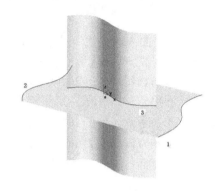

图 3-53　相关线实例

3.2.15　样条线转圆弧

用圆弧来表示样条，以便在加工时更光滑，生成的 G 代码更简单。单击【造型】—【曲线生成】—【样条线转圆弧】，或者直接单击 ⌒ 按钮，激活样条线转圆弧命令。样条线转圆弧包括步长离散和弓高离散两种方式，它们的命令行如图 3-54 所示。

图 3-54　样条线转圆弧命令行

下面分别介绍各选项的含义。

- 步长离散：等步长将样条离散为点，然后将离散的点拟合为圆弧。
- 弓高离散：按照样条的弓高误差将样条离散为圆弧。

【例 3-13】 样条线转圆弧的绘制。

设计过程

[1] 在 XOY 平面内，绘制一条样条曲线，如图 3-55 所示。

[2] 单击【样条线转圆弧】按钮 ，在弹出的命令行中选择如图3-56所示参数。

[3] 根据状态栏提示拾取样条曲线，则状态栏显示 共有 40 段圆弧,继续拾取其他样条曲线 ，按鼠标右键，此时，样条曲线转换为多段圆弧。

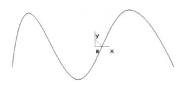

图 3-55 样条曲线   图 3-56 样条线转圆弧命令行

3.2.16 线面映射

将 X-Y 平面内的曲线，通过设定的比例映射到三维空间曲面，生成三维曲线。单击【造型】—【曲线生成】—【线面映射】，或者直接单击 按钮，激活线面映射命令，命令行如图3-57所示。

根据状态提示行，拾取 X-Y 平面内的映射曲线和曲面，拾取映射曲线上的参考点（最低点）与曲面上的对应点；调整坐标轴方向，该坐标轴方向一般为原坐标轴曲线沿起始点映射到曲面上后的坐标轴及方向；生成三维映射曲线。

3.2.17 文字

图 3-57 线面映射命令行

在当前面或其它平面上书写文字。单击【造型】—【文字】，或者直接单击 **A** 按钮，按状态栏提示指定文字插入点，弹出【文字输入】对话框，如图3-58所示，对话框分为两部分：文字输入区和当前文字参数区。

如果想修改文字参数，单击【设置】按钮，弹出【字体设置】对话框，如图3-59所示，修改设置，单击【确定】按钮，回到【文字输入】对话框中，输入文字，单击【确定】按钮，文字生成。

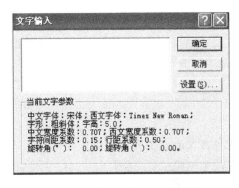

图 3-58 【文字输入】对话框   图 3-59 【字体设置】对话框

【例3-14】输入文字"欢迎使用CAXA制造工程师2013"，字体为隶书，字形为粗斜体，中文宽度0.667，字符间距系为0.15，字高为10。

设计过程

[1] 单击图标 **A**，状态栏提示"请指定文字插入点"，用光标指定文字插入点。

[2] 弹出【文字输入】对话框，单击【设置】按钮，进入【字体设置】对话框，依次选择字体为隶书，字形为粗斜体，中文宽度为 0.667，字符间距系为 0.15，字高为 10，如图 3-60 所示，单击【确定】按钮。

图 3-60 【文字设置】对话框

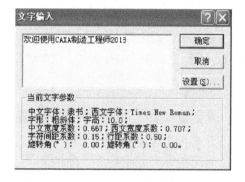

图 3-61 【文字输入】对话框

[3] 回到【文字输入】对话框，输入"欢迎使用 CAXA 制造工程师 2013"，如图 3-61 所示。单击【确定】按钮，结果如图 3-62 所示。

欢迎使用CAXA制造工程师2013

图 3-62 文字书写实例

3.2.18 文字排列

将文字按照一定的方式排列放置。单击【造型】—【文字排列】，或者直接单击 **A** 按钮，激活文字排列命令，命令行如图 3-63 所示。文字排列分为横排、竖排、圆形排列和曲线排列四种方式。

图 3-63 文字排列命令行

- 横排：可以设定文字的间距、文字上端的朝向（朝上或朝下）、文字的排列方式（自左至右或从右至左）、文字的基准（底部、中部或顶部）。
- 竖排：可以设定文字的间距、是否旋转、文字上端的朝向（朝右或朝左）、文字的排列方式（从上至下或从下至上）、文字的基准（底部、中部或顶部）。
- 圆形排列：可以设定文字的间距、起始角和终止角、文字排列的圆弧半径、是否旋转、文字的朝向（朝外或朝内）、文字是否排满、文字方向（顺时针或逆时针）、文字的基准（底部、中部或顶部）。
- 曲线排列：可以设定文字是否旋转、文字的朝向（朝上、朝下、朝右或朝左）、文字的大小方式（恒定、渐大、渐小、中间大、中间小）、文字的基准（底部、中部或顶部）以及渐变比例。

【例3-15】在曲线上方排列输入文字"CAXA制造工程师2013"，字体为隶书，字高为7。

设计过程

[1] 单击图标 ，在命令行中选择曲线排列方式，输入参数如图3-64所示。设定文字旋转、文字朝上、大小方式为恒定、底部为基准、渐变比例为1。

[2] 状态栏提示"拾取文字排列路径"，点取已有的曲线，曲线变红，在曲线上出现一对绿色的方向箭头，如图3-65所示。

图3-64　文字排列命令行　　　　　　　　　　图3-65　选择文字排列方向

[3] 点取一个箭头，选择排列方向后，按鼠标右键，弹出【文字输入】对话框，输入"CAXA制造工程师2013"，如图3-66所示。单击【设置】按钮，进入【字体设置】对话框，依次选择字体为隶书，字高为7，如图3-67所示，单击【确定】按钮。

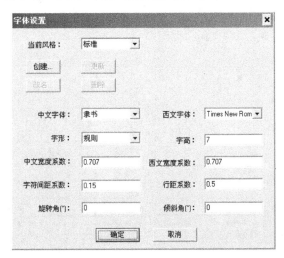

图3-66　【文字输入】对话框　　　　　　　　图3-67　【字体设置】对话框

[4] 回到【文字输入】对话框，单击【确定】按钮，结果如图 3-68 所示。

图 3-68　文字排列实例

3.3　曲线编辑

曲线编辑主要是有关曲线的常用编辑命令及操作方法，它是交互式绘图软件不可缺少的基本功能，对于提高绘图速度及质量都具有至关重要的作用。曲线编辑包括曲线裁剪、曲线过渡、曲线打断、曲线组合、曲线拉伸、曲线优化、样条型值点、样条控制顶点和样条端点切矢等功能。曲线编辑在主菜单【造型】—【曲线编辑】的下拉菜单（见图 3-69）和线面编辑栏中（见图 3-70）。

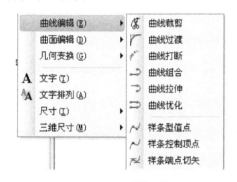

图 3-69　【曲线编辑】下拉菜单　　　　　　　　图 3-70　线面编辑栏

3.3.1　曲线删除

删除拾取到的元素。单击主菜单【编辑】—【删除】，或者直接单击 ⊘ 按钮，拾取要删除的元素，按右键确认。拾取元素时有多种方式，下面分别介绍。

- 单击鼠标左键直接拾取元素。
- 窗口方式（虚线选择框）：选中包括在窗口内的图形元素。
- 交叉窗口（实线选择框）：选中与选择框相交的图形元素。

3.3.2　曲线裁剪

使用曲线作剪刀，裁掉曲线上不需要的部分。即利用一个或多个几何元素（曲线或点，称为剪刀）对给定曲线（称为被裁剪线）进行修整，删除不需要的部分，得到新的曲线。

单击主菜单【造型】—【曲线编辑】—【曲线裁剪】，或直接单击 ✂ 按钮，即可激活曲线裁剪命令，如图 3-71 所示。曲线裁剪共有四种方式：快速裁剪、修剪、线裁剪、点裁剪。线裁剪和点裁剪具有延伸特性，也就是说如果剪刀线和被裁剪曲线之间没有实际交点，系统在分别依次自动延长被裁剪线和剪刀线后进行求交，在得到的交点处进行裁剪。快速裁剪、修剪和线裁剪中的投影裁剪适用于空间曲线之间的裁剪。曲线在当前坐标平面上施行投影后，进行求交裁剪，从而实现不共面曲线的裁剪。下面分别介绍。

- 快速裁剪：指系统对曲线修剪具有指哪裁哪的快速反应。快速裁剪包括正常裁剪和投影裁剪两种方式，它们的命令行如图 3-72 所示。

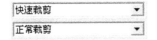

图 3-71　曲线裁剪命令行　　　　　　　　图 3-72　快速裁剪的命令行

正常裁剪：适用于裁剪同一平面上的曲线。

投影裁剪：适用于裁剪不共面的曲线。

在操作过程中，拾取同一曲线的不同位置将产生不同的裁剪结果，如图 3-73 所示。

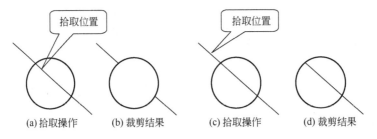

图 3-73　快速裁剪

📖 提示：当系统中的复杂曲线极多的时候，建议不用快速裁剪。因为在大量复杂曲线处理过程中，系统计算速度较慢，从而影响用户的工作效率。

- 修剪：需要拾取一条曲线或多条曲线作为剪刀线，对一系列被裁剪曲线进行裁剪。包括正常裁剪和投影裁剪两种方式，它们的命令行如图 3-74 所示。修剪将裁剪掉所拾取的曲线段，而保留在剪刀线另一侧的曲线段；修剪不采用延伸的做法，只在有实际交点处进行裁剪；剪刀线同时也可作为被裁剪线，如图 3-75 所示。

图 3-74　修剪的命令行

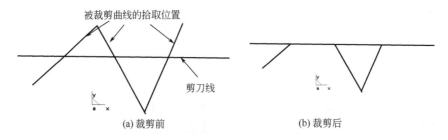

图 3-75　修剪

- 线裁剪：以一条曲线作为剪刀，对其他曲线进行裁剪。线裁剪包括正常裁剪和投影裁剪两种方式，它们的命令行如图3-76所示。

正常裁剪：是以选取的剪刀线为参照，对其他曲线进行裁剪。

投影裁剪：是曲线在当前坐标平面上施行投影后，进行求交裁剪。

图 3-76 线裁剪的命令行

线裁剪具有曲线延伸功能。如果剪刀线和被裁剪曲线之间没有实际交点，系统在分别依次自动延长被裁剪线和剪刀线后进行求交，在得到的交点处进行裁剪。延伸的规则是直线和样条线按端点切线方向延伸，圆弧按整圆处理。由于采用延伸的做法，可以利用该功能实现对曲线的延伸，如图3-77所示。

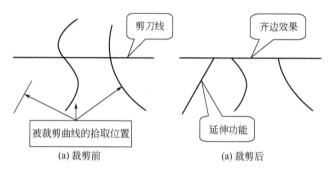

图 3-77 线裁剪

在拾取了剪刀线之后，可拾取多条被裁剪曲线。系统约定拾取的段是裁剪后保留的段，因而可实现多根曲线在剪刀线处齐边的效果。

📖 提示：拾取被裁剪曲线的位置确定裁剪后保留的曲线段，有时拾取剪刀线的位置也会对裁剪结果产生影响：在剪刀线与被裁剪线有两个以上的交点时，系统约定取离剪刀线上拾取点较近的交点进行裁剪。

- 点裁剪：利用点(通常是屏幕点)作为剪刀，对曲线进行裁剪。点裁剪具有曲线延伸功能，用户可以利用本功能实现曲线的延伸，如图3-78所示。

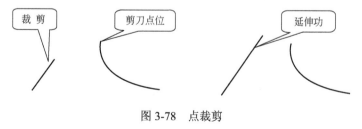

图 3-78 点裁剪

📖 提示：在拾取了被裁剪曲线之后，利用点工具菜单输入一个剪刀点，系统对曲线在离剪刀点最近处施行裁剪。

【例3-16】 曲线的快速裁剪。

使用快速裁剪功能将图3-79中矩形内的曲线裁剪掉。

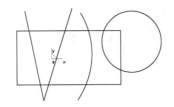 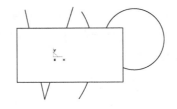

图 3-79　裁剪实例

设计过程

[1]　单击【曲线裁剪】按钮 ，在命令行中选择快速裁剪和正常裁剪方式。

[2]　按状态栏提示选取被裁剪线（选取被裁掉的段），即依次选取矩形内的曲线段。

[3]　生成的结果如图 3-79 所示。

3.3.3　曲线过渡

单击主菜单【造型】—【曲线编辑】—【曲线过渡】，或直接单击 按钮，即可激活曲线过渡命令行，曲线过渡共有三种方式：圆弧过渡、尖角过渡和倒角过渡，它们的命令行如图 3-80 所示。

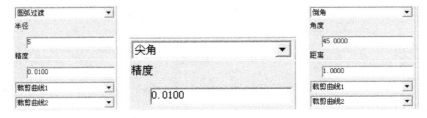

图 3-80　曲线过渡命令行

下面对曲线过渡的三种方式依次进行介绍。

- 圆弧过渡：用于在两根曲线之间进行给定半径的圆弧光滑过渡。圆弧在两曲线的哪个侧边生成取决于两根曲线上的拾取位置。可利用命令行控制是否对两条曲线进行裁剪（见图 3-81），此处裁剪是用生成的圆弧对曲线进行裁剪。系统约定只生成劣弧（圆心角小于 180° 的圆弧）。

(a) 过渡前　　　　　　　　　　　　　　(b) 过渡后

图 3-81　圆弧过渡

- 尖角过渡：用于在给定的两根曲线之间进行过渡，过渡后在两曲线的交点处呈尖角。尖角过渡后，一根曲线被另一根曲线裁剪。过渡时，拾取曲线的不同位置，则得到不同的结果，如图 3-82 所示。

- 倒角过渡：用于在给定的两直线之间进行过渡，过渡后在两直线之间有一条按给定角度和长度的直线。倒角过渡可利用命令行控制是否对两条曲线进行裁剪（见

图 3-83)。

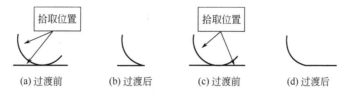

图 3-82　尖角过渡

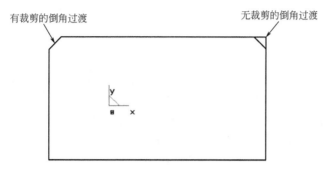

图 3-83　倒角过渡

【例 3-17】 曲线过渡。

作圆角半径为 10、长为 80、宽为 60 的矩形。

设计过程

[1]　单击【矩形】按钮口，在命令行中选择中心_长_宽绘制矩形，并输入如图 3-84 所示的参数。

[2]　系统左下角状态栏提示输入矩形中心，在屏幕上任意选择一点作为矩形的中心点。

[3]　单击【曲线过渡】按钮，在命令行中选择圆弧过渡，并输入半径为 10。

[4]　按系统左下角状态栏提示分别拾取矩形的各条边，即可得到半径为 10 的圆角。生成的结果如图 3-84 所示。

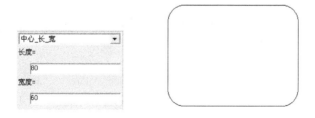

图 3-84　曲线过渡实例

3.3.4　曲线打断

曲线打断用于把拾取到的一条曲线在指定点处打断，形成两条曲线。单击主菜单【造型】—【曲线编辑】—【曲线打断】，或直接单击 按钮，即可激活曲线打断功能。根据状态栏提示，拾取被打断的曲线，拾取打断点，即可将原来的一条曲线打断，分成两条曲线，如图 3-85 所示。

(a) 打断直线   (b) 打断圆弧

图 3-85　曲线打断

> 📖 **提示:** 在拾取曲线的打断点时,可使用点工具捕捉特征点,方便操作。

【例 3-18】 曲线打断。

将图 3-86 所示的圆弧从中点分成两段。

🐴 **设计过程**

图 3-86　实例

[1] 单击【曲线打断】按钮 ⌒,激活曲线打断命令。

[2] 按系统左下角状态栏提示拾取被打断曲线,拾取图 3-86 的圆弧,则圆弧变成红色。

[3] 系统左下角状态栏提示拾取点,按空格键,激活工具点快捷菜单,选取中点,移动光标在圆弧中点附近单击鼠标左键。

[4] 圆弧被分成了两段,可以分别选取不同圆弧段,单击鼠标右键,弹出菜单,如图 3-87 所示,选择颜色,弹出【颜色管理】对话框,选取不同的颜色,生成的结果如图 3-87 所示。

图 3-87　曲线打断实例

3.3.5 曲线组合

曲线组合用于把拾取到的多条相连曲线组合成一条样条曲线。单击主菜单【造型】—【曲线编辑】—【曲线组合】,或直接单击 ↵ 按钮,即可激活曲线组合功能。曲线组合有两种方式:保留原曲线和删除原曲线,如图 3-88 所示。

把多条曲线用一个样条曲线表示,要求首尾相连的曲线是光滑的。如果首尾相连的曲线有尖点,系统会自动生成一条光顺的样条曲线。

(a) 组合前   (b) 保留原曲线   (c) 删除原曲线

图 3-88　曲线组合

【例 3-19】 曲线组合。

使用曲线组合命令，将图 3-89 所示的相连曲线组合成一条曲线。

图 3-89 　相连曲线

设计过程

[1] 　单击【曲线组合】按钮　，激活曲线组合命令。

[2] 　按系统左下角状态栏提示拾取曲线，按空格键，弹出拾取快捷菜单（见图 3-90），选择拾取方式"链拾取"。选择拾取方向，则所有相连的曲线变为红色，按右键确认。

[3] 　生成的结果如图 3-90 所示。

图 3-90 　曲线组合实例

3.3.6 　曲线拉伸

曲线拉伸用于将指定曲线拉伸到指定点。单击主菜单【造型】—【曲线编辑】—【曲线拉伸】，或直接单击　按钮，即可激活曲线拉伸功能。

拉伸有伸缩和非伸缩两种方式。伸缩方式就是沿曲线的方向进行拉伸，而非伸缩方式是以曲线的一个端点为定点，不受曲线原方向的限制进行自由拉伸，如图 3-91 所示。

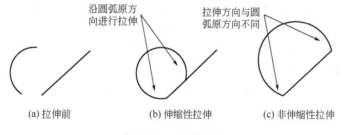

(a) 拉伸前　　　　　　(b) 伸缩性拉伸　　　　　　(c) 非伸缩性拉伸

图 3-91 　曲线拉伸

【例 3-20】 曲线拉伸。

用曲线拉伸命令，将图 3-92（a）中的直线延伸到与矩形相交。

设计过程

[1] 　单击【曲线拉伸】按钮　，激活曲线拉伸功能。

[2] 　根据系统左下角状态栏提示拾取直线，在命令行中选择伸缩方式拉伸直线。

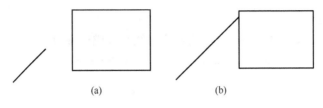

图 3-92 曲线拉伸实例

[3] 按空格键弹出工具点选择菜单，选择最近点，移动光标，拉伸直线至矩形的一条边，单击鼠标左键。

[4] 生成的结果如图 3-92（b）所示。

3.3.7 曲线优化

对控制顶点太密的样条曲线在给定的精度范围内进行优化处理，减少其控制顶点。单击主菜单【造型】—【曲线编辑】—【曲线优化】，或直接单击 ⇄ 按钮，即可激活曲线优化命令，曲线优化可以分为保留原曲线和删除原曲线两种方式，它们的命令行如图 3-93 所示。

图 3-93 曲线优化命令行

【例 3-21】 曲线优化。

使用曲线优化命令，优化通过点（–60,0,15）、（–40,0,25）、（0,0,30）、（20,0,25）和（40,9,15）的一条样条曲线，并使优化精度为 0.001。

设计过程

[1] 单击【样条曲线】按钮 ∿，在命令行中选择"插值"、"缺省切矢"和"开曲线"选项。

[2] 按 F8 键，切换到立体图状态，根据系统左下角状态栏提示拾取点，按 Enter 键，弹出坐标输入条，在输入条中分别输入各点坐标值（–60,0,15）、（–40,0,25）、（0,0,30）、（20,0,25）和（40,9,15），得到一条空间曲线。

[3] 单击 ⇄ 按钮，在命令行中选择【保留原曲线】，输入曲线优化精度为 0.001。

[4] 按系统左下角状态栏提示拾取曲线，并确认，结果如图 3-94 所示。

图 3-94 曲线优化实例

3.3.8 样条编辑

对于已经生成的样条曲线按照需要进行修改。样条编辑可以分为三种方式：型值点、控制顶点、端点切矢。

1. 编辑型值点

单击主菜单【造型】—【曲线编辑】—【编辑型值点】，或直接单击 ∿ 按钮，即可激活编辑型值点命令。根据命令提示行，拾取样条曲线，拾取样条线上某一插值点，单击新位置或直接输入坐标点结束，如图 3-95 所示。

2．编辑控制顶点

单击主菜单【造型】—【曲线编辑】—【编辑控制顶点】，或直接单击 ~ 按钮，即可激活编辑控制顶点命令。根据命令提示行，拾取样条曲线，拾取样条线上某一控制顶点，单击新位置或直接输入坐标点结束，如图 3-96 所示。

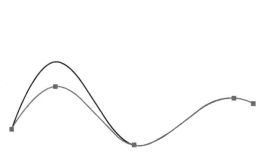

图 3-95　编辑型值点 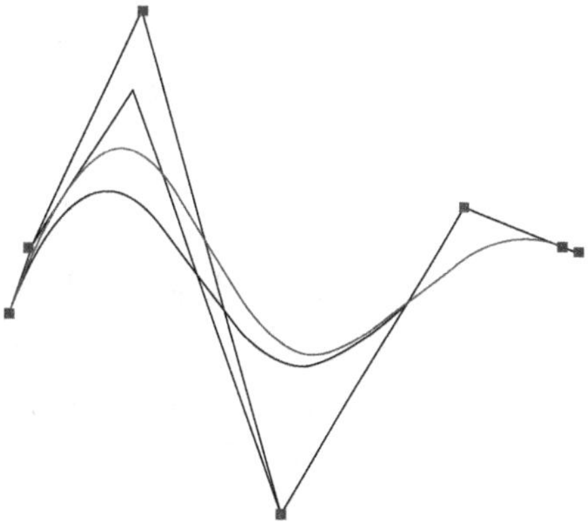　　　　　　　　　　图 3-96　编辑控制顶点

3．编辑端点切矢

单击主菜单【造型】—【曲线编辑】—【编辑端点切矢】，或直接单击 ~ 按钮，即可激活编辑端点切矢命令。根据命令提示行，拾取样条曲线，拾取样条线上某一端点，单击新位置或直接输入坐标点结束，如图 3-97 所示。

图 3-97　编辑端点切矢

3.4　几何变换

几何变换对于编辑图形和曲面有着极为重要的作用，可以极大地方便用户。几何变换是指对线、面进行变换，对造型实体无效，而且几何变换前后线、面的颜色、图层等属性不发生变换。几何变换共有七种功能：平移、平面旋转、旋转、平面镜像、镜像、阵列和缩放。几何变换在主菜单【造型】—【几何变换】的下拉菜单和几何变换栏中（见图 3-98）。

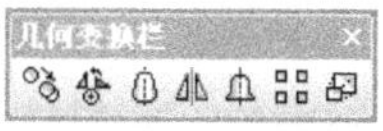

图 3-98　几何变换栏

3.4.1　平移

平移就是对拾取到的曲线或曲面进行平移或拷贝。单击主菜单【造型】—【几何变换】—【平移】，或直接单击 ％ 按钮，即可激活平移命令。平移有两点和偏移量两种方式，它们的命令行如图 3-99 所示。

下面分别介绍两种平移方式。

- 两点方式：就是给定平移元素的基点和目标点，来实现曲线或曲面的平移或拷贝。
- 偏移量方式：就是给出在 X、Y、Z 三轴上的偏移量，来实现曲线或曲面的平移或拷贝。

【例 3-22】两点平移。

使用两点平移方式，将图 3-100 所示的矩形沿着 Z 轴方向向上移动 50。

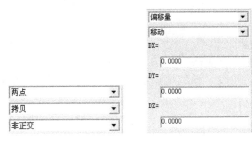

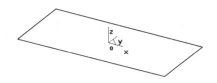

图 3-99　平移命令行　　　　　　　　　　　　图 3-100　实例

设计过程

[1] 单击 按钮，在命令行中选取两点方式，拷贝，非正交，如图 3-101 所示。

[2] 根据状态栏提示，依次拾取每条曲线，按右键确认，输入基点，选择矩形的一个角点，输入目标点，按空格键，弹出坐标输入条，输入（@0,0,50），按 Enter 键确认。

[3] 生成的结果如图 3-101 所示。

【例 3-23】 偏移量平移。

使用偏移量平移方式，绘制圆心与图 3-102 所示圆的圆心距离为 DX=10、DY=15、DZ=10、半径大小相等的圆。

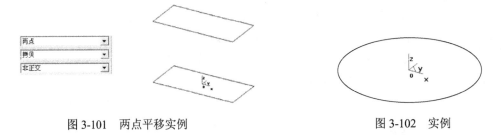

图 3-101　两点平移实例　　　　　　　　　　图 3-102　实例

设计过程

[1] 单击 按钮，在命令行中选取偏移量方式，并输入如图 3-103 所示的参数。

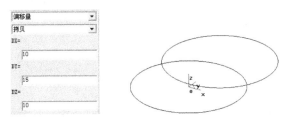

图 3-103　偏移量平移实例

[2] 根据状态栏提示，拾取图 3-103 的圆，按右键确认。

[3] 生成的结果如图 3-103 所示。

3.4.2　平面旋转

对拾取到的曲线或曲面进行同一平面上的旋转或旋转拷贝。单击【造型】—【几何变换】—【平面旋转】，或直接单击 按钮，即可激活平面旋转命令。平面旋转有拷贝和移动两种方式,拷贝方式除了可以指定旋转角度外,还可以指定拷贝份数,它们的命令行如图 3-104 所示。

【例 3-24】平面旋转操作。

将图 3-105 所示的矩形绕矩形左下角角点每隔 45° 旋转两个矩形。

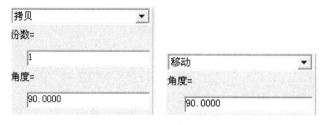

图 3-104　平面旋转命令行

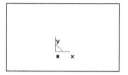

图 3-105　矩形

设计过程

[1]　单击【平面旋转】按钮 ，在命令行中输入图 3-106 所示的参数。

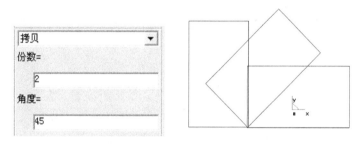

图 3-106　平面旋转实例

[2]　根据状态栏提示拾取旋转中心点,选择矩形左下角角点,再分别拾取矩形的四条边,按右键确认。

[3]　生成的结果如图 3-106 所示。

3.4.3　旋转

对拾取到的曲线或曲面进行空间的旋转或旋转拷贝。单击【造型】—【几何变换】—【旋转】,或直接单击 按钮,即可激活旋转命令。旋转有拷贝和移动两种方式,拷贝方式除了可以指定旋转角度外,还可以指定拷贝份数,它们的命令行如图 3-107 所示。

图 3-107　旋转命令行

【例 3-25】旋转操作。

将 XOY 平面内的直纹面旋转 45°。

设计过程

[1] 在 XOY 平面内，分别绘制两条样条曲线 1 和 2。

[2] 单击【直纹面】按钮 ，选择曲线+曲线方式，依次选择两条曲线，生成直纹面，按 F8 键，如图 3-108 所示。

[3] 单击【旋转】按钮 ，在命令行中输入图 3-109 所示的参数。

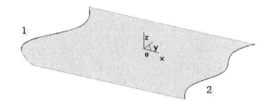

图 3-108　直纹面　　　　　　　　　　　　　　图 3-109　旋转命令行

[4] 根据状态栏提示拾取旋转轴起点和终点，分别选择样条曲线 2 的两个端点，并拾取曲面，按右键确认。

[5] 生成的结果如图 3-110 所示。

图 3-110　旋转操作实例

3.4.4　平面镜像

对拾取到的曲线或曲面以某一条直线为对称轴，进行同一平面上的对称镜像或对称拷贝。单击【造型】—【几何变换】—【平面镜像】，或直接单击 按钮，即可激活平面镜像命令。平面镜像有拷贝和移动两种方式。

【例 3-26】平面镜像操作。

作图 3-111 所示的图形关于 X 轴的镜像图形，并保留原图形。

设计过程

[1] 单击【平面镜像】按钮 ，在命令行中选择"拷贝"。

[2] 根据状态栏提示分别拾取镜像轴起点（即坐标原点）和终点（右下角角点），再拾取图 3-112 的图形，按右键确认。

[3] 生成的结果如图 3-112 所示。

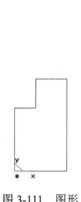

图 3-111　图形　　　　　　　　图 3-112　平面镜像操作实例

3.4.5　镜像

对拾取到的曲线或曲面以某一条直线为对称轴，进行空间上的对称镜像或对称拷贝。单击【造型】—【几何变换】—【镜像】，或直接单击 按钮，即可激活镜像命令。镜像有拷贝和移动两种方式。

【例 3-27】　镜像操作。

作图 3-113 所示的曲面关于 XOY 平面的镜像曲面。

图 3-113　曲面　　　　　　　　图 3-114　镜像操作实例

设计过程

[1]　单击【镜像】按钮 ，在命令行中选择"拷贝"。

[2]　根据状态栏提示分别拾取镜像平面（即 XOY 平面）上的三个点，再拾取图 3-113 的曲面，按右键确认。

[3]　生成的结果如图 3-114 所示。

3.4.6　阵列

对拾取到的曲线或曲面，按圆形或矩形方式进行阵列拷贝。单击【造型】—【几何变换】—【阵列】，或直接单击 按钮，即可激活阵列命令，阵列分为圆形或矩形两种方式，它们的命令行如图 3-115 所示。

下面分别介绍两种阵列方式。

* 圆形阵列：对拾取到的曲线或曲面，按圆形方式进行阵列拷贝。
* 矩形阵列：对拾取到的曲线或曲面，按矩形方式进行阵列拷贝。

【例 3-28】 圆形阵列操作。

将图 3-116 所示图形中的小圆沿圆周方向阵列为 6 个。

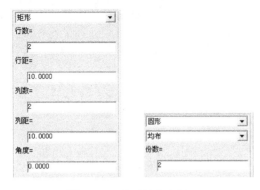

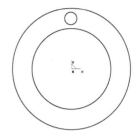

图 3-115　阵列的命令行　　　　　　　　图 3-116　待阵列图形

设计过程

[1] 单击【阵列】按钮 ⊞，在命令行中选择圆形阵列，在命令行中输入如图 3-117 所示的参数。

[2] 根据状态栏提示拾取小圆，按右键确认，然后再输入大圆圆心点作为旋转中心点。

[3] 生成的结果如图 3-117 所示。

【例 3-29】 矩形阵列操作。

用阵列命令，将图 3-118 所示的图形复制成行数为 3、列数为 6，且行距为 10、列距为 6 的图形。

图 3-117　圆形阵列　　　　　　　　图 3-118　待阵列图形

设计过程

[1] 单击【阵列】按钮 ⊞，在命令行中选择矩形阵列，在命令行中输入如图 3-119 所示的参数。

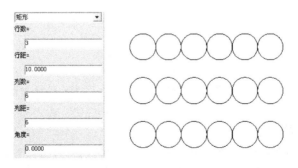

图 3-119　矩形阵列

[2] 根据状态栏提示拾取图 3-118 所示的圆，按右键确认。

[3] 生成的结果如图 3-119 所示。

3.4.7 缩放

对拾取到的曲线或曲面进行按比例放大或缩小。单击【造型】—【几何变换】—【缩放】，或直接单击 按钮，即可激活缩放命令，缩放有拷贝和移动两种方式，它们的命令行如图 3-120 所示。

【例 3-30】 缩放操作。

将图 3-121 所示的图形缩放，缩放比例为 0.5，并保留原图形。

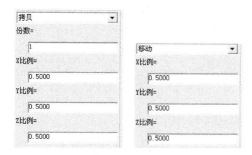

图 3-120 缩放命令行

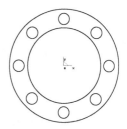

图 3-121 待缩放图形

设计过程

[1] 单击【缩放】按钮 ，在命令行中选择"拷贝"，并输入如图 3-122 所示的参数。

[2] 根据状态栏提示拾取大圆圆心点作为基点，并用窗口选择方式选择图 3-121 所示图形，按右键确认。

[3] 生成的结果如图 3-122 所示。

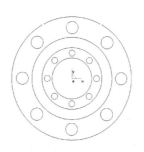

图 3-122 缩放操作实例

3.5 综合实例：凸轮

使用曲线绘制和曲线编辑命令，绘制如图 3-123 所示的凸轮。

设计过程

步骤 1 绘制凸轮外部轮廓

[1] 选择菜单【文件】—【新建】命令或者单击 图标，新

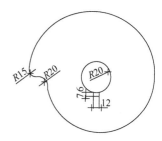

图 3-123 凸轮

建一个文件。

[2] 选择菜单【造型】—【曲线生成】—【公式曲线】命令或者单击 $f_{(x)}$ 图标，弹出如图 3-124 所示的对话框，选中"极坐标系"选项，设置参数如图 3-124 所示。

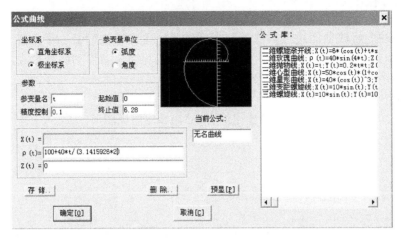

图 3-124 【公式曲线】对话框

[3] 单击【确定】按钮，此时公式曲线图形跟随鼠标，定位曲线端点到原点，如图 3-125 所示。

[4] 单击【直线】按钮 ∕ ，在导航栏上选择"两点线"、"连续"、"非正交"，如图 3-126 所示。连接公式曲线的两个端点，如图 3-126 所示。

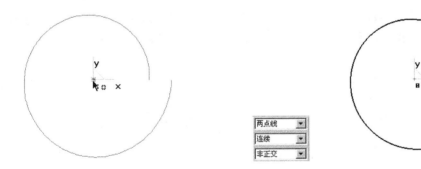

图 3-125 定位曲线到原点   图 3-126 连接公式曲线的两个端点

步骤 2 绘制凸轮内部轮廓

[1] 选择【整圆】按钮 ⊕ ，然后在原点处单击鼠标左键，按 Enter 键，弹出输入半径文本框，如图设置半径为 30，然后按 Enter 键。画圆如图 3-127 所示。

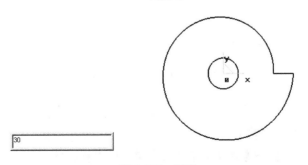

图 3-127 画圆

[2] 单击【直线】按钮 ╱，在命令行上选择"两点线"、"连续"、"正交"、"长度方式"，并输入长度为 12，按 Enter 键，参数如图 3-128 所示。

[3] 选择原点，并在其右侧单击鼠标，长度为 12 的直线显示在工作环境中，如图 3-128 所示。

[4] 选择【平移】按钮 ⁒，设置平移参数如图 3-129 所示。选中上述直线，单击鼠标右键，选中的直线移动到指定的位置。

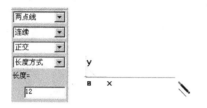

图 3-128　画线　　　　　　　　　　　图 3-129　命令行参数

[5] 选择【直线】按钮 ╱，在导航栏上选择"两点线"、"连续"、"正交"、"点方式"，参数如图 3-129 所示。

[6] 选择被移动的直线上一端点，在圆的下方单击鼠标右键，如图 3-130 所示。

图 3-130　画直线

📖　提示：直线要与圆相交。

[7] 同上步操作，在水平直线的另一端点，画垂直线，如图 3-130 所示。

[8] 选择【曲线裁剪】按钮 ⺉，参数设置及修剪草图如图 3-131 所示。

[9] 选择【显示全部】按钮 ◙，绘制的图形如图 3-132 所示。

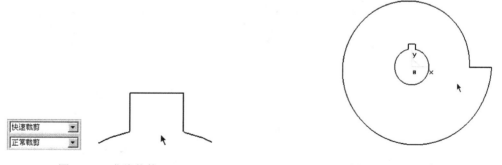

图 3-131　曲线裁剪　　　　　　　　　　图 3-132　显示全部图形

步骤 3　曲线过渡

[1] 选择【曲线过渡】按钮 ⺉，参数设置如图 3-133 所示，半径为 20，选择如图鼠标处的两条曲线，过渡如图 3-133 所示。

[2] 将圆弧过渡的半径值修改为 15，如图 3-134 所示，选择如图鼠标处两条曲线，过渡如图 3-134 所示。

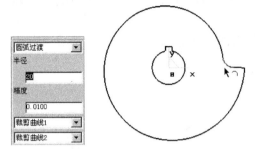

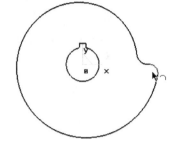

图 3-133　半径为 20 的圆弧过渡　　　　　　　　　　图 3-134　半径为 15 的圆弧过渡

3.6　思考与练习

1. CAXA 制造工程师提供了几种绘制样条曲线的方法？分别是什么？
2. 等距线、平行线和平移变换三者在功能上有什么差异？
3. 曲线裁剪共有几种方式？分别是什么？
4. 绘制如图 3-135~图 3-138 所示的图形。

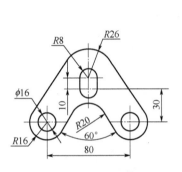

图 3-135　平面图形练习

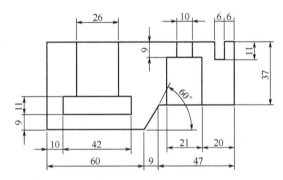

图 3-136　平面图形练习

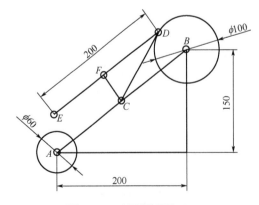

图 3-137　平面图形练习

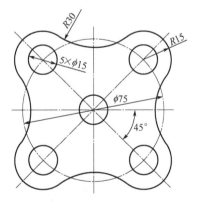

图 3-138　平面图形练习

第4章 曲面造型

【内容与要求】

线架造型构造完决定曲面形状的关键线框后，就可以在线架基础上选用各种曲面的生成和编辑方法，在线框上构造所定义的曲面来描述零件的外表面。CAXA 制造工程师 2013 提供了丰富的曲面造型方法和手段。曲面造型包括各种曲面生成和曲面编辑命令，利用它们可以顺利地进行复杂曲面的构建。同时，采用不同方法生成的曲面造型，对生成刀路轨迹起着重要的作用。

本章应达到如下目标：

- 掌握各种曲面的建立方法；
- 掌握各种曲面编辑命令和方法。

4.1 曲面生成

根据曲面特征线的不同组合方式，可以组织不同的曲面生成方式。曲面生成方式共有 10 种：直纹面、旋转面、扫描面、边界面、放样面、网格面、导动面、等距面、平面和实体表面。曲面造型在主菜单【造型】—【曲面生成】的下拉菜单和曲面生成工具栏中（见图 4-1）。

图 4-1 曲面生成工具栏

4.1.1 直纹面

直纹面是由一根直线两端点分别在两曲线上匀速运动而形成的轨迹曲面。单击主菜单【造型】—【曲面生成】—【直纹面】，或者单击 按钮，弹出命令行，如图 4-2 所示。通过命令行，可选择直纹面生成方式：曲线+曲线、点+曲线和曲线+曲面。

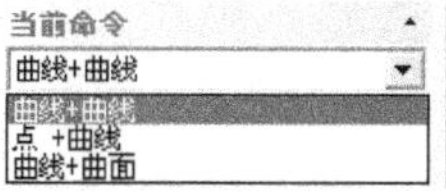

下面分别介绍直纹面的生成方式。

- 曲线+曲线：是指在两条自由曲线之间生成直纹面。
- 点+曲线：是指在一个点和一条曲线之间生成直纹面。
- 曲线+曲面：是指在一条曲线和一个曲面之间生成直纹面。

图 4-2 直纹面命令行

曲线沿着一个方向向曲面投影，同时曲线在与这个方向垂直的平面内以一定的锥度扩张或收缩，生成另外一条曲线，在这两条曲线之间生成直纹面。

【例 4-1】 曲线+曲线生成直纹面。

用给定的两条空间曲线生成直纹面。

设计过程

[1] 绘制两条空间曲线，如图 4-3 所示。

[2] 单击【直纹面】按钮 ，在命令行中选择"曲线 + 曲线"方式。

[3] 按状态栏提示拾取第一条空间曲线，被拾取的曲线变成红色。

[4] 按状态栏提示拾取第二条空间曲线，曲面生成的结果如图4-3所示。

图4-3　曲线+曲线生成直纹面

> 📖 提示：在拾取曲线时应注意拾取点的位置，应拾取曲线的同侧对应位置；否则将使两曲线的方向相反，生成的直纹面发生扭曲。如系统提示"拾取失败"，可能是由于拾取设置中没有这种类型的曲线。解决方法是点取"设置"菜单中的"拾取过滤设置"，在拾取过滤设置对话框的"图形元素的类型"中选择"选中所有类型"。

【例4-2】 点+曲线生成直纹面。

🐴 设计过程

[1] 在 XOY 平面内绘制圆心坐标原点，半径为 30 的圆。

[2] 按 F8 键，单击【直纹面】按钮 🖼️，在命令行中选择"点 + 曲线"方式。

[3] 按状态栏提示拾取点，按 Enter 键，激活坐标输入条，输入（0,0,50），按 Enter 键确认。

[4] 按状态栏提示拾取曲线，曲面生成的结果如图 4-4 所示。

【例4-3】 曲线+曲面生成直纹面。

用曲线+曲面方式生成锥度为 15° 的直纹面。

图4-4　点+曲线生成直纹面

🐴 设计过程

[1] 在 XOY 平面内单击 ～ 按钮，绘制两条样条曲线，如图4-5所示。

[2] 按 F8 键，单击【旋转】按钮 🔄，选择"移动"方式，将两条平面空间曲线以它们的两个端点为旋转轴的起点和终点，分别旋转90°，成为两条空间曲线，如图 4-6 所示。

<table>
<tr><td>图4-5　绘制两条样条曲线</td><td>图4-6　两条空间曲线</td></tr>
</table>

[3] 单击【直纹面】按钮 🖼️，在命令行中选择"曲线 + 曲线"方式。按状态栏提示拾取曲线，生成一曲面。

[4] 单击构造【基准面】◈ 按钮，选择第一种构造方法（即构造等距平面），点取特征树中的 XOY 平面，距离为 45，单击【确定】按钮后生成一个基准面 3。

[5] 选择平面 3 和绘制【草图】按钮 ✏️，进入草图绘制状态。

[6] 在草图中，单击【整圆】按钮⊕，按 F5 键，绘制圆，圆的位置与生成的曲面相对应（保证圆可以投影到曲面上）。按 F8 键，如图 4-7 所示。

[7] 单击【草图】按钮，退出草图状态，绘制空间圆，圆的位置与草图上的圆相同，删除草图 0。

[8] 单击【直纹面】按钮，在命令行中选择"曲线 + 曲面"方式，在命令行中输入角度值为 15。

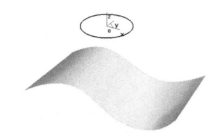

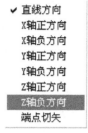

图 4-7　绘制草图圆　　　　　　　　　　　　　图 4-8　方向选择菜单

[9] 按状态栏提示拾取曲面和曲线，当状态栏提示输入投影方向时，按空格键，弹出方向选择菜单，如图 4-8 所示，选择投影方向为 Z 轴负方向，锥度方向向外，则生成的直纹面如图 4-9 所示。

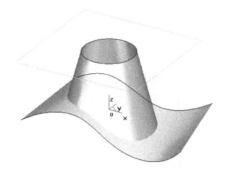

图 4-9　曲线+曲面生成直纹面

📖　提示：当曲线沿指定方向以一定的锥度向曲面投影作直纹面时，如曲线的投影不能全部落在曲面内时，直纹面将无法作出。输入方向时可按空格键或鼠标中键即可弹出工具菜单选择输入方向。

4.1.2　旋转面

按给定的起始角度、终止角度将曲线绕一旋转轴旋转而生成的轨迹曲面。单击主菜单【造型】—【曲面生成】—【旋转面】，或者单击🔔按钮，弹出命令行，如图 4-10 所示。在命令行中输入起始角和终止角角度值，并拾取空间直线为旋转轴，选择方向。拾取空间曲线为母线，拾取完毕即可生成旋转面。

当前命令
起始角
0.0000
终止角
360.0000

图 4-10　旋转面命令行

📖　提示：选择方向时，箭头方向与曲面旋转方向两者遵循右手螺旋法则。旋转时以母线的当前位置为零起始位置。

【例4-4】 旋转面生成。

生成起始角为 0，终止角为 360° 的旋转面。

设计过程

[1] 绘制空间直线和空间曲线，如图 4-11 所示。

[2] 单击【旋转面】按钮 ，在命令行中输入起始角为 0，终止角为 360。

[3] 按状态栏提示拾取旋转轴为直线，选择方向。

[4] 按状态栏提示拾取母线为空间曲线，旋转面生成的结果如图 4-12 所示。

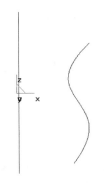

图 4-11 空间直线和曲线

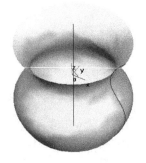

图 4-12 旋转面

4.1.3 扫描面

按照给定的起始位置和扫描距离将曲线沿指定方向以一定的锥度扫描生成曲面。单击主菜单【造型】—【曲面生成】—【扫描面】，或者单击 按钮，弹出命令行，如图 4-13 所示。

下面分别介绍命令行中各个参数的含义。

- 起始距离：是指生成曲面的起始位置与曲线平面沿扫描方向上的间距。
- 扫描距离：是指生成曲面的起始位置与终止位置沿扫描方向上的间距。
- 扫描角度：是指生成的曲面母线与扫描方向的夹角。
- 精度：生成扫描面的几何误差。

图 4-13 扫描面命令行

> 📖 提示：选择不同的扫描方向可以产生不同的效果。

【例4-5】 扫描面生成。

生成一个角度为 5、起始距离为 –50、扫描距离为 100 的扫描面。

设计过程

[1] 在 XOY 平面内绘制样条曲线，如图 4-14 所示。

[2] 单击【扫描面】按钮 ，在命令行中输入如图 4-15 所示的参数。

[3] 按状态栏提示输入扫描方向，按空格键，弹出方向选择菜单，如图 4-16 所示，选择 Z 轴正方向。

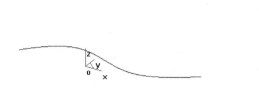

图 4-14　样条曲线

图 4-15　命令行参数

图 4-16　方向选择菜单

图 4-17　扫描面

[4]　按状态栏提示拾取曲线和选择扫描夹角方向后，扫描面生成的结果如图 4-17 所示。

4.1.4　导动面

让特征截面线沿着特征轨迹线的某一方向扫动生成曲面。单击主菜单【造型】—【曲面生成】—【导动面】，或者单击🔲按钮，弹出命令行，如图 4-18 所示。

图 4-18　导动面命令行

生成导动曲面的基本思想：选取截面曲线或轮廓线沿着另外一条轨迹线扫动生成曲面。为了满足不同形状的要求，可以在扫动过程中，对截面线和轨迹线施加不同的几何约束，让截面线和轨迹线之间保持不同的位置关系，就可以生成形状变化多样的导动曲面。如截面线沿轨迹线运动过程中，可以让截面线绕自身旋转，也可以绕轨迹线扭转，还可以进行变形处理，这样就产生各种方式的导动曲面。

导动面生成有六种方式：平行导动、固接导动、导动线&平面、导动线&边界线、双导动线和管道曲面，下面分别介绍。

- 平行导动：是指截面线沿导动线趋势始终平行它自身地移动而扫动生成曲面，截面线在运动过程中没有任何旋转。
- 固接导动：是指在导动过程中，截面线和导动线保持固接关系，即让截面线平面与导动线的切矢方向保持相对角度不变，而且截面线在自身相对坐标架中的位置关系保持不变，截面线沿导动线变化的趋势导动生成曲面。固接导动有单截面线和双截面线两种，也就是说截面线可以是一条或两条。
- 导动线&平面：截面线按以下规则沿一条平面或空间导动线(脊线)扫动生成曲面。

规则：（1）截面线平面的方向与导动线上每一点的切矢方向之间相对夹角始终保持不变；（2）截面线平面的方向与所定义的平面法矢方向始终保持不变。这种导动方式尤其适用于导动线是空间曲线的情形，截面线可以是一条或两条。

- 导动线＆边界线：截面线按以下规则沿一条导动线扫动生成曲面。规则：（1）运动过程中截面线平面始终与导动线垂直；（2）运动过程中截面线平面与两边界线需要有两个交点；（3）对截面线进行放缩，将截面线横跨于两个交点上。截面线沿导动线如此运动时，就与两条边界线一起扫动生成曲面。
- 双导动线：将一条或两条截面线沿着两条导动线匀速地扫动生成曲面。双导动线导动支持等高导动和变高导动。
- 管道曲面：给定起始半径和终止半径的圆形截面沿指定的中心线扫动生成曲面。规则：（1）截面线为一整圆，截面线在导动过程中，其圆心总是位于导动线上，且圆所在平面总是与导动线垂直；（2）圆形截面可以是两个，由起始半径和终止半径分别决定，生成变半径的管道面。

【例4-6】 平行导动面。

将圆沿着样条曲线作平行导动，生成一个导动面。

🕴 设计过程

[1] 单击【整圆】按钮⊕，在 XOY 平面内绘制圆，如图 4-19 所示。

[2] 单击【样条线】按钮～，在 XOZ 平面内绘制样条线，如图 4-19 所示。

[3] 单击【导动面】按钮🖾，选择平行导动方式。

[4] 按状态栏提示拾取导动线为样条曲线，选择方向，拾取截面曲线为圆，则导动面生成如图 4-20 所示。

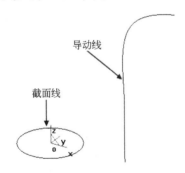 

图 4-19　绘制导动线和截面线　　　　　　　图 4-20　平行导动

【例4-7】 固接导动面。

生成一个双截面固接导动面。

🕴 设计过程

[1] 单击【整圆】按钮⊕，在 XOY 平面内绘制圆，如图 4-21 所示。

[2] 单击【样条线】按钮～，在 XOZ 平面内绘制样条线，如图 4-21 所示。

[3] 单击【整圆】按钮⊕，以样条曲线的另一端点为圆心，画圆，如图 4-21 所示。

[4] 单击【导动面】按钮🖾，选择固接导动方式，双截面线方式。

[5] 按状态栏提示拾取导动线为样条曲线，选择方向，分别拾取第一条截面线、第二条截面线，则导动面生成如图 4-22 所示。

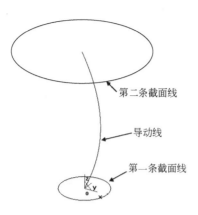

图 4-21 绘制导动线和截面线

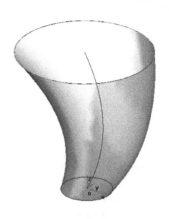

图 4-22 固接导动

📖 提示：导动曲线、截面曲线应当是光滑曲线。在两条截面线之间进行导动时，拾取两条截面线时应使得它们方向一致，否则曲面将发生扭曲，形状不可预料。

【例 4-8】 导动线&平面生成导动面。

应用导动线&平面方式生成一个导动面。

🐴 设计过程

[1] 单击【公式曲线】按钮 f(x)，弹出【公式曲线】对话框，在对话框中输入如图 4-23 所示参数，单击【确定】按钮。

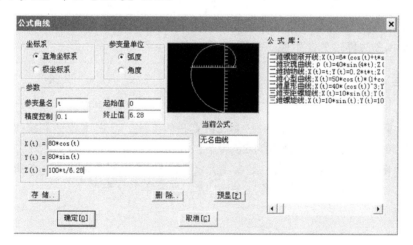

图 4-23 【公式曲线】对话框

[2] 系统左下角状态栏提示输入曲线定位点，按 Enter 键，激活坐标输入条，在坐标输入条内输入坐标（0,0），如图 4-24 所示。

[3] 按 F8 键，生成公式曲线的结果如图 4-24 所示。

[4] 按 F7 键，在 XOZ 平面内单击【直线】按钮 /，绘制两条正交直线，如图 4-25 所示。

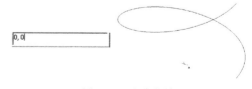

图 4-24 公式曲线

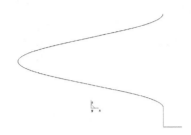

图 4-25　绘制两条正交直线

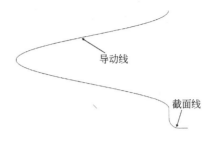

图 4-26　圆弧过渡

[5]　单击【过渡】按钮 ，选择圆弧过渡，半径为 10，如图 4-26 所示。

[6]　单击【曲线组合】按钮 ，删除原曲线方式，将两条直线与圆弧组合成一条曲线。

[7]　单击【导动面】按钮 ，选择导动线&平面导动方式和单截面线方式。

[8]　按状态栏提示输入平面法矢方向，按空格键，选择 Z 轴正方向，拾取导动线为公式曲线，选择方向，拾取截面曲线为组合曲线，则导动面生成如图 4-27 所示。

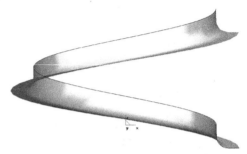

图 4-27　导动线&平面方式生成导动面

提示：导动曲线、截面曲线应当是光滑曲线。给定的平面法矢尽量不要和导动线的切矢方向相同。

【例 4-9】 导动线&边界线生成导动面。

应用导动线&边界线方式生成一个导动面。

设计过程

[1]　按 F6 键，在 YOZ 平面内，单击整圆按钮 ，绘制一个圆。

[2]　单击【直线】按钮 ，绘制一个过圆直径的直线。单击【裁剪】按钮 ，裁剪半个圆和直线多余部分，如图 4-28 所示。

[3]　按 F5 键，在 XOY 平面内，单击【直线】按钮 绘制两条直线，单击【样条曲线】按钮 ，绘制一条样条曲线，按 F8 键，如图 4-28 所示。

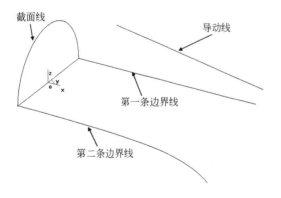

图 4-28　绘制导动线和边界线

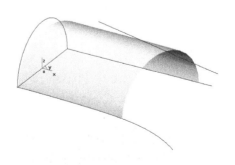

图 4-29　导动线&边界线方式生成导动面

[4] 单击【导动面】按钮 ⊞，选择导动线 & 边界线导动、单截面线、等高方式。

[5] 按状态栏提示拾取导动线为一条直线，第一条边界线为另一条直线，第二条边界线为样条曲线，截面线为半圆（拾取点应在第一条导动线附近），则导动面生成如图 4-29 所示。

> 📖 提示：（1）在导动过程中，截面线始终在垂直于导动线的平面内摆放，并求得截面线平面与边界线的两个交点。在两截面线之间进行混合变形，并对混合截面进行放缩变换，使截面线正好横跨在两个边界线的交点上。（2）若对截面线进行放缩变换时，仅变化截面线的长度，而保持截面线的高度不变，称为等高导动。（3）若对截面线，不仅变化截面线的长度，同时等比例地变化截面线的高度，称为变高导动。

【例 4-10】 双导动线生成导动面。

应用双导动线方式生成一个导动面。

设计过程

[1] 按 F6 键，在 YOZ 平面内，单击【整圆】按钮 ⊕，绘制一个圆。

[2] 单击【直线】按钮 ╱，绘制一个过圆直径的直线。单击【裁剪】按钮 ⌗，裁剪半个圆和直线多余部分，如图 4-30 所示。

[3] 按 F5 键，在 XOY 平面内，单击【直线】按钮 ╱ 绘制一条直线，单击【样条曲线】按钮 ∿，绘制一条样条曲线，按 F8 键，如图 4-30 所示。

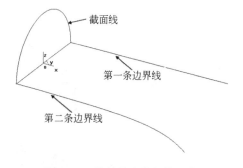

图 4-30 绘制导动线和截面线

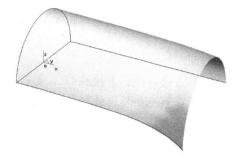

图 4-31 双导动线方式生成导动面

[4] 单击【导动面】按钮 ⊞，选择双导动线、单截面线、等高方式。

[5] 按状态栏提示拾取第一条导动线为样条曲线，选择方向，第二条导动线为直线，选择方向，截面线为半圆（拾取点应在第一条导动线附近），则导动面生成如图 4-31 所示。

【例 4-11】 管道曲面。

生成一个起始半径为 10、终止半径为 20 的管道曲面。

设计过程

[1] 按 F7 键，在 XOZ 平面内，单击【样条曲线】按钮 ∿，绘制一条样条曲线。

[2] 单击【导动面】按钮 ⊞，在命令行中选择管道曲面方式，并输入如图 4-32 所示的参数。

[3] 按 F8 键，按状态栏提示拾取导动线，并选择方向，则生成如图 4-33 所示管道曲面。

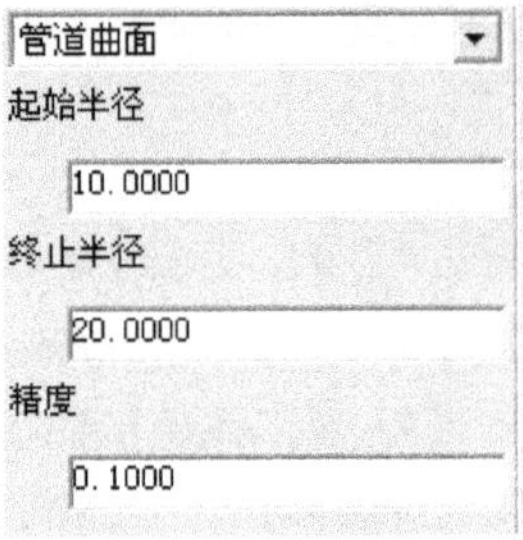

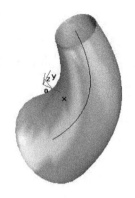

管道曲面
起始半径
10.0000
终止半径
20.0000
精度
0.1000

图 4-32　命令行参数

图 4-33　管道曲面

4.1.5　等距面

按给定距离与等距方向生成与已知平面（曲面）等距的平面（曲面）。这个命令类似曲线中的“等距线”命令，不同的是“线”改成了“面”。单击主菜单【造型】—【曲面生成】—【等距面】，或者单击按钮，弹出命令行，如图 4-34 所示。

当前命令
等距距离
10.0000

图 4-34　等距面命令行

等距距离是指生成平面在所选的方向上离开已知平面的距离。

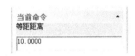

> 提示：如果曲面的曲率变化太大，等距距离应当小于最小曲率半径。

【例 4-12】等距面生成与图 4-33 所示管道曲面距离为 10 的等距面。

设计过程

[1]　单击【等距面】按钮，在命令行中输入等距距离为 10。

[2]　根据状态栏提示拾取曲面，选择方向向外。

[3]　生成如图 4-35 所示的等距面。

图 4-35　等距面

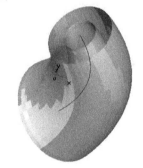

4.1.6　平面

利用多种方式生成所需平面。平面与基准面的比较：基准面是在绘制草图时的参考面，而平面则是一个实际存在的面。

单击主菜单【造型】—【曲面生成】—【平面】，或者单击按钮，弹出命令行，平面有裁剪平面和工具平面两种方式，它们的命令行如图 4-36 所示，下面分别介绍。

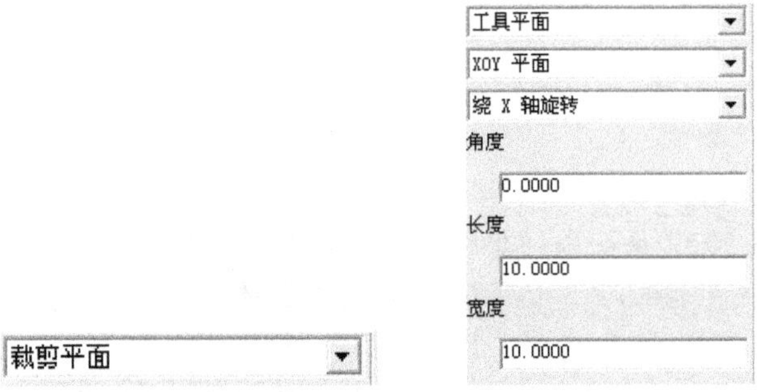

裁剪平面
工具平面
XOY 平面
绕 X 轴旋转
角度
0.0000
长度
10.0000
宽度
10.0000

图 4-36　平面命令行

- 裁剪平面：由封闭内轮廓进行裁剪形成的有一个或者多个边界的平面。封闭内轮廓可以有多个。
- 工具平面：包括 XOY 平面、YOZ 平面、ZOX 平面、三点平面、矢量平面、曲线平面和平行平面 7 种方式。

  XOY 平面：绕 X 或 Y 轴旋转一定角度生成一个指定长度和宽度的平面。

  YOZ 平面：绕 Y 或 Z 轴旋转一定角度生成一个指定长度和宽度的平面。

  ZOX 平面：绕 Z 或 X 轴旋转一定角度生成一个指定长度和宽度的平面。

  三点平面：按给定三点生成一指定长度和宽度的平面，其中第一点为平面中点。

  矢量平面：生成一个指定长度和宽度的平面，其法线的端点为给定的起点和终点。

  曲线平面：在给定曲线的指定点上，生成一个指定长度和宽度的法平面或切平面。有法平面和包络面两种方式。

  平行平面：按指定距离，移动给定平面或生成一个拷贝平面（也可以是曲面）。

【例 4-13】裁剪平面。

生成一个裁剪平面。

🐎 设计过程

[1] 单击【正多边形】按钮⬡，绘制一个正六边形。

[2] 单击【整圆】按钮⊕，在正六边形内绘制一个圆。

[3] 单击【矩形】按钮▢，在正六边形内绘制一个矩形，如图 4-37 所示。

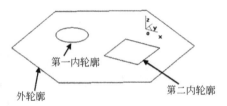

图 4-37　绘制外轮廓和内轮廓

[4] 单击【平面】按钮◿，选择裁剪平面方式。

[5] 按状态栏提示拾取平面外轮廓线为正六边形，确定链搜索方向，拾取第一个内轮廓线为圆，确定链搜索方向，拾取第二个内轮廓线为矩形，确定链搜索方向，单击右键确定。

[6] 曲面生成，结果如图 4-38 所示。

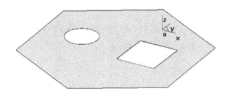

图 4-38　生成裁剪平面

【例 4-14】XOY 平面。

生成一个与 X 轴夹角为 45°、长度和宽度为 100 的平面。

🐎 设计过程

[1] 单击【平面】按钮◿，选择工具平面方式，在命令行中输入如图 4-39 所示参数。

[2] 按状态栏提示输入平面中点为坐标原点。

[3] 平面生成，结果如图 4-40 所示。

图 4-39　命令行参数

图 4-40　XOY 平面

【例 4-15】YOZ 平面。

生成一个长度和宽度为 100 的 YOZ 平面。

设计过程

[1] 单击【平面】按钮，选择工具平面方式，在命令行中输入如图 4-41 所示参数。

[2] 按状态栏提示输入平面中点为坐标原点。

[3] 平面生成，结果如图 4-42 所示。

图 4-41　命令行参数

图 4-42　YOZ 平面

【例 4-16】ZOX 平面。

生成一个长度和宽度为 100 的 ZOX 平面。

设计过程

[1] 单击【平面】图标，选择工具平面方式，在命令行中输入如图 4-43 所示参数。

[2] 按状态栏提示输入平面中点为坐标原点。

[3] 平面生成，结果如图 4-44 所示。

图 4-43　命令行参数

图 4-44　ZOX 平面

【例 4-17】 三点平面。

生成一个长度和宽度为 100，并且通过（0,0,0）、（50,0,20）、（30,40,0）的三点平面。

设计过程

[1] 单击【平面】按钮 ╱，选择工具平面方式，在命令行中输入如图 4-45 所示参数。

[2] 按状态栏提示输入第一点为平面的中点，按 $\boxed{\text{Enter}}$ 键，输入（0,0,0），拾取第二点为（50,0,20），拾取第三点为（30,40,0）。

[3] 平面生成，结果如图 4-46 所示。

图 4-45　命令行参数　　　　　　　图 4-46　三点平面

【例 4-18】 矢量平面。

生成一个长度和宽度为 100、矢量为（50,40,30）的平面。

设计过程

[1] 单击【平面】图标 ╱，选择工具平面方式，在命令行中输入如图 4-47 所示参数。

[2] 按状态栏提示输入起点为（0,0,0），终点为（50,40,30）。

[3] 平面生成，结果如图 4-48 所示。

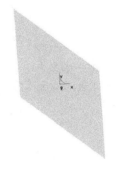

图 4-47　命令行参数　　　　　　　图 4-48　矢量平面

【例 4-19】 曲线平面。

生成一个长度和宽度为 100，且通过样条曲线端点的法平面。

设计过程

[1] 单击【样条曲线】按钮 ～，绘制一条空间样条曲线，如图 4-49 所示。

[2] 单击【平面】按钮 ╱，选择工具平面方式，在命令行中输入如图 4-50 所示参数。

[3] 按状态栏提示拾取曲线，拾取曲线上的点为样条曲线的一端点。

[4] 平面生成，结果如图 4-51 所示。

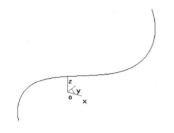

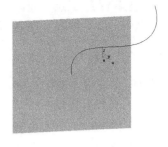

图 4-49　样条曲线　　　　　　　　　图 4-50　命令行参数　　　　　　　图 4-51　曲线平面

【例 4-20】 平行平面。

生成一个与 XOY 平面距离为 60、长度和宽度为 100 的平面。

🐎 **设计过程**

[1]　单击【平面】按钮◢，选择工具平面方式，在命令行中输入如图 4-52 所示参数。

[2]　按状态栏提示输入平面中点为坐标原点。

[3]　平面生成，结果如图 4-53 所示。

图 4-52　命令行参数　　　　　　　　　　　图 4-53　XOY 平面

[4]　单击【平面】按钮◢，选择工具平面方式，在命令行中输入如图 4-54 所示参数。

[5]　按状态栏提示拾取平面，并选择方向。

[6]　平行平面生成，结果如图 4-55 所示。

图 4-54　命令行参数　　　　　　　　　　　图 4-55　XOY 平面

📖　**提示：** 平行平面功能与等距面功能相似，但等距面后的平面（曲面），不能再对其使用平行平面功能编辑，只能使用等距面功能进行编辑；而平行平面后的平面（曲面），可以再对其使用等距面或平行平面的功能。

4.1.7　边界面

在由已知曲线围成的边界区域上生成曲面。单击主菜单【造型】—【曲面生成】—【边界面】，或者单击按钮◇，弹出命令行。边界面有两种类型：四边面和三边面。所谓四边面是指通过四条空间曲线生成平面；三边面是指通过三条空间曲线生成平面，它们的命令行如图4-56所示。

图4-56　边界面命令行

> 📖　提示：拾取的四条曲线（或三条曲线）必须首尾相连构成封闭环，才能作出四边面（或三边面）；并且拾取的曲线应当是光滑曲线。

【例4-21】　三边面。

生成一个由三条样条曲线首尾相连构成的三边面。

设计过程

[1]　单击【样条曲线】按钮～，绘制三条首尾相连的空间样条曲线，如图4-57所示。

[2]　单击【边界面】按钮◇，选择三边面。

[3]　按状态栏提示依次拾取三条空间样条曲线。

[4]　三边面生成，结果如图4-58所示。

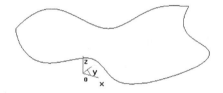

图4-57　三条首尾相连的空间样条曲线

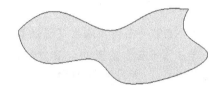

图4-58　三边面

【例4-22】　四边面。

生成一个由四条空间样条曲线首尾相连构成的四边面。

设计过程

[1]　单击【样条曲线】按钮～，绘制四条首尾相连的样条曲线。

[2]　单击【旋转】按钮◐，在命令行中选择移动方式，将四条样条曲线依次绕它们的端点旋转90°，如图4-59所示。

[3]　单击【边界面】按钮◇，选择四边面。

[4]　按状态栏提示依次拾取四条空间样条曲线。

[5]　四边面生成，结果如图4-60所示。

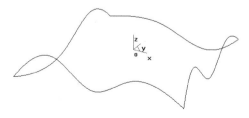

图4-59　四条首尾相连的空间样条曲线

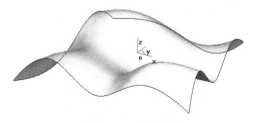

图4-60　四边面

4.1.8 放样面

以一组互不相交、方向相同、形状相似的特征线(或截面线)为骨架进行形状控制，过这些曲线生成的曲面称为放样面。单击主菜单【造型】—【曲面生成】—【放样面】，或者单击 ◇ 按钮，弹出命令行。放样面有截面曲线和曲面边界两种类型，它们的命令行如图 4-61 所示。

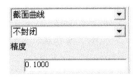
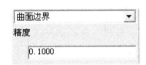

图 4-61　放样面命令行

> 提示：（1）拾取的一组特征曲线互不相交、方向一致、形状相似，否则生成结果将发生扭曲，形状不可预料。（2）截面线需保证其光滑性。（3）用户需按截面线摆放的方位顺序拾取曲线。（4）用户拾取曲线时需保证截面线方向的一致性。

【例 4-23】　截面曲线方式生成放样面。
用截面曲线方式生成一个放样面。

设计过程

[1]　在 XOY 平面内，单击【圆弧】按钮，绘制一组圆弧。

[2]　单击【旋转】按钮 ☒，在命令行中选择移动方式，使这组圆弧依次绕它们的端点旋转 90°，如图 4-62 所示。

[3]　单击【放样面】按钮 ◇，选择截面曲线方式。

[4]　按状态栏提示依次选择曲线，按右键确认，曲面生成，结果如图 4-63 所示。

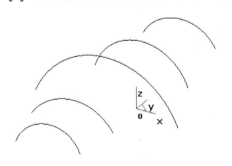
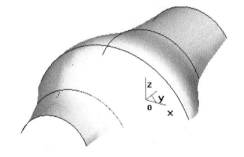

图 4-62　绘制一组空间圆弧　　　　　图 4-63　截面曲线方式生成放样面

【例 4-24】　曲面边界方式生成放样面。
用曲面边界方式生成一个放样面。

设计过程

[1]　在 XOY 平面内，单击【圆弧】按钮，绘制三条圆弧。

[2]　单击【旋转】按钮 ☒，在命令行中选择移动方式，使这三条圆弧依次绕它们的端点旋转 90°，如图 4-64 所示。

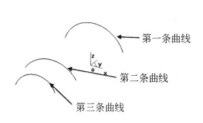

图 4-64　绘制三条空间圆弧

图 4-65　扫描面命令行参数

[3]　单击【扫描面】按钮，在命令行中输入如图 4-65 所示参数，根据状态栏提示输入扫描方向，按空格键，选择 Y 轴正方向，选择第一条曲线，生成扫描面 1。

[4]　在命令行中输入图 4-66 所示参数，根据状态栏提示输入扫描方向，按空格键，选择 Y 轴正方向，选择第二条曲线，生成扫描面 2，如图 4-67 所示。

图 4-66　扫描面命令行参数

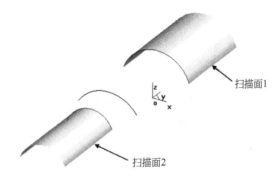

图 4-67　生成两个扫描面

[5]　单击【放样面】按钮，选择曲面边界方式。

[6]　按状态栏提示在第一条曲面边界上拾取所在曲面为扫描面 1，拾取截面曲线为曲线 2，按右键确认，在第二条曲面边界上拾取所在曲面为扫描面 2。

[7]　曲面生成，结果如图 4-68 所示。

图 4-68　曲面边界方式生成放样面

4.1.9　网格面

以网格曲线为骨架，蒙上自由曲面生成的曲面称为网格面。网格曲线是由特征线组成的横竖相交线。

网格面的生成思路：首先构造曲面的特征网格线以确定曲面的初始骨架形状，然后用自由曲面插值特征网格线生成曲面。

特征网格线可以是曲面边界线或曲面截面线等。由于一组截面线只能反映一个方向的变化趋势，所以还可以引入另一组截面线来限定另一个方向的变化，这就形成了一个网格骨架，控制住了两个方向（U 和 V 两个方向）的变化趋势，如图 4-69 所示，使特征网格线基本上反映出设计者想要的曲面形状，在此基础上插值网格骨架生成的曲面

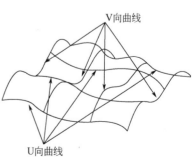

图 4-69　网格骨架

必然能满足设计者的要求。

单击主菜单【造型】—【曲面生成】—【网格面】，或者单击 按钮，弹出命令行，激活网格面功能。

对特征网格线有以下要求：网格曲线组成网状四边形网格，规则四边网格与不规则四边网格均可。插值区域是由四条边界曲线围成的（见图4-70（a）、（b）），不允许有三边域、五边域和多边域（见图4-70（c））。

(a) 规则四边形网格　　　(b) 不规则四边形网格　　　(c) 不规则网格

图4-70　不同的网格线

【例4-25】网格面。

生成一个U和V两方向各有四条曲线的网格面。

🐴 设计过程

[1] 在XOY平面内，单击【样条曲线】按钮 ～，绘制V方向上四条样条曲线。

[2] 按 F8 键，单击【旋转】按钮 ⊕，在命令行中选择移动方式，使这四条样条曲线依次绕它们的端点旋转90°，如图4-71所示。

图4-71　绘制V方向上四条样条曲线

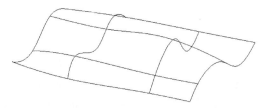

图4-72　绘制U方向上四条样条曲线

[3] 再次单击【样条曲线】按钮 ～，按空格键选择端点，绘制U方向上两条边界线。

[4] 按空格键选择最近点，绘制U方向上的另外两条样条曲线，如图4-72所示。

[5] 单击【网格面】按钮 ，按状态栏提示拾取U向截面线，按右键确认。

[6] 按状态栏提示拾取V向截面线，按右键确认。

[7] 网格面生成，结果如图4-73所示。

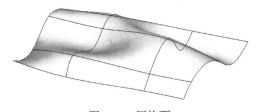

图4-73　网格面

📖 提示：（1）每一组曲线都必须按其方位顺序拾取，而且曲线的方向必须保持一致。曲线的方向与放样面功能中一样，由拾取点的位置来确定曲线的起点。（2）拾取的每条U向曲线与所有V向曲线都必须有交点。（3）拾取的曲线应当是光滑曲线。

4.1.10 实体表面

把通过特征生成的实体表面剥离出来而形成一个独立的面称之为实体表面。单击主菜单【造型】—【曲面生成】—【实体表面】，或者单击 □ 按钮，弹出命令行，激活实体表面功能。拾取实体表面时，既可以拾取单个表面，也可以拾取所有表面，它们的命令行如图 4-74 所示。

图 4-74　实体表面命令行

【例 4-26】实体表面。

生成一个长方体的上表面。

设计过程

[1] 单击特征树中的平面 XY，选择 XOY 平面为绘图基准面，然后单击【绘制草图】按钮 ，进入草图状态。

[2] 按 F5 键切换显示平面为 XY 面，然后单击曲线生成工具栏上的【矩形】按钮 □，绘制如图 4-75 所示大小的矩形。

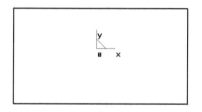

图 4-75　绘制草图

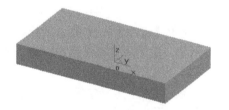

图 4-76　拉伸长方体

[3] 单击【绘制草图】按钮 ，退出草图状态。单击【拉伸增料】按钮 ，在对话框中输入深度 10，并单击【确定】按钮。按 F8 键其轴测图如图 4-76 所示。

[4] 单击【实体表面】按钮 □， 按状态栏提示拾取表面为长方体上表面，按右键确认，实体表面生成。

[5] 在特征树中单击【拉伸增料 0】，按右键确认，选择删除，可见被剥离出来的长方体上表面，如图 4-77 所示。

图 4-77　实体表面

4.2 曲面编辑

曲面编辑主要讲述有关曲面的常用编辑命令及操作方法，它是 CAXA 制造工程师的重要功能。

曲面编辑包括曲面裁剪、曲面过渡、曲面缝合、曲面拼接、曲面延伸、曲面优化、曲面重拟合、曲面正反面修改、查找异常曲面等功能。曲面编辑在主菜单【造型】—【曲面编辑】的下拉菜单和线面编辑栏中（见图4-78）。

图 4-78　线面编辑栏

4.2.1　曲面裁剪

曲面裁剪是对生成的曲面进行修剪，去掉不需要的部分。在曲面裁剪功能中，用户可以选用各种元素，包括各种曲线和曲面来修理和裁剪曲面，获得用户所需要的曲面形态。也可以将被裁剪了的曲面恢复到原来的样子。

在各种曲面裁剪方式中时，用户都可以通过切换命令行来采用裁剪或分裂的方式。在分裂的方式中，系统用剪刀线将曲面分成多个部分，并保留裁剪生成的所有曲面部分。在裁剪方式中，系统只保留用户所需要的曲面部分，其它部分将都被裁剪掉。系统根据拾取曲面时鼠标的位置来确定用户所需要的部分，即剪刀线将曲面分成多个部分，用户在拾取曲面时单击在哪一个曲面部分上，就保留哪一部分。

单击主菜单【造型】—【曲面编辑】—【曲面裁剪】，或者单击按钮 🔧，弹出命令行，如图4-79所示。曲面裁剪有投影线裁剪、等参数线裁剪、线裁剪、面裁剪和裁剪恢复五种方式，下面分别介绍。

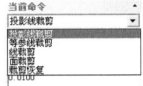

- 投影线裁剪：是将空间曲线沿给定的固定方向投影到曲面上，形成剪刀线来裁剪曲面。
- 线裁剪：曲面上的曲线沿曲面法矢方向投影到曲面上，形成剪刀线来裁剪曲面。
- 面裁剪：剪刀曲面和被裁剪曲面求交，用求得的交线作为剪刀线来裁剪曲面。

图 4-79　曲面裁剪命令行

- 等参数线裁剪：以曲面上给定的等参数线为剪刀线来裁剪曲面，有裁剪和分裂两种方式。参数线的给定可以通过命令行选择过点或者指定参数来确定。
- 裁剪恢复：将拾取到的曲面裁剪部分恢复到没有裁剪的状态。如果拾取的裁剪边界是内边界，系统将取消对该边界施加的裁剪。如果拾取的是外边界，系统将把外边界恢复到原始边界状态。

【例 4-27】 投影线裁剪。

用投影线裁剪，将圆投影到一个曲面上进行裁剪。

🎯 设计过程

[1] 单击【样条曲线】按钮 ～，绘制两条样条曲线。

[2] 单击【旋转】按钮 🔩，在命令行中选择移动方式，将两条样条曲线依次绕它们的端点旋转90°。

[3] 单击【直纹面】按钮 🔲，选择曲线+曲线方式，按状态栏提示依次拾取两条空间样条曲线，直纹面生成，如图4-80所示。

[4] 单击【构造基准面】按钮 ◈，选择第一种构造方法（即构造等距平面），点取特征

树中的 XOY 平面，距离为 45，单击【确定】按钮后生成一个基准面 3。

[5] 选择平面 3 和绘制【草图】按钮 🖉，进入草图绘制状态。

[6] 在草图中，单击【整圆】按钮 ⊕，按 F5 键，绘制圆，圆的位置与生成的曲面相对应（保证圆可以投影到曲面上）。按 F8 键，如图 4-81 所示。

图 4-80　直纹面

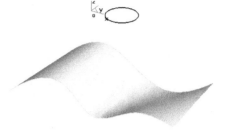

图 4-81　绘制剪刀线圆

[7] 单击【草图】按钮 🖉，退出草图状态，绘制空间圆，圆的位置与草图上的圆相同，删除草图 0。

[8] 单击【曲面裁剪】按钮 ✂，选择投影线裁剪方式。

[9] 根据状态栏提示拾取被裁剪的曲面(选取需保留的部分)，输入投影方向，按空格键，弹出矢量工具菜单，选择 Z 轴负方向，拾取剪刀线为圆，确定链搜索方向，则曲面裁剪结果如图 4-82 所示。

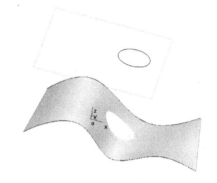

图 4-82　投影线裁剪

📖　提示：拾取的裁剪曲线沿指定投影方向向被裁剪曲面投影时必须有投影线，否则无法裁剪曲面。剪刀线与曲面边界线重合或部分重合以及相切时，可能得不到正确的裁剪结果。

【例 4-28】线裁剪。

用线裁剪命令，对已知曲面进行裁剪。

🔧　设计过程

[1] 单击【样条曲线】按钮 ∿，绘制两条样条曲线。

[2] 单击【旋转】按钮 ⟳，在命令行中选择移动方式，将两条样条曲线依次绕它们的端点旋转 90°。

[3] 单击【直纹面】按钮 ▨，选择曲线+曲线方式，按状态栏提示依次拾取两条空间样条曲线，直纹面生成，如图 4-83 所示。

[4] 单击【构造基准面】按钮 ◈，选择第一种构造方法（即构造等距平面），点取特征树中的 XOY 平面，距离为 30，单击【确定】按钮后生成一个基准面 3。

[5] 选择平面 3 和绘制草图按钮 🖉，进入草图绘制状态。

[6] 在草图中，单击【直线】按钮 ╱，按 F5 键，绘制直线，直线的位置与生成的曲面相对应（保证直线可以投影到曲面上）。按 F8 键，如图 4-83 所示。

[7] 单击【草图】按钮 🖉，退出草图状态，绘制空间直线，直线的位置与草图上的直线相同，删除草图 0。

[8] 单击【曲面裁剪】按钮 ，选择线裁剪方式。

[9] 根据状态栏提示拾取被裁剪的曲面（选取需保留的部分），拾取剪刀线为空间直线，确定链搜索方向，按右键确认，则曲面裁剪结果如图 4-84 所示。

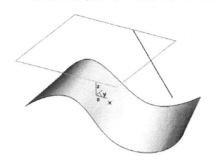

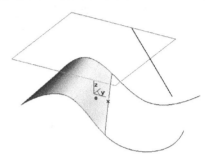

图 4-83　绘制曲面和空间直线　　　　　　　图 4-84　线裁剪

> 📖 提示：（1）裁剪时保留拾取点所在的那部分曲面。（2）若裁剪曲线不在曲面上，则系统将曲线按距离最近的方式投影到曲面上获得投影曲线，然后利用投影曲线对曲面进行裁剪，此投影曲线不存在时，裁剪失败。一般应尽量避免此种情形。（3）若裁剪曲线与曲面边界无交点，且不在曲面内部封闭，则系统将其延长到曲面边界后实行裁剪。（4）用与曲面边界线重合或部分重合以及相切的曲线对曲面进行裁剪时，可能得不到正确的结果，建议尽量避免这种情况。

【例 4-29】 面裁剪。

用面裁剪命令，对已知曲面进行裁剪。

🐴 **设计过程**

[1] 单击【样条曲线】按钮 ，绘制两条样条曲线。

[2] 单击【旋转】按钮 ，在命令行中选择移动方式，将两条样条曲线依次绕它们的端点旋转 90°。

[3] 单击【直纹面】按钮 ，选择曲线+曲线方式，按状态栏提示依次拾取两条空间样条曲线，直纹面生成，如图 4-85 所示。

[4] 单击【整圆】按钮 ，按 F5 键，绘制圆，圆的位置与生成的曲面相对应（保证圆在曲面上）。按 F8 键，如图 4-85 所示。

图 4-85　生成直纹面

图 4-86　扫描面命令行参数

[5] 单击【扫描面】按钮 ，在命令行中输入如图 4-86 所示的参数，根据状态栏提示，按空格键，选择扫描方向为 Z 轴正方向，拾取曲线为圆，则生成扫描面，如图 4-87 所示。

[6] 单击【曲面裁剪】按钮 ，选择面裁剪方式。

[7] 根据状态栏提示拾取被裁剪的曲面（选取需保留的部分）为扫描面，拾取剪刀曲面为直纹面，按右键确认，则曲面裁剪结果如图4-88所示。

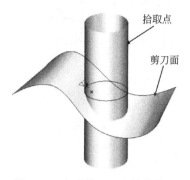

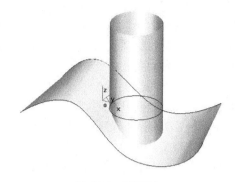

图4-87 生成剪刀面和被裁剪面　　　　　　图4-88 面裁剪

> 提示：（1）裁剪时保留拾取点所在的那部分曲面。（2）两曲面必须有交线，否则无法裁剪曲面。（3）两曲面在边界线处相交或部分相交以及相切时，可能得不到正确的结果，建议尽量避免这种情况。（4）若曲面交线与被裁剪曲面边界无交点，且不在其内部封闭，则系统将交线延长到被裁剪曲面边界后实行裁剪。一般应尽量避免这种情况。

【例4-30】 等参数线裁剪。

用等参数线裁剪命令，对已知曲面进行裁剪。

设计过程

[1] 单击【样条曲线】按钮∼，绘制两条样条曲线。

[2] 单击【旋转】按钮，在命令行中选择移动方式，将两条样条曲线依次绕它们的端点旋转90°。

[3] 单击【直纹面】按钮，选择曲线+曲线方式，按状态栏提示依次拾取两条空间样条曲线，直纹面生成。

[4] 单击【线架显示】按钮，则直纹面如图4-89所示。

[5] 单击【曲面裁剪】按钮，选择等参数线裁剪方式。

图4-89 直纹面的线架显示

[6] 根据状态栏提示拾取被裁剪的曲面（选取需保留的部分）为扫描面，选择方向（见图4-90所示），按右键确认，则曲面裁剪结果如图4-91所示。

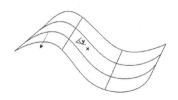

图4-90 选择方向　　　　　　　图4-91 等参数线裁剪

> 提示：裁剪时保留拾取点所在的那部分曲面。

4.2.2 曲面过渡

在给定的曲面之间以一定的方式作给定半径或半径规律的圆弧过渡面，以实现曲面之间的光滑过渡。曲面过渡就是用截面是圆弧的曲面将两张曲面光滑连接起来，过渡面不一定过原曲面的边界。

单击主菜单【造型】—【曲面编辑】—【曲面过渡】，或者单击 按钮，弹出命令行，如图 4-92 所示。曲面过渡共有七种方式：两面过渡、三面过渡、系列面过渡、曲线曲面过渡、参考线过渡、曲面上线过渡和两线过渡。

图 4-92　曲面过渡命令行

每一种曲面过渡都支持等半径过渡和变半径过渡。变半径过渡是指沿着过渡面半径是变化的过渡方式。不管是线性变化半径还是非线性变化半径，系统都能提供有力的支持。用户可以通过给定导引边界线或给定半径变化规律的方式来实现变半径过渡。

等半径过渡有裁剪曲面和不裁剪曲面两种方式，如图 4-93 所示。

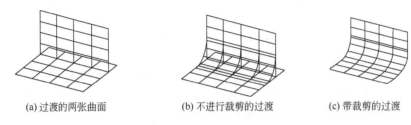

(a) 过渡的两张曲面　　　(b) 不进行裁剪的过渡　　　(c) 带裁剪的过渡

图 4-93　等半径过渡

变半径过渡可以拾取参考线，定义半径变化规律，过渡面将从头到尾按此半径变化规律来生成。在这种情况下，依靠拾取的参考线和过渡面中心线之间弧长的相对比例关系来映射半径变化规律。因此，参考曲线越接近过渡面的中心线，就越能在需要的位置上获得给定的精确半径。同样，变半径过渡也分为裁剪曲面和不裁剪曲面两种方式，如图 4-94 所示。

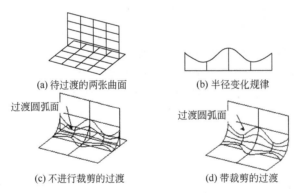

(a) 待过渡的两张曲面　　　(b) 半径变化规律

过渡圆弧面　　　　　　　　过渡圆弧面

(c) 不进行裁剪的过渡　　　(d) 带裁剪的过渡

图 4-94　变半径过渡

下面分别介绍这七种曲面过渡方式。

- 两面过渡：在两个曲面之间进行给定半径或给定半径变化规律的过渡，生成的过渡面的截面将沿两曲面的法矢方向摆放。
- 三面过渡：在三张曲面之间对两两曲面进行过渡处理，并用一张角面将所得的三张过渡面连接起来。
- 系列面过渡：系列面是指首尾相接、边界重合，并在重合边界处保持光滑连接的多张曲面的集合。系列面过渡就是在两个系列面之间进行过渡处理。

系列面过渡中支持给定半径的等半径过渡和给定半径变化规律的变半径过渡两种方式。在变半径过渡中可以拾取参考线，定义半径变化规律，生成的一串过渡面将从头到尾按此半径变化规律来生成。

在一个系列面中，曲面和曲面之间应当尽量保证首尾相连、光滑相接。

用户需正确地指定曲面的方向，方向不同会导致完全不同的结果。

若曲面形状复杂，变化过于剧烈，使得曲面的局部曲率小于过渡半径时，过渡面将发生自交，形状难以预料，应尽量避免这种情形。

- 曲线曲面过渡：过曲面外一条曲线，作曲线和曲面之间的等半径或变半径过渡面。
- 参考线过渡：给出一条参考线，在两曲面之间作等半径或变半径过渡，生成的相切过渡面的截面将位于垂直于参考线的平面内。
- 曲面上线过渡：两曲面作过渡，指定第一曲面上的一条线为过渡面的导引边界线的过渡方式。系统生成的过渡面将和两张曲面相切，并以导引线为过渡面的一个边界，即过渡面过此导引线和第一曲面相切。
- 两线过渡：两曲线间作过渡，生成给定半径的以两曲面的两条边界线或者一个曲面的一条边界线和一条空间脊线为边生成过渡面。

【例4-31】 两面过渡。

用变半径方式对两个平面进行过渡。

🏆 设计过程

[1] 单击【平面】按钮▱，选择工具平面、XOY 平面方式，在命令行中输入如图 4-95 所示参数。

[2] 按状态栏提示输入平面中点为坐标原点，则生成一个 XOY 平面。

[3] 单击【平面】按钮▱，选择工具平面、ZOX 平面方式，在命令行中输入如图 4-96 所示参数。

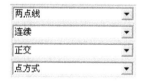

图 4-95　命令行参数　　　　图 4-96　命令行参数　　　　图 4-97　直线的命令行

[4] 按状态栏提示输入平面中点为坐标原点，则生成一个 ZOX 平面。

[5] 单击【直线】按钮╱，命令行如图 4-97 所示，按 Enter 键，弹出坐标输入条，分别输入直线的起点坐标为（–50,0,0），终点坐标为（50,0,0），绘制直线，如图 4-98 所示。

[6] 单击【曲面过渡】按钮🖐，在命令行中选择"两面过渡"、"变半径"和裁剪曲面方式。

[7] 根据状态栏提示拾取第一张曲面，并选择方向；拾取第二张曲面，并选择方向；拾取参考曲线，指定直线。

[8] 根据状态栏提示指定参考曲线上点并定义半径，指定图 4-98 中的点 1 后，弹出命令行，如图 4-99 所示，在命令行中输入半径值 5，单击【确定】按钮。

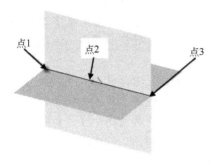

图 4-98　两个工具平面和参数线

图 4-99　输入半径命令行

[9] 根据状态栏提示指定参考曲线上点并定义半径，按空格键，选择中点，指定图 4-98 中的点 2 后，弹出命令行，在命令行中输入半径值 10，单击【确定】按钮。

[10] 根据状态栏提示指定参考曲线上点并定义半径，指定图 4-98 中的点 3 后，弹出命令行，在命令行中输入半径值 5，单击【确定】按钮。按右键确认，则曲面过渡结果如图 4-100 所示。

提示：（1）用户需正确地指定曲面的方向，方向不同会导致完全不同的结果。（2）进行过渡的两曲面在指定方向上与距离等于半径的等距面必须相交，否则曲面过渡失败。（3）若曲面形状复杂，变化过于剧烈，使得曲面的局部曲率小于过渡半径时，过渡面将发生自交，形状难以预料，应尽量避免这种情形。

图 4-100　两面过渡

【例 4-32】 三面过渡。

用变半径方式对三个平面进行过渡。

[1] 单击【平面】按钮▱，选择工具平面、XOY 平面方式，在命令行中输入参数。

[2] 按状态栏提示输入平面中点为坐标原点，则生成一个 XOY 平面。

[3] 用同样的方法可以生成一个 ZOX 平面和 YOZ 平面，如图 4-101 所示。

图 4-101　三个工具平面

三面过渡	▼
内过渡	▼
变半径	▼
半径12	
5.0000	
半径23	
10.0000	
半径31	
15.0000	
裁剪曲面	▼
精度	
0.0100	

图 4-102　三面过渡命令行参数

[4] 单击【曲面过渡】按钮▱，在命令行中选择三面过渡，并输入如图 4-102 所示的参数。

[5] 根据状态栏提示依次拾取三张曲面，并选择方向，则曲面过渡结果如图 4-103 所示。

【例 4-33】 系列面过渡。

对两组系列面作半径为 10 的过渡。

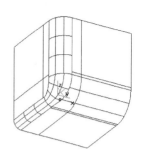

图 4-103 三面过渡

设计过程

[1] 按 F5 键，将绘图平面切换到平面 XOY 上。单击【矩形】功能按钮□，在无模式菜单中选择【两点矩形】方式，输入第一点坐标（–60,30,0），第二点坐标（40,–30,0），矩形绘制完成，如图 4-104 所示。

[2] 单击【圆弧】功能按钮◯，按空格键，选择切点方式，作一圆弧，与长方形右侧三条边相切。然后单击删除功能按钮⌀，拾取右侧的竖边，按右键确定，删除完成，如图 4-105 所示。

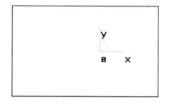

图 4-104 绘制矩形

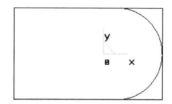

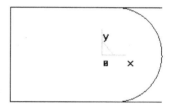

图 4-105 绘制相切圆弧

[3] 单击【裁剪】功能按钮▧，拾取圆弧外的直线段，裁剪完成，结果如图 4-106 所示。

[4] 单击【扫描面】按钮▣，在命令行中输入起始距离 0，扫描距离 40，扫描角度 2。然后按空格键，弹出矢量选择快捷菜单，选择 Z 轴正方向，如图 4-107 所示。

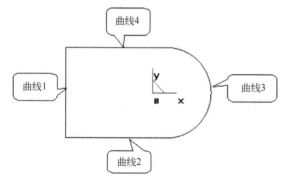

图 4-106 曲线裁剪

图 4-107 扫描面命令行

[5] 按状态栏提示拾取曲线，单击图 4-106 中的曲线 2、曲线 3 和曲线 4，生成曲面，如图 4-108 所示。

[6] 单击【直纹面】按钮▱，选择"曲线+曲线"方式，分别拾取如图 4-106 中的曲线 1 和曲线 3，生成直纹面。

[7] 单击【曲面过渡】按钮▱，在命令行中选择系列面过渡，并输入如图 4-109 所示的参数。

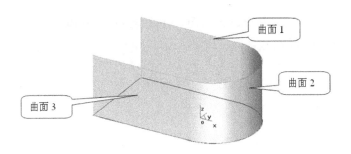

图 4-108　扫描面

[8]　根据状态栏提示依次拾取第一系列曲面为曲面 1、曲面 2 和曲面 3，按右键确认并选择方向，拾取第二系列曲面为直纹面，并选择方向，则曲面过渡结果如图 4-110 所示。

图 4-109　系列面命令行

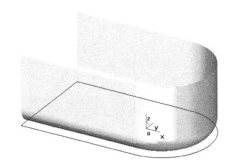

图 4-110　系列面过渡

> 📖　提示：在变半径系列面过渡中，参考曲线只能指定一条曲线。因此，可将系列曲面上的多条相连的曲线组合成一条曲线，作为参考曲线；或者也可以指定不在曲面上的曲线。

【例 4-34】 曲线曲面过渡。

对曲面与其外面一条曲线作半径为 40 的过渡。

🐴　**设计过程**

[1]　单击【平面】按钮，选择工具平面、XOY 平面方式，在命令行中输入如图 4-111 所示参数。

[2]　按状态栏提示输入平面中点为坐标原点，则生成一个 XOY 平面。

[3]　单击【构造基准面】按钮，选择第一种构造方法（即构造等距平面），点取特征树中的 XOY 平面，距离为 30，单击【确定】按钮后生成一个基准面 3。

[4]　选择平面 3 和绘制【草图】按钮，进入草图绘制状态。

[5]　在草图中，单击【样条曲线】按钮，按 F5 键，绘制样条曲线，按 F8 键，如图 4-112 所示。

[6]　单击【草图】按钮，退出草图状态，绘制空间样条曲线，曲线的位置与草图上的曲线相同，删除草图 0。

[7]　单击【曲面过渡】按钮，在命令行中选择曲线曲面过渡，并输入如图 4-113 所示的参数。

图 4-111　工具平面命令行

图 4-112　绘制样条曲线

[8]　根据状态栏提示拾取曲面为 XOY 平面，单击所选方向向上，拾取曲线为样条曲线，曲线曲面过渡完成，过渡结果如图 4-114 所示。

图 4-113　曲线曲面过渡命令行

图 4-114　曲线曲面过渡

【例 4-35】　参考线过渡。

作半径为 10 的参考线过渡。

🐴　设计过程

[1]　单击【平面】按钮 ◿，选择工具平面、XOY 平面方式，在命令行中输入如图 4-115 所示参数。

[2]　按状态栏提示输入平面中点为坐标原点，则生成一个 XOY 平面。

[3]　采用同样的方法，生成一个长度和宽度均为 100 的 YOZ 平面，如图 4-116 所示。

图 4-115　工具平面命令行

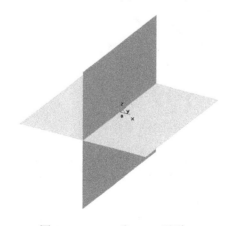

图 4-116　XOY 和 YOZ 平面

[4]　单击【样条曲线】按钮 ∿，绘制样条曲线，如图 4-117 所示。

[5] 单击【曲面过渡】按钮，在命令行中选择参考线过渡，并输入如图 4-118 所示的参数。

[6] 根据状态栏提示拾取第一张曲面为 XOY 平面，单击所选方向向上，拾取第二张曲面为 YOZ 平面，单击所选方向向右，拾取脊线（参考线）为样条曲线，过渡结果如图 4-119 所示。

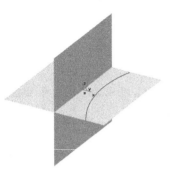

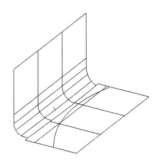

图 4-117　绘制参考线　　　图 4-118　参考线命令行参数　　　图 4-119　参考线过渡

📖 提示：参考线应该是光滑曲线。在没有特别要求的情况下，参考线的选取应尽量简单。

【例 4-36】 曲面上线过渡。

作曲面上线过渡。

设计过程

[1] 单击【平面】按钮，选择工具平面、XOY 平面方式，在命令行中输入如图 4-120 所示参数。

[2] 按状态栏提示输入平面中点为坐标原点，则生成一个 XOY 平面。

[3] 采用同样的方法，生成一个长度和宽度均为 100 的 YOZ 平面，如图 4-121 所示。

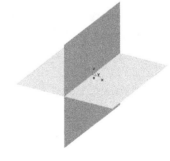

图 4-120　工具平面命令行　　　图 4-121　XOY 平面和 YOZ 平面

[4] 按 F5 键，单击【样条曲线】按钮，绘制样条曲线，如图 4-122 所示。

[5] 单击【曲面过渡】按钮，在命令行中选择参考线过渡，并输入如图 4-123 所示的参数。

[6] 根据状态栏提示拾取第一张曲面为 XOY 平面，单击所选方向向上，拾取曲面 1 上的曲线，拾取第二张曲面为 YOZ 平面，单击所选方向向右，过渡结果如图 4-124 所示。

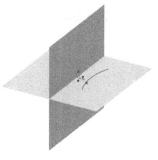

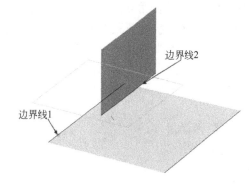

图 4-122　绘制参考线　　　图 4-123　参考线命令行参数　　　图 4-124　曲面上线过渡

📖 提示：导引线必须光滑，并在第一曲面上，否则系统不予处理。

【例 4-37】 两线过渡。

作两线过渡。

♘ **设计过程**

[1] 单击【直线】按钮 ╱，绘制两条直线。

[2] 单击【直纹面】按钮 🔲，选择曲线+曲线方式，按状态栏提示依次拾取两条直线，直纹面生成。

[3] 单击【构造基准面】按钮 ◈，选择第一种构造方法（即构造等距平面），点取特征树中的 XOY 平面，距离为 15，单击【确定】按钮后生成一个基准面 3。

[4] 选择平面 3 和绘制【草图】按钮 🖉，进入草图绘制状态。

[5] 在草图中，单击【直线】按钮 ╱，按 F5 键，绘制直线，按 F8 键，如图 4-125 所示。

图 4-125　绘制平面外一条直线

[6] 单击【草图】按钮 🖉，退出草图状态，绘制空间直线，直线的位置与草图上的直线相同，删除草图 0。

[7] 单击【扫描面】按钮 🗔，在命令行中输入如图 4-126 所示参数，按状态栏提示输入扫描方向，按空格键，选择 Z 轴正方向，拾取曲线为空间直线，则扫描面生成，如图 4-127 所示。

图 4-126　扫描面命令行　　　　　　图 4-127　扫描面生成

[8] 单击【曲面过渡】按钮 ◁，在命令行中选择两线过渡，并输入如图 4-128 所示的参数。

[9] 根据状态栏提示拾取图 4-127 中的边界线 1,单击导动方向,拾取边界线 2,单击导动方向,过渡结果如图 4-129 所示。

图 4-128　两线过渡命令行参数

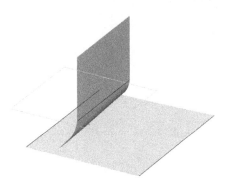

图 4-129　两线过渡

4.2.3　曲面拼接

曲面拼接是曲面光滑连接的一种方式,它可以通过多个曲面的对应边界,生成一张曲面与这些曲面光滑相接。单击主菜单【造型】—【曲面编辑】—【曲面拼接】,或者单击 按钮,弹出命令行,如图 4-130 所示。

在许多物体的造型中,通过曲面生成、曲面过渡、曲面裁剪等工具生成物体的型面后,总会在一些区域留下一片空缺,我们称之为"洞"。曲面拼接就可以对这种情形进行"补洞"处理。曲面拼接共有三种方式:两面拼接、三面拼接和四面拼接,下面分别介绍每种拼接方式。

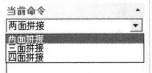

图 4-130　曲面拼接

- 两面拼接:作一曲面,使其连接两给定曲面的指定对应边界,并在连接处保证光滑。当遇到要把两个曲面从对应的边界处光滑连接时,用曲面过渡的方法无法实现,因为过渡面不一定通过两个原曲面的边界。这时就需要用到曲面拼接的功能,过曲面边界光滑连接曲面。

- 三面拼接:作一曲面,使其连接三个给定曲面的指定对应边界,并在连接处保证光滑。

- 四面拼接:作一曲面,使其连接四个给定曲面的指定对应边界,并在连接处保证光滑。四个曲面在角点处两两相接,形成一个封闭区域,中间留下一个"洞",四面拼接就能光滑拼接四张曲面及其边界而进行"补洞"处理。

在四面拼接中,使用的元素不局限于曲面,还可以是曲线,即可以拼接曲面和曲线围成的区域,拼接面和曲面保持光滑相接,并以曲线为边界。四面拼接可以对三张曲面和一条曲线围成的区域、两张曲面和两条曲线围成的区域、一张曲面和三条曲线围成的区域进行四面拼接。

【例 4-38】两面拼接。

作两个曲面的拼接。

设计过程

[1] 单击【样条曲线】按钮 ,绘制两条样条曲线。

[2] 单击【旋转】按钮 ,在命令行中选择移动方式,将两条样条曲线依次绕它们的端

点旋转 90°。

[3] 单击【直纹面】按钮，选择曲线+曲线方式，按状态栏提示依次拾取两条空间样条曲线，直纹面生成，如图 4-131 所示。

[4] 单击【构造基准面】按钮，选择第一种构造方法（即构造等距平面），点取特征树中的 XOY 平面，距离为 10，单击【确定】按钮后生成一个基准面 3。

[5] 选择平面 3 和绘制【草图】按钮，进入草图绘制状态。

[6] 在草图中，单击【样条曲线】按钮，按 F5 键，绘制样条曲线，按 F8 键，如图 4-132 所示。

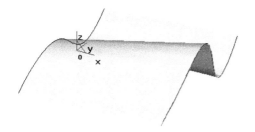

图 4-131　直纹面

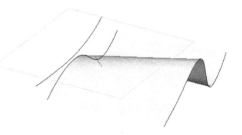

图 4-132　绘制样条曲线

[7] 单击【草图】按钮，退出草图状态，绘制空间样条曲线，曲线的位置与草图上的曲线基本相同，删除草图 0。

[8] 单击【扫描面】按钮，在命令行中输入如图 4-133 所示参数。按空格键，选择扫描方向为 Z 轴正方向，拾取样条曲线，则生成扫描面，如图 4-134 所示。

[9] 单击【曲面拼接】按钮，在命令行中选择两面拼接方式。

[10] 根据状态栏提示拾取第一张曲面为直纹面，第二张曲面为扫描面，则曲面拼接结果如图 4-135 所示。

图 4-133　扫描面命令行

图 4-134　扫描面

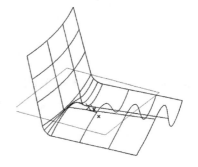

图 4-135　两面拼接

> 提示：拾取时请在需要拼接的边界附近单击曲面。拾取时，需要保证两曲面的拼接边界方向一致，这由拾取点在边界线上的位置决定，即拾取点与边界线的哪一个端点距离最近，哪一个端点就是边界的起点。两个边界线的起点应该一致，这样两个边界线的方向一致；如果两个曲面边界线方向相反，拼接的曲面将发生扭曲，形状不可预料。

【例 4-39】 三面拼接。
作三个曲面的拼接。

🔱 设计过程

[1] 单击【圆弧】按钮 ⌒ ，绘制三条首尾相连的圆弧，如图4-136所示。

[2] 单击【扫描面】按钮 ⊡ ，在命令行中输入如图4-137所示参数。按空格键，选择扫描方向为Z轴正方向，分别拾取三条样条曲线，选择扫描夹角方向向外，则生成三个扫描面，如图4-138所示。

起始距离
0.0000
扫描距离
40.0000
扫描角度
30.0000
精度
0.0100

图4-136　三条首尾相连的圆弧　　　　　图4-137　扫描面命令行

[3] 单击【曲面拼接】按钮 ◎ ，在命令行中选择三面拼接方式。

[4] 根据状态栏提示分别拾取三张曲面为三个扫描面，则曲面拼接结果如图4-139所示。

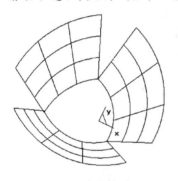

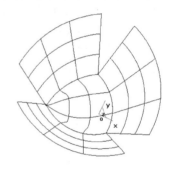

图4-138　三个扫描面　　　　　　　　　图4-139　三面拼接

📖 提示：要拼接的三个曲面必须在角点相交，要拼接的三个边界应该首尾相连，形成一串曲线，它可以封闭，也可以不封闭。操作中，拾取曲线时需先按右键确认，再单击曲线才能选择曲线。

【例4-40】四面拼接。
作四个曲面的拼接。

🔱 设计过程

[1] 单击【矩形】按钮 □ ，绘制一个矩形。

[2] 单击【扫描面】按钮 ⊡ ，在命令行中输入如图4-140所示参数。按空格键，选择扫描方向为Z轴正方向，分别拾取矩形的四条边，选择扫描夹角方向向外，则生成四个扫描面，如图4-141所示。

[3] 单击【曲面拼接】按钮 ◎ ，在命令行中选择四面拼接方式。

[4] 根据状态栏提示分别拾取四张曲面为四个扫描面，则曲面拼接结果如图4-142所示。

图 4-140　扫描面命令行参数　　　　图 4-141　四个扫描面　　　　图 4-142　四面拼接

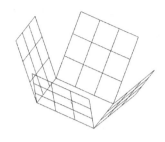

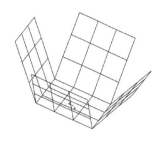

> 📖 **提示：** 要拼接的四个曲面必须在角点两两相交，要拼接的四个边界应该首尾相连，形成一串封闭曲线，围成一个封闭区域。操作中，拾取曲线时需先按右键，再单击曲线才能选择曲线。

4.2.4　曲面缝合

曲面缝合是指将两张曲面光滑连接为一张曲面。单击主菜单【造型】—【曲面编辑】—【曲面缝合】，或者单击 🖘 按钮，弹出命令行，如图 4-143 所示。

图 4-143　曲面缝合命令行

曲面缝合有两种方式：通过曲面切矢 1 进行光滑过渡连接，通过两曲面的平均切矢进行光滑过渡连接，下面分别介绍。

- 曲面切矢 1：即在第一张曲面的连接边界处按曲面 1 的切方向和第二张曲面进行连接，最后生成的曲面仍保持曲面 1 的形状。
- 平均切矢：在第一张曲面的连接边界处按两曲面的平均切方向进行光滑连接，最后生成的曲面在曲面 1 和曲面 2 处都改变了形状。

【例 4-41】 曲面缝合。

将两个曲面缝合。

🐴 **设计过程**

[1] 单击【样条曲线】按钮 ～，绘制两条样条曲线。

[2] 单击【旋转】按钮 ⬡，在命令行中选择移动方式，将两条样条曲线依次绕它们的端点旋转 90°。

[3] 单击【直纹面】按钮 ⬚，选择曲线+曲线方式，按状态栏提示依次拾取两条空间样条曲线，直纹面生成，如图 4-144 所示。

[4] 单击【构造基准面】按钮 ◈，选择第一种构造方法（即构造等距平面），点取特征树中的 XOY 平面，距离为 10，单击【确定】按钮后生成一个基准面 3。

[5] 选择平面 3 和绘制【草图】按钮 ✐，进入草图绘制状态。

[6] 在草图中，单击【样条曲线】按钮 ～，按 F5 键，绘制样条曲线，按 F8 键，如图 4-145 所示。

[7] 单击【草图】按钮 ✐，退出草图状态，绘制空间样条曲线，曲线的位置与草图上的曲线基本相同，删除草图 0。

[8] 单击【扫描面】按钮 ⬚，在命令行中输入图 4-146 所示参数。按空格键，选择扫描

方向为 Z 轴正方向，拾取样条曲线，则生成扫描面，如图 4-147 所示。

图 4-144　直纹面

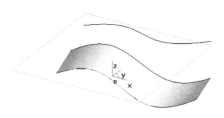

图 4-145　绘制样条曲线

图 4-146　扫描面命令行参数

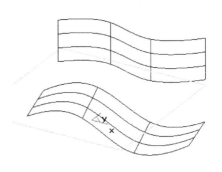

图 4-147　扫描面

[9]　单击【曲面缝合】按钮 ，在命令行中选择平均切矢缝合方式。

[10]　根据状态栏提示拾取第一张曲面为直纹面，第二张
曲面为扫描面，则曲面缝合结果如图 4-148 所示。

4.2.5　曲面延伸

在应用中很多情况会遇到所作的曲面短了或窄了，无法
进行一些操作的情况。这就需要把一张曲面从某条边延伸出
去。曲面延伸就是针对这种情况，把原曲面按所给长度沿相
切的方向延伸出去，扩大曲面，以帮助用户进行下一步操作。

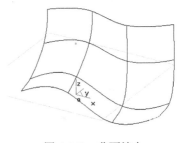

图 4-148　曲面缝合

单击主菜单【造型】—【曲面编辑】—【曲面延伸】，或者单击 按钮，弹出命令行，
如图 4-149 所示。曲面延伸有两种方式：长度延伸和比例延伸。

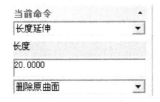

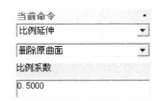

图 4-149　曲面延伸命令行

　　提示：曲面延伸功能不支持裁剪曲面的延伸。

【例 4-42】曲面延伸。
将一个扫描面延伸 20mm。

设计过程

[1] 单击【样条曲线】按钮 $\sim$，绘制一条样条曲线。

[2] 单击【扫描面】按钮 ，在命令行中输入如图 4-150 所示参数。按空格键，选择扫描方向为 Z 轴正方向，拾取样条曲线，则生成扫描面，如图 4-151 所示。

图 4-150　扫描面命令行参数

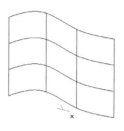

图 4-151　扫描面

[3] 单击【曲面延伸】按钮 ，选择长度延伸方式，在命令行中输入如图 4-152 所示参数。按状态栏提示拾取曲面，结果如图 4-153 所示。

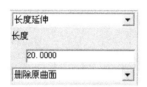

图 4-152　曲面延伸命令行参数

图 4-153　延伸后的曲面

4.2.6　曲面优化

在实际应用中，有时生成的曲面控制顶点很密很多，会导致对这样的曲面处理起来很慢，甚至会出现问题。曲面优化功能就是在给定的精度范围之内，尽量去掉多余的控制顶点，使曲面的运算效率大大提高。

单击主菜单【造型】—【曲面编辑】—【曲面优化】，或者单击 按钮，弹出命令行，如图 4-154 所示。

图 4-154　曲面优化命令行

> 提示：曲面优化功能不支持裁剪曲面。

【例 4-43】 曲面优化。
将一个曲面优化。

 设计过程

[1] 按 F5 键，将绘图平面切换到在平面 XOY 上。单击【直线】按钮 ，如图 4-155

所示。

[2] 单击【圆弧】功能按钮 ，按空格键，选择切点方式，作一圆弧，与长方形右侧三条边相切。然后单击【删除】功能按钮 ，拾取右侧的竖边，按右键确定，删除完成，如图 4-156 所示。

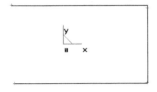
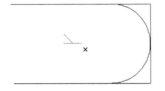

图 4-155　绘制三条直线　　　　　　　　　图 4-156　绘制相切圆弧

[3] 单击【裁剪】功能按钮 ，拾取圆弧外的直线段，裁剪完成，结果如图 4-157 所示。

[4] 单击【扫描面】按钮 ，在命令行中输入起始距离 0，扫描距离 40，扫描角度 2。然后按空格键，弹出矢量选择快捷菜单，选择 Z 轴正方向，如图 4-158 所示。

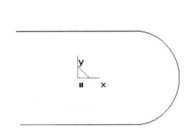

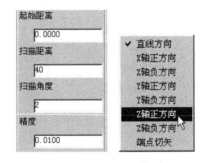

图 4-157　曲线裁剪　　　　　　　　　图 4-158　扫描面命令行

[5] 按状态栏提示拾取曲线，单击三条曲线，生成曲面，如图 4-159 所示。

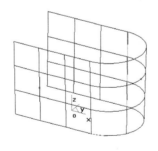

图 4-159　扫描面

[6] 单击【曲面优化】按钮 ，按右键确认，则完成曲面优化功能。

4.2.7　曲面重拟合

在很多情况下，生成的曲面是以 NURBS 表达的（即控制顶点的权因子不全为 1），或者有重节点，这样的曲面在某些情况下不能完成运算。这时，需要把曲面修改为 B 样条表达形式（没有重节点，控制顶点权因子全部是 1）。曲面重拟合功能就是把 NURBS 曲面在给定的精度条件下拟合为 B 样条曲面。

单击主菜单【造型】—【曲面编辑】—【曲面重拟合】，或者单击  按钮，弹出命令行，如图 4-160 所示。

图 4-160　曲面重拟合命令行

> 📖　提示：曲面重拟合功能不支持裁剪曲面。

【例 4-44】曲面重拟合。

将一个曲面拟合为 B 样条曲面。

设计过程

[1] 单击【整圆】按钮 ⊕，在 XOY 平面内绘制圆，如图 4-161 所示。

[2] 单击【样条线】按钮 ～，在 XOZ 平面内绘制样条线，如图 4-161 所示。

图 4-161　绘制圆和样条线

图 4-162　生成导动面

[3] 单击【导动面】按钮，选择固接导动方式，单截面线方式。

[4] 按状态栏提示拾取导动线为样条曲线，选择方向，拾取截面线为圆，则导动面生成如图 4-162 所示。

[5] 单击【曲面重拟合】按钮 ，选择删除原曲面方式，根据状态栏提示，选择曲面为导动面，按右键确认，则曲面拟合为 B 样条曲面。

4.3　综合实例：鼠标曲面造型

创建一个如图 4-163 所示的鼠标曲面。

造型思路

鼠标效果图如图 4-163 所示，它的造型特点主要是外围轮廓都存在一定的角度，因此在造型时首先想到的是实体的拔模斜度，如果使用扫描面生成鼠标外轮廓曲面时，就应该加入曲面扫描角度。在生成鼠标上表面时，我们可以使用两种方法：如果用实体构造鼠标，应该利用曲面裁剪实体的方法来完成造型，也就是利用样条线生成的曲面，对实体进行裁剪；如果使用曲面构造鼠标，就利用样条线生成的曲面对鼠标的轮廓进行曲面裁剪完成鼠标上曲面的造型。做完上述操作后我们就可以利用直纹面生成鼠标的底面曲面，最后通过曲面过渡完成鼠标的整体造型。鼠标样条线坐标点：（−60,0,15），（−40,0,25），（0,0,30），（20,0,25），

（40,9,15）。

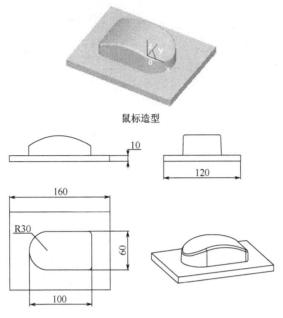

鼠标造型

图 4-163　鼠标二维图

![icon] **操作步骤**

步骤 1　生成扫描面

[1]　按 [F5] 键，将绘图平面切换到平面 XOY 上。

[2]　单击【矩形】功能按钮□，在无模式菜单中选择【两点矩形】方式，输入第一点坐标（–60,30,0），第二点坐标（40,–30,0），矩形绘制完成，如图 4-164所示。

[3]　单击【圆弧】功能按钮⌒，按空格键，选择切点方式，作一圆弧，与长方形右侧三条边相切。然后单击【删除】功能按钮⌀，拾取右侧的竖边，按右键确定，删除完成，如图 4-165 所示。

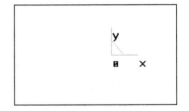

图 4-164　绘制矩形

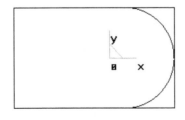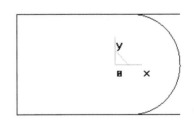

图 4-165　绘制相切圆弧

[4]　单击【裁剪】功能按钮⌖，拾取圆弧外的直线段，裁剪完成，结果如图 4-166所示。

[5]　单击【曲线组合】按钮↪，在立即菜中选择删除原曲线方式。状态栏提示【拾取曲线】，按空格键，弹出拾取快捷菜单，选择单个拾取方式，单击曲线2、曲线3、曲

线 4，按右键确认。

[6] 按 F8 键，将图形旋转为轴测图，如图 4-167 所示。

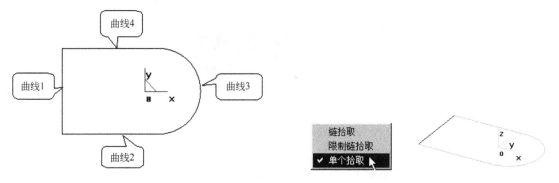

图 4-166　删除多余线段　　　　　　　　　　　　　图 4-167　曲线组合

[7] 单击【扫描面】按钮 ⊞，在命令行中输入起始距离 0，扫描距离 40，扫描角度 2。然后按空格键，弹出矢量选择快捷菜单，选择 Z 轴正方向，如图 4-168 所示。

[8] 按状态栏提示拾取曲线，依次单击曲线 1 和组合后的曲线，生成两个曲面，如图 4-169 所示。

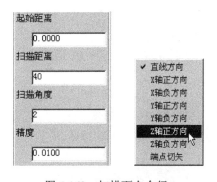

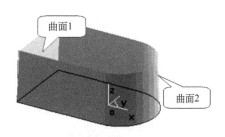

图 4-168　扫描面命令行　　　　　　　　　　　　　图 4-169　生成扫描面

步骤 2　曲面裁剪

[1] 单击【曲面裁剪】按钮 ⍾，在命令行中选择面裁剪、裁剪和相互裁剪。按状态栏提示拾取被裁剪的曲面 2 和剪刀面曲面 1，两曲面裁剪完成，如图 4-170 所示。

[2] 单击【样条线】功能按钮 ∿，按 Enter 键，依次输入坐标点（−60,0,15），（−40,0,25），（0,0,30），（20,0,25），（40,9,15），按右键确认，样条生成，结果如图 4-171 所示。

图 4-170　曲面裁剪　　　　　　　　　　　　　　　图 4-171　绘制样条线

[3] 单击【扫描面】功能按钮 ⊞，在命令行中，输入起始距离值−40，扫描距离值 80，扫描角度 0，系统提示"输入扫描方向："，按空格键弹出方向工具菜单，选择 Y 轴正方向，拾取样条线，扫描面生成，结果如图 4-172 所示。

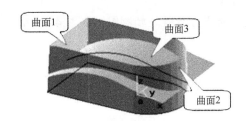

图 4-172　生成扫描面

[4] 单击【曲面裁剪】按钮 <img>，在命令行中选择面裁剪、裁剪和相互裁剪。按提示拾取被裁剪的曲面 2、剪刀面曲面 3，曲面裁剪完成，如图 4-173 所示。

[5] 再次拾取被裁剪面曲面 1、剪刀面曲面 3，裁剪完成，如图 4-174 所示。

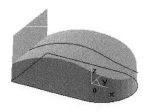

图 4-173　曲面裁剪

图 4-174　曲面裁剪

[6] 单击主菜单【编辑】下拉菜单【隐藏】，按状态栏提示拾取所有曲线使其不可见，如图 4-175 所示。

步骤 3　生成直纹面

[1] 单击【可见】按钮 <img>，拾取底部的两条曲线，按右键确认其可见。

[2] 单击【直纹面】按钮 <img>，拾取两条曲线生成直纹面，如图 4-176 所示。

图 4-175　隐藏曲线

图 4-176　生成直纹面

步骤 4　曲面过渡

[1] 单击【曲面过渡】按钮 <img>，在命令行中选择三面过渡、内过渡、等半径、输入半径值 2，裁剪曲面。

[2] 按状态栏提示拾取曲面 1、曲面 2 和曲面 3，选择向里的方向，曲面过渡完成，如图 4-177 所示。

步骤 5　拉伸增料生成鼠标电极的托板

[1] 按 F5 键切换绘图平面为 XOY 面，然后单击特征树中的 "平面 XY"，将其作为绘制草图的基准面。

[2] 单击绘制【草图】按钮 <img>，进入草图状态。

[3] 单击曲线生成工具栏上的【矩形】按钮 □，绘制如图 4-178 所示大小的矩形。

图 4-177　曲面过渡

[4] 单击绘制【草图】按钮 ✐，退出草图状态。

[5] 单击【拉伸增料】按钮 🗐，在对话框中输入深度 10，选中【反向拉伸】复选框，并单击【确定】按钮。按 F8 键，其轴测图如图 4-179 所示。

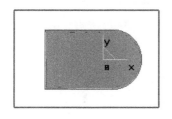

图 4-178 绘制草图

图 4-179 拉伸增料生成鼠标电极的托板

4.4 思考与练习

1．CAXA 制造工程师提供了哪些曲面生成和曲面编辑的方法？

2．CAXA 制造工程师提供了哪几种导动面的生成方法？各有什么异同？

3．在许多曲面生成和编辑功能中均涉及曲面精度的设置，应如何设置精度的数值？

4．根据图 4-180 所示的零件的二维视图，完成该零件的曲面造型。

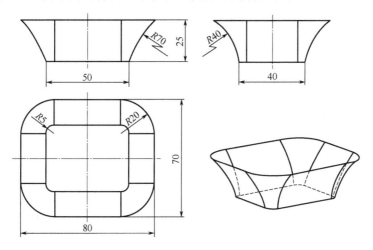

图 4-180 曲面造型练习

5．根据图 4-181 所示的零件的二维视图，完成该零件的曲面造型。

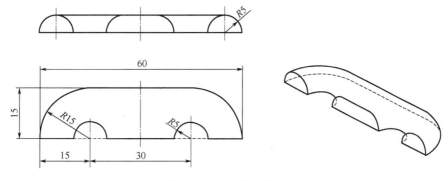

图 4-181 曲面造型练习

6. 根据图 4-182 所示的零件的二维视图，完成该零件的曲面造型。

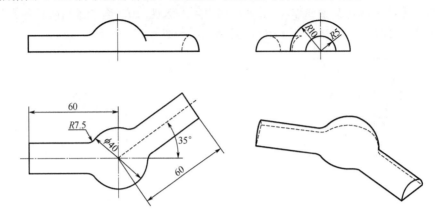

图 4-182　曲面造型练习

第5章 特征实体造型

【内容与要求】

特征实体造型是零件设计模块的重要组成部分。CAXA 制造工程师的零件设计采用精确的特征实体造型技术，它完全抛弃了传统的体素合并和交并差的烦琐方式，将设计信息用特征术语来描述，使整个设计过程直观、简单、准确。使用户在实体建模和编辑过程中，节省了大量时间和精力，有效地提高了工作效率和准确性。

CAXA 制造工程师的零件设计可以利用"零件特征树"来方便地建立和管理特征信息，一个零件可以由一个特征构成，也可以由多个特征叠加而成。

本章介绍各种特征实体造型的方法和技巧，应达到如下目标：

- 掌握各种实体特征造型命令的用法；
- 掌握各种实体特征编辑技术和方法；
- 掌握常见的模具生成方法；
- 掌握布尔运算的操作方法。

5.1 基础知识

在讲述具体的特征实体造型命令之前，首先介绍一下特征实体造型命令常用到的一些基础知识，包括草图（草图的绘制与编辑等）、草图封闭型、草图和线架的转换等。

5.1.1 草图

草图也称为轮廓，相当于建筑物的地基，它由生成三维实体必须依赖的封闭曲线组合，即为特征造型准备的一个平面图形，也就是我们常说的投影图形。草图曲线就是在草图状态下绘制的曲线。空间曲线是指在非草图状态下绘制的曲线。

绘制草图的过程可分为确定草图基准平面、选择草图状态、草图绘制、编辑草图和草图参数化修改五步，下面将按照绘制草图的过程依次介绍。

1. 确定草图基准平面

草图中的曲线必须依赖于一个基准面，开始一个新的草图前也就必须选择一个基准面。基准面可以是特征树中已有的坐标平面，也可以是实体中生成的某个平面，还可以是通过某特征构造出来的面。

- 选择基准平面：用鼠标拾取特征树中的平面（包括三个基准平面和构造的平面）的任何一个，或者直接点取已生成实体的某个平面。
- 构造基准平面：基准平面是草图和实体赖以生存的平面。因此，为用户提供灵活、方便的构造基准平面的方法是非常重要的。

单击主菜单【造型】—【特征生成】—【基准面】，或者单击 ⬦ 按钮，弹出【构造基准面】对话框，如图 5-1 所示。

构造平面的方法包括以下几种：等距平面确定基准平面，过直线与平面成夹角确定基准平面，生成曲面上某点的切平面，过点且垂直于直线确定基准平面，过点且平行平面确定基准平面，过点和直线确定基准平面，三点确定基准平面。

构造基准面主要包括以下参数：

图 5-1 【构造基准面】对话框

- 距离：是指生成平面距参照平面的尺寸值，可以直接输入所需数值，也可以单击按钮来调节。
- 向相反方向：是指与默认的方向相反的方向。
- 角度：是指生成平面与参照平面的所夹锐角的尺寸值，可以直接输入所需数值，也可以单击按钮来调节。

📖 提示：拾取时要满足各种不同构造方法给定的拾取条件。

2．选择草图状态

选择一个基准平面后，按下绘制【草图】✐按钮，在特征树中添加一个草图树枝，表示已经处于草图状态，开始一个新草图。

3．草图绘制

进入草图状态后，利用曲线生成和曲线编辑命令即可绘制需要的草图。在绘制草图时，可以通过以下两种方法进行。

- 先绘制出图形的大致形状，然后通过草图参数化的功能，对图形进行修改，最终获得所期望的图形。
- 可以直接按照标准尺寸精确作图。

4．编辑草图

在草图状态下绘制的草图一般要进行编辑和修改。在草图状态下进行的编辑操作只与该草图有关，不能编辑其他草图上的曲线或空间曲线。

若退出草图后还想修改某基准平面上已有的草图，则只需在特征树中选择这一草图，右击，在弹出的立即菜单中选择"编辑草图"，如图 5-2 所示，进入草图状态，该草图即可被编辑和修改。

图 5-2 编辑草图立即菜单

5．草图参数化修改

在草图环境下，可以任意绘制曲线，大可不必考虑坐标和尺寸的约束。之后，对绘制的草图标注尺寸，接下来只需改变尺寸的数值，二维草图就会随着给定的尺寸值而变化、达到最终希望的精确形状，这就是零件设计的草图参数化功能，也就是尺寸驱动功能。还可以直接读取非参数化的 EXB、DXF、DWG 等格式的图形文件，在草图中对其进行参数化重建。草图参数化修改适用于图形的几何关系保持不变、只对某一尺寸进行修改的情况。

所谓参数化设计（也叫尺寸驱动），指在对图形的几何数据进行参数化修改时，还满足图形的约束条件，亦即保证连续、相切、垂直、平行等关系不变。零件设计的草图参数化分为以下两种情况：

- 在草图环境下，对绘制的草图标注尺寸以后只需改变尺寸的数值，二维草图就会随着给定的尺寸值而变化，达到最终期望的精确形状。
- 对于生成的实体，无论造型操作到哪一步，通过对尺寸驱动草图，可以相应地更新实体的相关尺寸和参数,自动改变零件的大小,并保持所有的特征和特征之间的相互关系不变,重新生成造型的形状。

尺寸模块中共有三个功能:尺寸标注、尺寸编辑和尺寸驱动,下面依次进行详细介绍。

- 尺寸标注:在草图状态下,对所绘制的图形标注尺寸。单击主菜单【造型】—【尺寸】—【尺寸标注】,或者直接单击【尺寸标注】按钮 ◇ ,拾取尺寸标注元素,拾取另一尺寸标注元素或指定尺寸线的位置,操作完成,如图 5-3 所示。

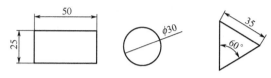

图 5-3　尺寸标注

- 尺寸编辑:在草图状态下,对标注的尺寸进行标注位置上的修改。在非草图状态下,不能编辑尺寸。单击主菜单【造型】—【尺寸】—【尺寸编辑】,或者直接单击【尺寸编辑】按钮 ,拾取需要编辑的尺寸元素,修改尺寸线位置,尺寸编辑完成。

- 尺寸驱动:用于修改某一尺寸,而图形的几何关系保持不变。在非草图状态下,不能驱动尺寸。单击主菜单【造型】—【尺寸】—【尺寸驱动】,或者直接单击【尺寸编辑】按钮 ,拾取要驱动的尺寸,弹出半径对话框。输入新的尺寸值,尺寸驱动完成,如图 5-4 所示。

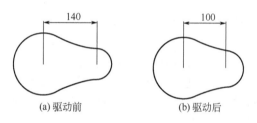

(a) 驱动前　　　　　　　　(b) 驱动后

图 5-4　尺寸驱动

> 📖 **提示:** 在非草图状态下,不能进行尺寸标注、尺寸编辑和尺寸驱动。

6. 退出草图状态

当草图编辑完成后,单击【草图】按钮 ,按钮弹起,表示退出草图状态,只有退出草图状态才可以生成特征。

【例 5-1】草图绘制。

在 Z 轴负方向上与 XY 平面相距 45 的平面上绘制一个长为 80mm、宽为 60mm 矩形草图。

🐴 **设计过程**

[1] 单击【构造基准面】按钮 ◇ ,选择第一种构造方法(即构造等距平面),点取特征树中的 XOY 平面,距离为 45,取相反方向,如图 5-5 所示,单击【确定】按钮后生成一个基准面 3。

[2] 选择平面 3 和绘制【草图】按钮 ,进入草图绘制状态。

[3] 在草图中,单击【矩形】按钮 □ ,在立即菜单中选择两点方式绘制矩形。

[4] 系统左下角状态栏提示输入起点,按 Enter 键,激活坐标输入条,在坐标输入条内

输入起点坐标（0,0）。

[5] 系统左下角状态栏提示输入终点，按 [Enter] 键，激活坐标输入条，在坐标输入条内输入终点相对坐标（@80,60）。

[6] 生成矩形的结果如图 5-6 所示。单击草图按钮 ![]，退出草图状态。

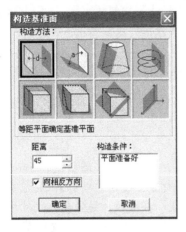

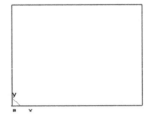

图 5-5　构造基准面　　　　　　　　　　图 5-6　绘制矩形草图

5.1.2　草图封闭性

大部分特征命令所使用的草图必须是闭合的，但筋板特征、草图分模和输出剖视图中所使用的草图允许不闭合；拉伸薄壁特征所使用的草图既可以闭合，也可以不闭合。

绘制完一个封闭截面轮廓后，可以利用"检查草图环是否封闭"功能，帮助用户检查草图环是否封闭性。单击【造型】—【草图环检查】，或者直接单击按钮 ![]，系统弹出草图是否封闭的提示。草图环检查按钮位于曲线工具条的最下边，位置较隐蔽。

当草图环封闭时，系统提示"草图不存在开口环"，如图 5-7 所示。当草图环不封闭时，系统提示"草图在标记处开口"，如图 5-8 所示，并在草图中用红色的点标记出来。

图 5-7　草图不存在开口环对话框　　　　图 5-8　草图在标记处开口对话框

5.1.3　草图和线架的转换

草图用于实体造型，线架用于曲面或线架造型。草图是二维的，线架既可以是二维的，也可以是三维的。利用"曲线投影"命令可以将空间曲线向草图投影，生成二维的草图轮廓线；利用"复制"或"粘贴"功能，可以将草图轮廓线复制并粘贴到非草图模式下的三维空间中。

5.2　特征生成

通常的特征包括孔、槽、型腔、点、凸台、圆柱体、块、锥体、球体、管子等，CAXA

制造工程师的零件设计可以方便地建立和管理这些特征信息。实体特征造型在主菜单【造型】—【特征生成】的下拉菜单和特征生成栏中（见图5-9）。

图5-9　特征生成栏

5.2.1　增料

增料主要包括拉伸增料、旋转增料、放样增料、导动增料、曲面加厚增料。单击主菜单【造型】—【特征生成】—【增料】，弹出增料下拉菜单，如图5-10所示。

图5-10　增料下拉菜单

1．拉伸增料

将一个轮廓曲线根据指定的距离做拉伸操作，用以生成一个增加材料的特征。单击主菜单【造型】—【特征生成】—【增料】—【拉伸增料】，或者单击 按钮，弹出【拉伸增料】对话框，如图5-11所示。

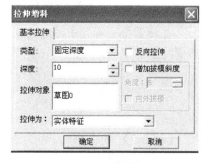

图5-11　【拉伸增料】对话框

- 拉伸类型包括固定深度、双向拉伸和拉伸到面。

  固定深度：是指按照给定的深度数值进行单向的拉伸。

  双向拉伸：是指以草图为中心，向相反的两个方向进行拉伸，深度值以草图为中心平分，可以生成如图5-12所示实体。

  拉伸到面：是指拉伸位置以曲面为结束点进行拉伸，需要选择要拉伸的草图和拉伸到的曲面，如图5-13所示。

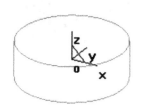

图5-12　双向拉伸

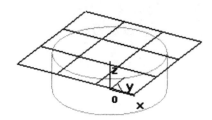

图5-13　拉伸到面

- 深度：是指拉伸的尺寸值，可以直接输入所需数值，也可以单击按钮来调节。
- 拉伸对象：是指对需要拉伸的草图的选取。
- 反向拉伸：是指与默认方向相反的方向进行拉伸。
- 增加拔模斜度：是指使拉伸的实体带有锥度。

- 角度：是指拔模时母线与中心线的夹角。
- 向外拔模：是指与默认方向相反的方向进行操作。

📖 提示：（1）在进行双面拉伸时，拔模斜度不可用。（2）在进行拉伸到面时，要使草图能够完全投影到这个面上，如果面的范围比草图小，会产生操作失败。（3）在进行拉伸到面时，深度和反向拉伸不可用。（4）在进行拉伸到面时，可以给定拔模斜度。（5）草图中隐藏的线不能参与特征拉伸。

如果绘制的草图图形是封闭的，系统会弹出默认的【基本拉伸】标签，如图 5-10 所示，也就是将草图拉伸为实体特征。单击并选择如图 5-14 所示的"拉伸为"下拉菜单中的"薄壁特征"，系统会弹出【薄壁特征】标签，如图 5-15 所示。

图 5-14 【基本拉伸】标签

图 5-15 【薄壁特征】标签

在薄壁特征标签中，选取相应的薄壁类型以及薄壁厚度，单击【确定】按钮，即可完成薄壁特征的生成，如图 5-16 所示。

📖 提示：在生成薄壁特征时，草图图形可以是封闭的，也可以是不封闭的。不封闭的草图其草图线段必须是连续的。

【例 5-2】拉伸增料。

作一个壁厚为 5mm，外轮廓尺寸为 80mm×60mm×30mm 的长方体，如图 5-17 所示。

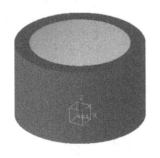

图 5-16 薄壁特征

图 5-17 拉伸增料实例

♘ 设计过程

[1] 选择平面 XOY 和绘制【草图】按钮 ✎，进入草图绘制状态。

[2] 在草图中，单击【矩形】按钮 ▭，在立即菜单中选择中心_长_宽方式绘制矩形，在命令行输入矩形的长为 80mm，宽为 60mm。

[3] 系统左下角状态栏提示输入矩形中心点为坐标原点，按鼠标右键。

[4] 单击【草图】按钮 ✐ ，退出草图状态。

[5] 按 F8 键，单击【拉伸增料】按钮 ▣ ，在弹出的对话框中输入如图 5-18 所示参数，单击【确定】按钮，拉伸出来的实体如图 5-17 所示。

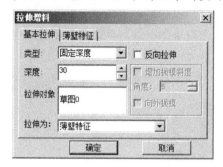

图 5-18 【拉伸增料】对话框

2．旋转增料

通过围绕一条空间直线旋转一个或多个封闭轮廓，增加生成一个特征。单击主菜单【造型】—【特征生成】—【增料】—【旋转增料】，或者单击按钮 ✿ ，弹出【旋转】对话框，如图 5-19 所示。

图 5-19 【旋转】对话框

- 旋转类型：包括单向旋转、对称旋转和双向旋转。
  单向旋转：是指按照给定的角度数值进行单向的旋转。
  对称旋转：是指以草图为中心，向相反的两个方向进行旋转，角度值以草图为中心平分。
  双向旋转：是指以草图为起点，向两个方向进行旋转，角度值分别输入。
- 角度：是指旋转的尺寸值，可以直接输入所需数值，也可以单击按钮来调节。
- 反向旋转：是指与默认方向相反的方向进行旋转。
- 拾取：是指对需要旋转的草图和轴线的选取。

> 📖 提示：旋转轴是空间曲线，需要退出草图状态后绘制。

【例 5-3】 旋转增料。

作一个半径为 20 的球。

🐍 设计过程

[1] 选择平面 XOY 和绘制【草图】按钮 ✐ ，进入草图绘制状态。

[2] 在草图中，单击【整圆】按钮 ⊕ ，在立即菜单中选择圆心-半径方式绘制圆。

[3] 系统左下角状态栏提示输入圆心点为坐标原点，按 Enter 键，激活坐标输入条，在坐标输入条内输入半径为 20。

[4] 单击【直线】按钮 ✐ ，绘制过直径的一条直线，根据状态栏提示输入第一点，按空格键，选择端点，在圆上单击一点，状态栏提示输入第二点，按空格键，选择中点，在圆上单击一点。

[5] 单击【曲线裁剪】按钮 ✐ ，选择快速裁剪，正常裁剪方式，裁剪为半圆，如图 5-20 所示。

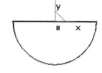

图 5-20 绘制半圆

[6] 单击【草图】按钮 ✐，退出草图状态。

[7] 单击【直线】按钮 ✏，绘制空间直线，使之和半圆的直径重合。

[8] 按 F8 键，单击旋转增料命令按钮 🔾，在弹出的对话框中输入如图 5-21 所示参数，单击【确定】按钮，则旋转出来的球如图 5-22 所示。

3. 放样增料

根据多个截面线轮廓生成一个实体，截面线应为草图轮廓。单击主菜单【造型】—【特征生成】—【增料】—【放样】，或者单击 📦 按钮，弹出【放样】对话框，如图 5-23 所示。

图 5-21 【旋转】对话框参数　　　图 5-22 旋转增料　　　图 5-23 【放样】对话框

- 轮廓：是指对需要放样的草图。
- 上和下：是指调节拾取草图的顺序。

📖 提示：（1）轮廓按照操作中的拾取顺序排列。（2）拾取轮廓时，要注意状态栏指示，拾取不同的边、不同的位置，会产生不同的结果。

【例 5-4】 放样增料。

生成一个六棱体。

♞ 设计过程

[1] 单击构造【基准面】按钮 ◇，选择第一种构造方法（即构造等距平面），点取特征树中的 XOY 平面，距离为 30，如图 5-24 所示，单击【确定】按钮后生成一个基准面 3。

[2] 用同样的方法，生成一个距离 XOY 平面为 60 的基准面 4。

[3] 选择平面 4 和绘制【草图】按钮 ✐，进入草图绘制状态，按 F5 键。

[4] 在草图中，单击【正多边形】按钮 ⬡，在立即菜单中输入如图 5-25 所示参数。

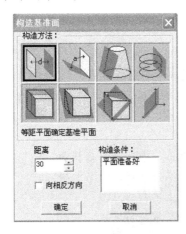
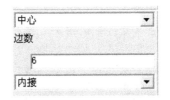

图 5-24 构造基准面　　　　　　　　图 5-25 正多边形立即菜单

[5] 系统左下角状态栏提示输入中心点，按 $\boxed{\text{Enter}}$ 键，激活坐标输入条，在坐标输入条内输入起点坐标（0,0），移动鼠标，确定正多边形的边起始点。单击草图按钮 ⌖，退出草图状态。

[6] 采用同样的方法，在平面 3 和平面 XOY 中，分别作正六边形草图，如图 5-26 所示。

[7] 单击【放样】按钮 ⌖，分别拾取草图 0、草图 1 和草图 2 三个正六边形。【放样】对话框如图 5-27 所示。

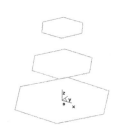

图 5-26 三个草图　　　　　图 5-27 【放样】对话框　　　　　图 5-28 放样增料实体

[8] 单击【确定】按钮，结果如图 5-28 所示。

4．导动增料

将某一截面曲线或轮廓线沿着另外一条轨迹线运动生成一个特征实体。截面线应为封闭的草图轮廓，截面线的运动形成了导动曲面。单击主菜单【造型】—【特征生成】—【增料】—【导动】，或者单击 ⌖ 按钮，弹出【导动】对话框，如图 5-29 所示。

图 5-29 【导动】对话框

- 轮廓截面线：是指需要导动的草图，截面线应为封闭的草图轮廓。

- 轨迹线：是指草图导动所沿的路径。

- 选项控制包括平行导动和固接导动两种方式。

  平行导动：是指截面线沿导动线趋势始终平行它自身地移动而生成的特征实体。

  固接导动：是指在导动过程中，截面线和导动线保持固接关系，即让截面线平面与导动线的切矢方向保持相对角度不变，而且截面线在自身相对坐标架中的位置关系保持不变，截面线沿导动线变化的趋势导动生成特征实体。

📖 提示：导动方向选择要正确；导动的起始点必须在截面草图平面上；导动线可以由多段曲线组成，但是曲线间必须光滑过渡。

【例 5-5】 导动增料。

将一个圆沿着一条样条曲线导动生成一个实体。

🐎 **设计过程**

[1] 选择平面 XOY 和绘制【草图】按钮 ⌖，进入草图绘制状态。

[2] 在草图中，单击【整圆】按钮 ⊕，在立即菜单中选择圆心-半径方式绘制圆。

[3] 系统左下角状态栏提示输入圆心点为坐标原点，按 $\boxed{\text{Enter}}$ 键，激活坐标输入条，在坐标输入条内输入半径为 20。

[4] 单击【草图】按钮，退出草图状态。

[5] 按 F6 键，在特征树中单击 YOZ 平面，绘制一条样条曲线，如图 5-30 所示。

[6] 单击【导动】按钮，在弹出的【导动】对话框中输入如图 5-31 所示参数，单击【确定】按钮，结果如图 5-32 所示。

图 5-30　绘制截面线和轨迹线

图 5-31　【导动】对话框

5．曲面加厚增料

对指定的曲面按照给定的厚度和方向进行生成实体。单击主菜单【造型】—【特征生成】—【增料】—【曲面加厚】，或者单击按钮，弹出【曲面加厚】对话框，如图 5-33 所示。

图 5-32　导动增料实体

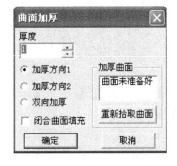

图 5-33　【曲面加厚】对话框

- 厚度：是指对曲面加厚的尺寸，可以直接输入所需数值，也可以单击按钮来调节。
- 加厚方向 1：是指曲面的法线方向，生成实体。
- 加厚方向 2：是指与曲面法线相反的方向，生成实体。
- 双向加厚：是指从两个方向对曲面进行加厚，生成实体。
- 加厚曲面：是指需要加厚的曲面。
- 闭合曲面填充：指将封闭的曲面生成实体。闭合曲面填充能实现以下几种功能：闭合曲面填充、闭合曲面填充增料、曲面融合、闭合曲面填充减料。

📖　提示：加厚方向选择要正确。

【例 5-6】　曲面加厚增料。

将图 5-34 所示的曲面沿着曲面的法线方向加厚 10，成为实体。

　设计过程

[1] 单击【曲面加厚】按钮，在弹出的【曲面加厚】对话框中输入如图 5-35 所示

参数。

[2] 单击【确定】按钮，则结果如图 5-36 所示。

图 5-34　待加厚曲面　　　　图 5-35　【曲面加厚】对话框　　　图 5-36　曲面加厚增料生成实体

5.2.2　除料

除料主要包括拉伸除料、旋转除料、放样除料、导动除料、曲面加厚除料、曲面裁剪除料。单击主菜单【造型】—【特征生成】—【除料】，弹出【除料】下拉菜单，如图 5-37 所示。

1．拉伸除料

将一个轮廓曲线根据指定的距离做拉伸操作，用以生成一个减去材料的特征。单击主菜单【造型】—【特征生成】—【除料】—【拉伸】，或者单击按钮，弹出【拉伸除料】对话框，如图 5-38 所示。对话框中各个参数的含义与拉伸增料对话框中的含义基本相同，只是在拉伸除料类型中多了一个"贯穿"。

图 5-37　【除料】下拉菜单　　　　　　　图 5-38　【拉伸除料】对话框

- 贯穿：是指草图拉伸后，将基体整个穿透。

> 📖　提示：在进行贯穿时，深度、反向拉伸和增加拔模斜度不可用。

另外，还可以实现薄壁特征的除料生成。功能和用法基本与拉伸增料中的薄壁特征相同，这里就不重复了。

【例 5-7】拉伸除料。

作一个半径为 20、高度为 50 的圆柱体，并使用拉伸除料命令从圆柱体的上表面除去一个 20×20×30 的长方体。

　设计过程

[1] 选择平面 XOY 和绘制【草图】按钮，进入草图绘制状态。

[2] 在草图中，单击【整圆】按钮 ⊕，在立即菜单中选择圆心-半径方式绘制圆。

[3] 系统左下角状态栏提示输入圆心点为坐标原点，按 Enter 键，激活坐标输入条，在坐标输入条内输入半径为 20。

[4] 单击【草图】按钮 ✍，退出草图状态。

[5] 按 F8 键，单击【拉伸增料】按钮 ⬚，在弹出的对话框中输入如图 5-39 所示参数，单击【确定】按钮，拉伸出来的圆柱体如图 5-40 所示。

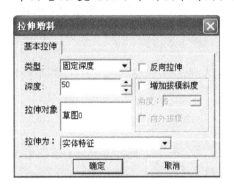

图 5-39 【拉伸增料】对话框　　　　　　　　　　图 5-40 圆柱体

[6] 选择圆柱体上表面和绘制【草图】按钮 ✍，进入草图绘制状态。

[7] 按 F5 键，在草图中，单击【矩形】按钮 □，在立即菜单中选择中心_长_宽方式绘制矩形，并在立即菜单中输入图 5-41 所示参数。

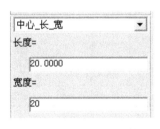

图 5-41 矩形立即菜单参数　　　　　　　　图 5-42 【拉伸除料】对话框

[8] 系统左下角状态栏提示输入矩形中心为坐标原点，按右键退出。

[9] 单击【草图】按钮 ✍，退出草图状态。

[10] 按 F8 键，单击【拉伸除料】按钮 ⬚，在弹出的对话框中输入如图 5-42 所示参数，单击【确定】按钮，如图 5-43 所示。

2. 旋转除料

通过围绕一条空间直线旋转一个或多个封闭轮廓，移除生成一个特征。单击主菜单【造型】—【特征生成】—【除料】—【旋转】，或者单击 ⌖ 按钮，弹出【旋转】对话框，如图 5-44 所示，对话框中各个参数的含义与旋转增料对话框中的含义基本相同。

图 5-43 拉伸除料

【例 5-8】 旋转除料。

利用拉伸增料和旋转除料命令，生成如图 5-45 所示图形。

图 5-44 【旋转】对话框

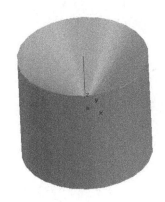

图 5-45 旋转除料实例

设计过程

[1] 选择平面 XOY 和绘制【草图】按钮 ，进入草图绘制状态。

[2] 在草图中，单击【整圆】按钮 ，在立即菜单中选择圆心-半径方式绘制圆。

[3] 系统左下角状态栏提示输入圆心点为坐标原点，按 Enter 键，激活坐标输入条，在坐标输入条内输入半径为 30。

[4] 单击【草图】按钮 ，退出草图状态。

[5] 按 F8 键，单击【拉伸增料】按钮 ，在弹出的对话框中输入如图 5-46 所示参数，单击【确定】按钮，拉伸出来的圆柱体如图 5-47 所示。

图 5-46 【拉伸增料】对话框

图 5-47 圆柱

[6] 选择平面 XOZ 和绘制【草图】按钮 ，进入草图绘制状态。

[7] 单击【直线】按钮 ，绘制首尾相连的三条直线构成的草图如图 5-48 所示。单击【草图】按钮 ，退出草图状态。

[8] 单击【直线】按钮 ，绘制空间直线，使之和直线 2 重合。

[9] 按 F8 键，单击【旋转除料】按钮 ，在弹出的对话框中输入如图 5-49 所示参数，单击【确定】按钮，则结果如图 5-50 所示。

3. 放样除料

根据多个截面线轮廓移出一个实体，截面线应为草图轮廓。单击主菜单【造型】—【特征生成】—【除料】—【放样】，或者单击 按钮，弹出【放样】对话框，如图 5-51 所示。

【例 5-9】 放样除料。

利用拉伸增料和放样除料命令，生成如图 5-52 所示图形。

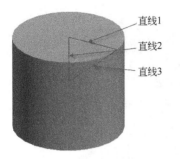

直线1
直线2
直线3

图 5-48　绘制草图

图 5-49　【旋转】对话框

图 5-50　旋转除料

图 5-51　【放样】对话框

图 5-52　放样除料实例

设计过程

[1] 选择平面 XOY 和绘制【草图】按钮，进入草图绘制状态。

[2] 在草图中，单击【矩形】按钮，在立即菜单中选择中心-长-宽方式绘制矩形，在命令行输入矩形的长为 60mm，宽为 60mm。

[3] 系统左下角状态栏提示输入矩形中心点为坐标原点，按鼠标右键。单击【草图】按钮，退出草图状态。

[4] 按 F8 键，单击【拉伸增料】按钮，在弹出的对话框中输入深度为 100，单击【确定】按钮，拉伸出来的实体如图 5-53 所示。

[5] 单击长方体上表面，选择【草图】按钮，进入草图绘制状态。单击【矩形】按钮，绘制 30mm×30mm 的矩形。单击草图按钮，退出草图状态。

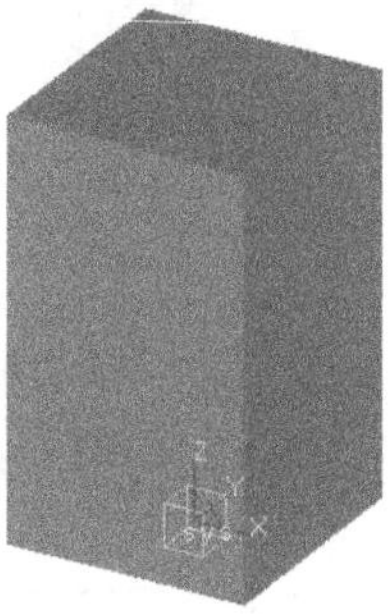

图 5-53　长方体

[6] 单击构造【基准面】按钮，构造一个与 XOY 平面平行，距离为 50mm，方向向上的平面。在该平面上绘制草图一个半径 15mm 的圆，退出草图状态。

[7] 选择平面 XOY 绘制草图，绘制一个 45mm×45mm 的矩形，退出草图状态，如图 5-54 所示。

[8] 单击【放样】命令按钮，分别拾取草图 2、草图 3 和草图 4，【放样】对话框如图 5-55 所示，单击【确定】按钮，结果如图 5-52 所示。

图 5-54　绘制草图

图 5-55　【放样】对话框

4．导动除料

将某一截面曲线或轮廓线沿着另外一处轨迹线运动移出一个特征实体。截面线应为封闭的草图轮廓，截面线的运动形成了导动曲面。单击主菜单【造型】—【特征生成】—【除料】—【导动】，或者单击 按钮，弹出【导动】对话框，如图 5-56 所示。

【例 5-10】 导动除料。

利用拉伸增料和导动除料命令，生成如图 5-57 所示图形。

图 5-56 【导动】对话框

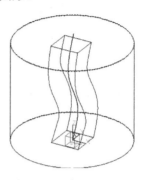

图 5-57 导动除料实例

设计过程

[1] 利用拉伸增料命令，绘制一个半径为 60mm、高为 100mm 的圆柱体，如图 5-58 所示。

[2] 在 XOY 平面上绘制草图。绘制 30mm×30mm 的矩形。单击草图按钮，退出草图状态。

图 5-58 圆柱体

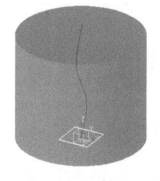

图 5-59 绘制草图

[3] 按 F6 键，在特征树中单击 YOZ 平面，绘制一条样条曲线，如图 5-59 所示。

[4] 单击【导动】按钮，拾取轨迹线为样条曲线，按右键确认，拾取轮廓截面线为矩形草图，弹出的【导动】对话框中输入如图 5-60 所示参数，单击【确定】按钮，结果如图 5-57 所示。

5．曲面加厚除料

对指定的曲面按照给定的厚度和方向进行移出的特征修改。单击主菜单【造型】—【特征生成】—【除料】—【曲面加厚】，或者单击 按钮，弹出【曲面加厚】对话框，如图 5-61 所示。

提示：应用曲面加厚除料时，实体应至少有一部分大于曲面。若曲面完全大于实体，系统会提示特征操作失败。

图 5-60 【导动】对话框

图 5-61 【曲面加厚】对话框

【例 5-11】 曲面加厚除料。

作一个曲面加厚除料，生成实体。

设计过程

[1] 选择平面 XOY 和绘制【草图】按钮，进入草图绘制状态。

[2] 在草图中，单击【矩形】按钮□，在立即菜单中选择两点方式绘制矩形。

[3] 根据系统左下角状态栏提示输入矩形的起点和终点。

[4] 单击【草图】按钮，退出草图状态。

[5] 按 F8 键，单击【拉伸增料】命令按钮，在弹出的对话框中输入如图 5-62 所示参数，单击【确定】按钮，拉伸出来的实体如图 5-63 所示。

图 5-62 【拉伸增料】对话框

图 5-63 拉伸实体

[6] 单击【实体表面】按钮，按状态栏提示拾取表面为图 5-63 实体的上表面，按右键确认，实体表面生成。

[7] 单击【曲面加厚】按钮，在弹出的【曲面加厚】对话框中输入如图 5-64 所示参数，单击【确定】按钮，则结果如图 5-65 所示。

图 5-64 【曲面加厚】对话框

图 5-65 曲面加厚除料实体

6. 曲面裁剪除料

用生成的曲面对实体进行修剪，去掉不需要的部分。单击主菜单【造型】—【特征生成】—【除料】—【曲面裁剪】，或者单击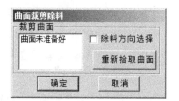按钮，弹出【曲面裁剪除料】对话框，如图5-66所示。

图5-66 【曲面裁剪除料】对话框

- 裁剪曲面：是指对实体进行裁剪的曲面，参与裁剪的曲面可以是多张边界相连的曲面。
- 除料方向选择：是指除去哪一部分实体的选择，分别按照不同方向生成实体。

> 📖 提示：在特征树中，右击【曲面裁剪】后，弹出【修改特征】对话框，其中增加了【重新拾取曲面】按钮，可以以此来重新选择裁剪所用的曲面。

【例5-12】 曲面裁剪操作。

将一个长方体左侧的部分用曲面裁剪掉。

🏆 设计过程

[1] 选择平面XOY和绘制【草图】按钮 ✏，进入草图绘制状态。

[2] 在草图中，单击【矩形】按钮 □，在立即菜单中选择两点方式绘制矩形。根据系统左下角状态栏提示输入矩形的起点和终点。单击【草图】按钮 ✏，退出草图状态。

[3] 按 F8 键，单击【拉伸增料】命令按钮 📄，在弹出的对话框中输入如图5-67所示参数，单击【确定】按钮，拉伸出来的实体如图5-68所示。

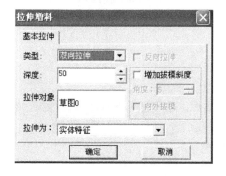

图5-67 【拉伸增料】对话框

图5-68 长方体

[4] 按 F7 键，进入XOZ平面，单击圆弧按钮，选择三点方式绘制圆弧，依次点起圆弧上的三点（注意使圆弧与长方体有交点），结果如图5-69所示。

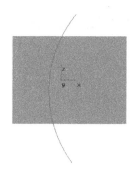

图5-69 绘制圆弧

图5-70 扫描面立即菜单

[5] 单击【扫描面】按钮 📄，在立即菜单中输入如图5-70所示的参数。

[6] 按状态栏提示输入扫描方向，按空格键，弹出方向选择菜单，选择Y轴正方向，拾取扫描曲线为圆弧，结果如图5-71所示。

[7] 单击【曲面裁剪】按钮，拾取扫描面，单击【确定】按钮，则结果如图5-72所示。

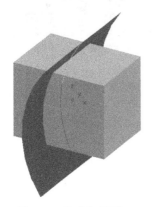

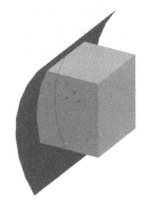

图5-71　生成扫描面　　　　　　　　　图5-72　曲面裁剪结果

5.3　特征编辑

实体特征编辑是在有了基本实体以后运行的命令，在没有实体生成以前，特征编辑命令通常都是灰色的，是不可运行的，只有在具有基本实体的前提下，特征编辑命令才可以被激活。

通常的特征编辑命令包括过渡、倒角、筋板、拔模、孔、抽壳等，CAXA制造工程师通过特征编辑命令，可以生成一些复杂的特征造型。

5.3.1　过渡

过渡是指以给定半径或半径规律在实体间作光滑过渡。单击主菜单【造型】—【特征生成】—【过渡】，或者单击按钮，弹出【过渡】对话框，如图5-73所示。

图5-73　【过渡】对话框

- 半径：是指过渡圆角的尺寸值，可以直接输入所需数值，也可以单击按钮来调节。
- 过渡方式有两种：等半径和变半径。
  等半径：是指整条边或面以固定的尺寸值进行过渡。
  变半径：是指在边或面以渐变的尺寸值进行过渡，需要分别指定各点的半径。
- 结束方式有三种：缺省方式、保边方式和保面方式。
  缺省方式：是指以系统默认的保边或保面方式进行过渡。
  保边方式：是指线面过渡。
  保面方式：是指面面过渡。
- 线性变化：是指在变半径过渡时，过渡边界为直线。
- 光滑变化：是指在变半径过渡时，过渡边界为光滑的曲线。
- 需过渡的元素：是指对需要过渡的实体上的边或者面的选取。
- 相关顶点：是指在边半径过渡时，所拾取的边上的顶点。

● 沿切面延顺：是指在相切的几个表面的边界上，拾取一条边时，可以将边界全部过渡，先将竖的边过渡后，再用此功能选取一条横边。

📖 提示：在进行变半径过渡时，只能拾取边，不能拾取面；变半径过渡时，注意控制点的顺序。

【例5-13】 变半径过渡。

作一个变半径过渡实例。

设计过程

[1] 作一基本拉伸体，如图5-74所示。

[2] 单击【造型】—【特征生成】—【过渡】，或者直接单击 按钮，弹出【过渡】对话框，选择过渡方式为变半径。

[3] 拾取一条侧棱边，则在过渡对话框的"相关顶点"一栏中添加了这条侧棱边的两个顶点，如图5-75所示。

图5-74 拉伸长方体　　　　　　　　　图5-75 【过渡】对话框

[4] 选择"顶点0"，在长方体中可以看到侧棱边的顶点0变为红色，如图5-76所示，此时在半径一栏中输入顶点0处半径的大小为10。

[5] 用同样的方法，输入顶点1处的半径为20，单击【确定】按钮，则结果如图5-77所示。

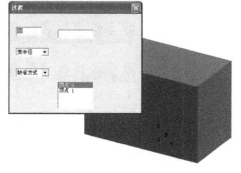

图5-76 顶点0　　　　　　　　　　　图5-77 变半径过渡

5.3.2 倒角

倒角是指对实体的棱边进行光滑过渡。单击【造型】—【特征生成】—【倒角】，或者直接

单击按钮 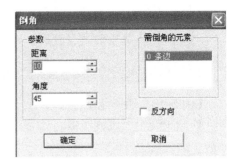 ，弹出【倒角】对话框，如图 5-78 所示。

- 距离：是指倒角的边尺寸值，可以直接输入所需数值，也可以单击按钮来调节。
- 角度：是指所倒角度的尺寸值，可以直接输入所需数值，也可以单击按钮来调节。
- 需倒角的元素：是指对需要过渡的实体上的边的选取。
- 反方向：是指与默认方向相反的方向进行操作，分别按照两个方向生成实体。

图 5-78 【倒角】对话框

📖 提示：两个平面的棱边才可以倒角。

【例 5-14】长方体棱边的倒角过渡。

将长方体的一条棱边作角度为 30° 的倒角。

🐎 设计过程

[1] 作一基本拉伸体，如图 5-74 所示。

[2] 单击【造型】—【特征生成】—【倒角】，或者直接单击 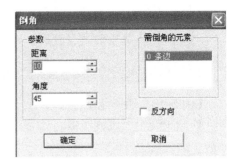 按钮，弹出【倒角】对话框。

[3] 拾取一条侧棱边，输入【倒角】对话框的距离为 10、角度为 30，如图 5-79 所示。

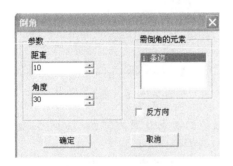

图 5-79 【倒角】对话框

图 5-80 倒角

[4] 单击【确定】按钮，则结果如图 5-80 所示。

5.3.3 孔

孔是指在平面上直接去除材料生成的各种类型的孔。单击【造型】—【特征生成】—【孔】，或者直接单击 🔲 按钮，弹出【孔的类型】对话框，如图 5-81 所示。

在孔的参数中主要有圆柱孔的直径、深度，圆锥的大径、小径、深度，沉孔的大径、深度和钻头的参数等。通孔是指将整个实体贯穿。

图 5-81 【孔的类型】对话框

📖 提示：指定孔的定位点时，单击平面后按 Enter 键，可以输入打孔位置的坐标值。

【例 5-15】打孔。

在长方体的上表面分别打一个直径为 20 的直孔和大径为 40、小径为 20 的锥孔，深度均为 20。

设计过程

[1] 用拉伸增料命令作一个长方体，如图 5-82 所示。

[2] 单击【孔】按钮，弹出【孔的类型】对话框，根据状态栏提示，拾取长方体上表面为打孔平面，选择孔的类型为直孔，在长方体上表面指定孔的定位点，此时【孔的类型】对话框如图 5-83 所示。

[3] 单击【下一步】按钮，弹出【孔的参数】对话框，如图 5-84 所示，输入孔的直径和深度。

图 5-82 拉伸长方体

图 5-83 【孔的类型】对话框

[4] 单击【完成】按钮，结果如图 5-85 所示。

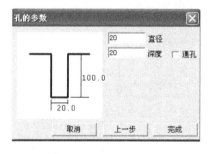

图 5-84 【孔的参数】对话框

图 5-85 直孔

[5] 单击【孔】按钮，弹出孔的类型对话框，根据状态栏提示，拾取长方体上表面为打孔平面，选择孔的类型为锥孔，在长方体上表面指定孔的定位点，此时【孔的类型】对话框如图 5-86 所示。

[6] 单击【下一步】，弹出【孔的参数】对话框，如图 5-87 所示，输入孔的直径和深度。

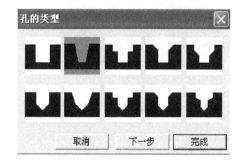

图 5-86 【孔的类型】对话框

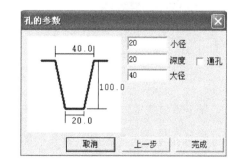

图 5-87 【孔的参数】对话框

[7] 单击【完成】按钮，结果如图 5-88 所示。

图 5-88　锥孔

5.3.4　拔模

拔模是指保持中性面与拔模面的交轴不变（即以此交轴为旋转轴），对拔模面进行相应拔模角度的旋转操作。此功能用来对几何面的倾斜角进行修改。

单击【造型】—【特征生成】—【拔模】，或者直接单击  按钮，弹出【拔模】对话框，如图 5-89 所示。

- 拔模类型有中立面和分型线两种拔模类型。
- 中立面：是指拔模起始的位置。
- 拔模角度：是指拔模面法线与中立面所夹的锐角。
- 拔模面：需要进行拔模的实体表面。
- 向里：是指与默认方向相反，分别按照两个方向生成实体。

图 5-89　拔模对话框

> 📖 提示：拔模角度要适当，如果太大或太小，则拔模有可能失败。

【例 5-16】长方体的侧面拔模。

将长方体的四个侧面拔模，角度均为 20。

🎺 设计过程

[1] 用拉伸增料命令作一个长方体。

[2] 单击【拔模】按钮 ，拾取长方体的上表面为中立面，拾取长方体的四个侧面为拔模面，【拔模】对话框如图 5-90 所示。

图 5-90　【拔模】对话框

图 5-91　拔模实例

[3] 单击【确定】按钮，结果如图 5-91 所示。

5.3.5　抽壳

抽壳是指根据指定壳体的厚度将实心物体抽成内空的薄壳体。单击【造型】—【特征生成】—【抽壳】，或者直接单击◎按钮，弹出【抽壳】对话框，如图 5-92 所示。

图 5-92　【抽壳】对话框

- 厚度：是指抽壳后实体的壁厚。
- 需抽去的面：是指要拾取，去除材料的实体表面。
- 向外抽壳：是指与默认抽壳方向相反，在同一个实体上分别按照两个方向生成实体，结果是尺寸不同。
- 多厚度面：是指要拾取有特殊厚度要求的实体表面。

    📖　提示：抽壳厚度要合理，否则抽壳会不成功。

【例 5-17】长方体等厚度抽壳。

长方体等厚度抽壳，需抽去的面为上表面，壁厚为 2。

　　设计过程

[1]　选择平面 YOZ 和绘制【草图】按钮▱，进入草图绘制状态。

[2]　在草图中，单击【矩形】按钮▱，绘制矩形，单击【草图】按钮▱，退出草图状态。

[3]　按 F8 键，单击【拉伸增料】按钮◱，拉伸结果如图 5-93 所示。

[4]　单击【抽壳】按钮◎，在弹出的对话框中输入如图 5-94 所示参数，拾取长方体上表面为要抽去的面，单击【确定】按钮，结果如图 5-95 所示。

图 5-93　拉伸实体

图 5-94　【抽壳】对话框参数

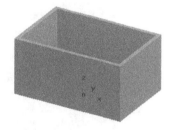

图 5-95　抽壳

5.3.6　筋板

在指定位置增加加强筋。单击【造型】—【特征生成】—【筋板】，或者直接单击◿按钮，弹出【筋板特征】对话框，如图 5-96 所示。

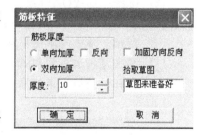

图 5-96　【筋板特征】对话框

- 单向加厚：是指按照固定的方向和厚度生成实体。
- 反向：与默认给定的单项加厚方向相反。
- 双向加厚：是指按照相反的方向生成给定厚度的实体，厚度以草图评分。
- 加固方向反向：是指与默认加固方向相反，为按照不同的加固方向所作的筋板。

    📖　提示：加固方向应指向实体，否则操作失败。草图形状可以不封闭。

【例 5-18】双向加厚生成筋板。

作一个厚度为 10 的筋板。

设计过程

[1] 选择平面 YOZ 和绘制【草图】按钮，进入草图绘制状态。

[2] 在草图中，单击【直线】按钮，在立即菜单中选择两点方式绘制直线，如图 5-97 所示。

[3] 单击【草图】按钮，退出草图状态。

[4] 按 F8 键，单击【拉伸增料】按钮，在弹出的对话框中输入如图 5-98 所示参数，单击【确定】按钮，拉伸结果如图 5-99 所示。

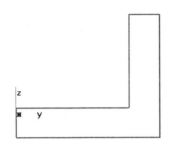

图 5-97　绘制草图

图 5-98　【拉伸增料】对话框

图 5-99　拉伸实体

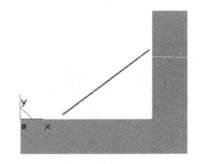

图 5-100　绘制草图

[5] 选择平面 YOZ 和绘制【草图】按钮，进入草图绘制状态。

[6] 在草图中，单击【直线】按钮，在立即菜单中选择两点方式绘制直线，如图 5-100 所示。单击【草图】按钮，退出草图状态。

[7] 单击【筋板】按钮，在弹出的对话框中输入如图 5-101 所示参数，单击【确定】按钮，筋板生成结果如图 5-102 所示。

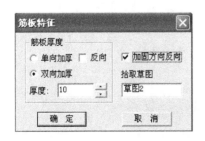

图 5-101　【筋板特征】对话框

图 5-102　生成筋板

5.3.7 线性阵列

沿一个方向或多个方向快速进行特征复制的操作。单击【造型】—【特征生成】—【线性阵列】，或者直接单击▥按钮，弹出【线性阵列】对话框，如图 5-103 所示。

图 5-103 【线性阵列】对话框

- 方向：是指阵列的第一方向和第二方向。
- 阵列对象：是指要进行阵列的特征。
- 边/基准轴：阵列所沿的指示方向的边或者基准轴。
- 距离：是指阵列对象相距的尺寸值，可以直接输入所需数值，也可以单击按钮来调节。
- 数目：是指阵列对象的个数，可以直接输入所需数值，也可以单击按钮来调节。
- 反转方向：是指与默认方向相反的方向进行阵列。
- 阵列模式：包括单个阵列和组合阵列。单个阵列是指单个特征的阵列。组合阵列是指多个特征的阵列。

> 📖 提示：两个阵列方向都要选取。

【例 5-19】线性阵列。

在长方体的上表面生成 9 个相同的圆柱体。

🐾 设计过程

[1] 用拉伸增料命令作一个长方体，如图 5-104 所示。
[2] 选择长方体上表面和绘制【草图】按钮 ▱，进入草图绘制状态。
[3] 在草图中，单击【整圆】按钮 ⊙，在立即菜单中选择圆心-半径方式绘制圆。单击【草图】按钮 ▱，退出草图状态。
[4] 按 F8 键，单击【拉伸增料】按钮 ▣，如图 5-105 所示。

图 5-104 拉伸长方体

图 5-105 拉伸圆柱体

[5] 单击【线性阵列】按钮 ▥，在第一方向上输入如图 5-106 所示参数，切换到第二方向，输入参数如图 5-107 所示。

图 5-106 线性阵列第一方向参数

图 5-107 线性阵列第二方向参数

[6] 单击【确定】按钮，结果如图5-108所示。

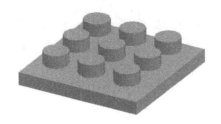

图5-108 线性阵列

5.3.8 环形阵列

绕某基准轴旋转将特征阵列为多个特征的操作。单击【造型】—【特征生成】—【环形阵列】，或者直接单击圆按钮，弹出【环形阵列】对话框，如图5-109所示。

图5-109 【环形阵列】对话框

- 阵列对象：是指要进行阵列的特征。
- 边/基准轴：阵列所沿的指示方向的边或者基准轴。
- 角度：是指阵列对象所夹的角度值，可以直接输入所需数值，也可以单击按钮来调节。
- 数目：是指阵列对象的个数，可以直接输入所需数值，也可以单击按钮来调节。
- 反转方向：是指与默认方向相反的方向进行阵列。
- 自身旋转：是指在阵列过程中，这列对象在绕阵列中心旋转的过程中，绕自身的中心旋转，否则，将互相平行。
- 阵列方式：包括单个阵列和组合阵列。单个阵列是指单个特征的阵列。组合阵列是指多个特征的阵列。

【例5-20】环形阵列。

在圆柱体上除去六个相同的三角孔。

设计过程

[1] 在XOZ平面绘制草图圆，用拉伸增料命令生成一个圆柱体，如图5-110所示。
[2] 选择圆柱体前表面和绘制【草图】按钮，进入草图绘制状态。
[3] 在草图中，单击【直线】按钮，绘制如图5-111所示草图。单击【草图】按钮，退出草图状态。

图5-110 拉伸一个圆柱体

图5-111 绘制草图

[4] 按 F8 键，单击【拉伸除料】按钮回，在弹出的【拉伸除料】对话框中输入如图 5-112 所示参数，单击【确定】按钮，如图 5-113 所示。

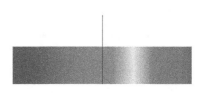

图 5-112 【拉伸除料】对话框   图 5-113 拉伸除料   图 5-114 绘制一条空间直线

[5] 按 F5 键，在 XOY 平面绘制一条空间直线，与 Y 轴重合，如图 5-114 所示。

[6] 按 F8 键，单击【环形阵列】按钮🖼，拾取拉伸除料特征为要阵列的特征，输入的参数如图 5-115 所示。

[7] 单击【确定】按钮，结果如图 5-116 所示。

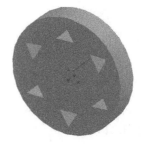

图 5-115 【环形阵列】对话框   图 5-116 环形阵列

5.4 模具的生成

CAXA 制造工程师 2013 提供了操作方便灵活的多种由特征实体生成模具的命令，分别是缩放、型腔、分模。

5.4.1 缩放

给定基准点对零件进行放大或缩小。单击【造型】—【特征生成】—【缩放】，或者直接单击🖼 按钮，弹出【缩放】对话框，如图 5-117 所示。

- 基点包括三种：零件质心、拾取基准点和给定数据点。
  零件质心：是指以零件的质心为基点进行缩放。
  拾取基准点：是指根据拾取的工具点为基点进行缩放。
  给定数据点：是指以输入的具体数值为基点进行缩放。
- 收缩率：是指放大或缩小的比率。此时零件的缩放基点为零件模型的质心。

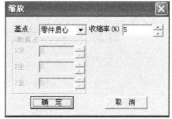

图 5-117 【缩放】对话框

【例 5-21】实体缩放。

对图以原点为基准点，收缩率为 20%进行缩放。

🔧 设计过程

[1] 选择平面 XOY 和绘制【草图】按钮 🖉，进入草图绘制状态。

[2] 在草图中，通过曲线绘制和曲线编辑命令，绘制如图 5-118 所示草图。单击【草图】按钮 🖉，退出草图状态。

[3] 按 F8 键，单击【拉伸增料】按钮 🔟，在弹出的对话框中输入拉伸深度为 30，单击【确定】按钮，拉伸出来的实体如图 5-119 所示。

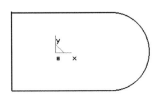

图 5-118　绘制草图

图 5-119　拉伸实体

[4] 单击【缩放】按钮 🔳，在弹出的【缩放】对话框中输入如图 5-120 所示参数，拾取原点为缩放的基准点，单击【确定】按钮，结果如图 5-121 所示。

图 5-120　【缩放】对话框

图 5-121　实体缩放

5.4.2　型腔

以零件为型腔生成包围此零件的模具。单击【造型】—【特征生成】—【型腔】，或者直接单击 🔲 按钮，弹出【型腔】对话框，如图 5-122 所示。

- 收缩率：是指放大或缩小的比率。
- 毛坯放大尺寸：可以直接输入所需数值，也可以单击按钮来调节。

📖 提示：收缩率为−20％～20％。

【例 5-22】 型腔。

生成图 5-123 所示连杆的型腔。

图 5-122　【型腔】对话框

图 5-123　连杆

设计过程

[1] 单击【型腔】按钮 ，在弹出的【型腔】对话框中输入如图5-124所示参数。

[2] 单击【确定】按钮，结果如图5-125所示。

图5-124　【型腔】对话框

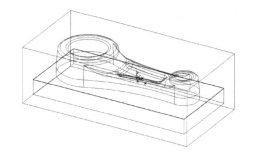

图5-125　连杆的型腔

5.4.3　分模

　　分模就是使模具按照给定的方式分成几个部分。型腔生成后，通过分模把型腔分开。单击【造型】—【特征生成】—【分模】，或者直接单击  按钮，弹出【分模】对话框，如图5-126所示。

- 分模形式包括两种：草图分模和曲面分模。
  草图分模：是指通过所绘制的草图进行分模。
  曲面分模：是指通过曲面进行分模，参与分模的曲面可以是多张边界相连的曲面。
- 除料方向选择：是指除去哪一部分实体的选择，分别按照不同方向生成实体。

图5-126　【分模】对话框

【例5-23】　模具的草图分模。

将模具通过草图分模分成两部分。

设计过程

[1] 选择平面XOY和绘制【草图】按钮 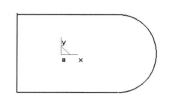，进入草图绘制状态。

[2] 在草图中，通过曲线绘制和曲线编辑命令，绘制如图5-127所示草图。单击【草图】按钮，退出草图状态。

[3] 按 F8 键，单击【拉伸增料】按钮，在弹出的对话框中输入拉伸深度为20，单击【确定】按钮，拉伸出来的实体如图5-128所示。

图5-127　绘制草图

图5-128　拉伸实体

[4] 单击【型腔】按钮，在弹出的【型腔】对话框中输入如图 5-129 所示参数。

[5] 单击【确定】按钮，结果如图 5-130 所示。

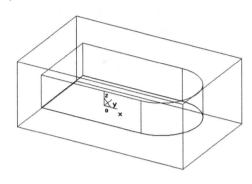

图 5-129 【型腔】对话框　　　　　　　　　　　图 5-130 型腔

[6] 单击构造【基准面】按钮，选择第一种构造方法（即构造等距平面），点取特征树中的 XOY 平面，距离为 50，单击【确定】按钮后生成一个基准面 3。

[7] 选择平面基准面 3 和绘制【草图】按钮，进入草图绘制状态。按 F5 键，单击直线按钮，绘制如图 5-131 所示草图。单击【草图】按钮，退出草图状态。

[8] 按 F8 键，单击【分模】按钮，在弹出的分模对话框中输入如图 5-132 所示参数，拾取图 5-131 所示的草图为分模草图，单击【确定】按钮，结果如图 5-132 所示。

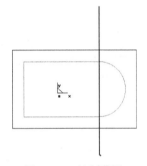

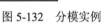

图 5-131 绘制草图　　　　　　　　　　　图 5-132 分模实例

5.5 布尔运算

实体布尔运算将另一个实体并入，与当前零件实现交、并、差的运算，形成新的实体。单击【造型】—【特征生成】—【实体布尔运算】，或者直接单击按钮，弹出【打开】对话框，如图 5-133 所示。

图 5-133 【打开】对话框

选取文件，单击【打开】按钮，弹出【输入特征】对话框，如图 5-134 所示。选择布尔运算方式，给出定位点。选取定位方式。若为拾取定位的 X 轴，则选择轴线，输入旋转角度，单击【确定】按钮完成操作。若为给定旋转角度，则输入角度一和角度二，单击【确定】按钮完成操作。则当前零件和打开的零件将按照选定的布尔运算方式进行运算。

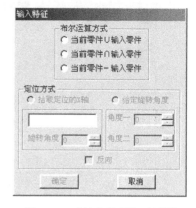

图 5-134 【输入特征】对话框

- 布尔运算方式：是指当前零件与输入零件的交、并、差。包括以下三种：

  当前零件∪输入零件：是指当前零件与输入零件的交集。

  当前零件∩输入零件：是指当前零件与输入零件的并集。

  当前零件–输入零件：是指当前零件与输入零件的差。

- 定位方式：是用来确定输入零件的具体位置。包括以下两种：

  拾取定位的 X 轴：是指以空间直线作为输入零件自身坐标架的 X 轴（坐标原点为拾取的定位点），旋转角度是用来对 X 轴进行旋转以确定 X 轴的具体位置。

  给定旋转角度：是指以拾取的定位点为坐标原点，用给定的两角度来确定输入零件的自身坐标架的 X 轴，包括角度一和角度二。

  * 角度一：其值为 X 轴与当前世界坐标系的 X 轴的夹角。

  * 角度二：其值为 X 轴与当前世界坐标系的 Z 轴的夹角。

- 反向：是指将输入零件自身坐标架的 X 轴的方向反向，然后重新构造坐标架进行布尔运算。

【例 5-24】 布尔运算。

将图 5-135 所示长方体与图 5-136 所示圆柱体进行交运算。

图 5-135 实体 1

图 5-136 实体 2

🐴 设计过程

[1] 打开图 5-135 的实体文件。

[2] 单击【布尔运算】按钮，弹出如图 5-137 所示对话框，选择"圆柱体"文件。

[3] 单击【打开】按钮，打开输入特征对话框，选择"当前零件∪输入零件"，根据状态栏提示给出定位点为坐标原点，选择拾取定位的 X 轴，输入【输入特征】对话框的参数，如图 5-138 所示。

[4] 单击【确定】按钮，布尔运算的结果如图 5-139 所示。

图 5-137 【打开】对话框

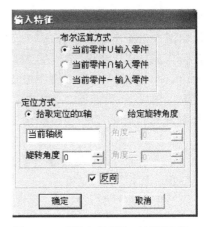

图 5-138 【输入特征】对话框参数

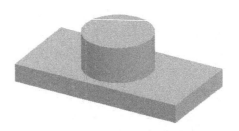

图 5-139 布尔运算的结果

5.6 综合实例：减速器下箱体实体造型

作如图 5-140 所示减速器下箱体的零件造型。

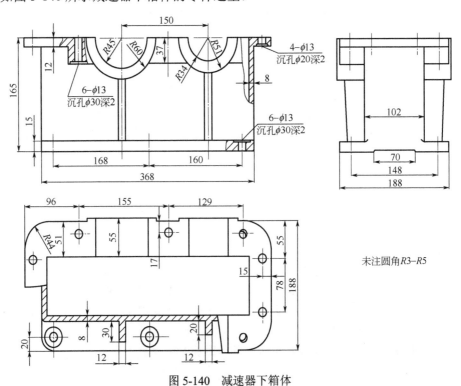

未注圆角R3–R5

图 5-140 减速器下箱体

造型思路

完成该模型的基本过程如图 5-141 所示。即①底座轮廓造型→②箱体主体造型→③凸缘造型→④密封孔座造型→⑤轴承座造型→⑥加强筋造型→⑦密封孔造型→⑧底座固定孔造型。

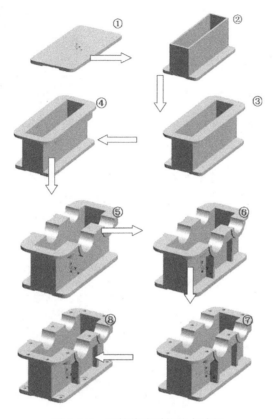

图 5-141　下箱体造型的基本过程

操作步骤

步骤 1　底座轮廓造型

[1]　选择平面 XOY 和绘制【草图】按钮 ![按钮]，进入草图绘制状态。

[2]　在草图中，单击【矩形】按钮口，在立即菜单中选择中心_长_宽方式绘制矩形，在立即菜单中输入如图 5-142 所示参数。拾取矩形的定位中心为坐标原点。

[3]　单击【过渡】按钮 ![按钮]，输入圆角半径为 10，结果如图 5-143 所示。

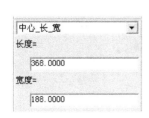

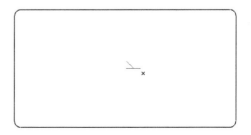

图 5-142　矩形立即菜单参数　　　　　　　　　图 5-143　绘制矩形

[4] 单击【草图】按钮 ✐，退出草图绘制状态。单击【拉伸增料】命令按钮 ⬚，在弹出的对话框中输入如图 5-144 所示参数，单击【确定】按钮，拉伸出来的底座如图 5-145 所示。

图 5-144 【拉伸增料】对话框参数

图 5-145 底座造型

步骤 2 箱体主体造型

[1] 选择底座上表面和绘制【草图】按钮 ✐，进入草图绘制状态。

[2] 在草图中，单击【矩形】按钮 □，在立即菜单中选择中心_长_宽方式绘制矩形，在立即菜单中输入如图 5-146 所示参数。拾取矩形的定位中心为坐标原点，结果如图 5-147 所示。

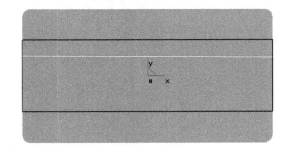

图 5-146 矩形立即菜单参数

图 5-147 绘制草图

[3] 单击【草图】按钮 ✐，退出草图绘制状态。单击【拉伸增料】命令按钮 ⬚，在弹出的对话框中输入如图 5-148 所示参数，单击【确定】按钮，拉伸出来的结果如图 5-149 所示。

[4] 单击【抽壳】按钮 ⬚，在弹出的【抽壳】对话框中输入如图 5-150 所示参数，单击【确定】按钮，结果如图 5-151 所示。

[5] 选择底座下表面和绘制【草图】按钮 ✐，进入草图绘制状态。

图 5-148 【拉伸增料】对话框参数

图 5-149 长方体造型

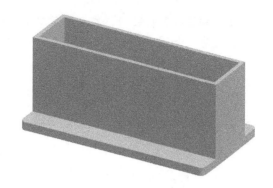

图 5-150　【抽壳】对话框参数　　　　　　　　　　　　图 5-151　抽壳

[6]　在草图中，单击【矩形】按钮□，在立即菜单中选择中心_长_宽方式绘制矩形，在立即菜单中输入如图 5-152 所示参数。拾取矩形的定位中心为坐标原点，结果如图 5-153 所示。

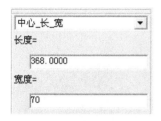

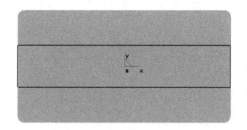

图 5-152　矩形立即菜单参数　　　　　　　　　　　　图 5-153　绘制草图

[7]　单击【草图】按钮，退出草图绘制状态。单击【拉伸除料】按钮，在弹出的对话框中输入深度为 3，单击【确定】按钮，结果如图 5-154 所示。

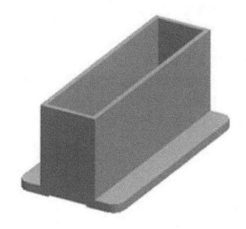

图 5-154　拉伸除料

步骤 3　凸缘造型

[1]　选择箱体上表面和绘制【草图】按钮，进入草图绘制状态。

[2]　在草图中，单击【矩形】按钮□，在立即菜单中选择中心_长_宽方式绘制矩形，在立即菜单中输入如图 5-155 所示参数。拾取矩形的定位中心为坐标原点。单击【过渡】按钮，输入圆角半径为 44。

[3] 单击【相关线】按钮 ，在立即菜单中选择实体边界，分别选择箱体上表面矩形的四条边界，如图 5-156 所示。

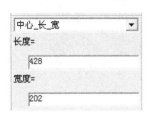

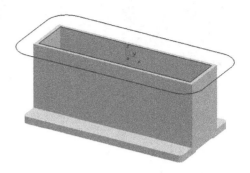

图 5-155 矩形立即菜单参数　　　　　　　　　　　图 5-156 绘制草图

[4] 单击【草图】按钮 ，退出草图绘制状态。单击【拉伸增料】按钮 ，在弹出的对话框中输入如图 5-157 所示参数，单击【确定】按钮，拉伸出来的结果如图 5-158 所示。

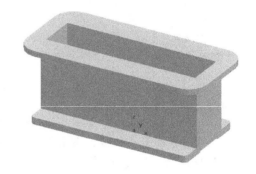

图 5-157 【拉伸增料】对话框参数　　　　　　　　图 5-158 拉伸凸缘

步骤4　密封孔座造型

[1] 选择凸缘底表面和绘制【草图】按钮 ，进入草图绘制状态。

[2] 在草图中，单击【矩形】按钮 ，在立即菜单中选择两点方式绘制矩形，矩形的尺寸为 300×50。单击【过渡】按钮 ，输入圆角半径为 30。单击【草图】按钮 ，退出草图绘制状态，结果如图 5-159 所示。

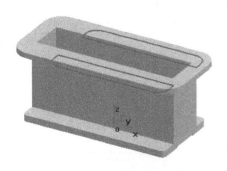

图 5-159 绘制草图　　　　　　　　　　　　　　图 5-160 【拉伸增料】对话框参数

[3] 单击【拉伸增料】按钮 ，在弹出的对话框中输入如图 5-160 所示参数，单击【确定】按钮，拉伸出来的结果如图 5-161 所示。

步骤5　轴承座造型

[1]　选择箱体一侧内壁，按 F7 键，切换到 XOZ 平面，单击【草图】按钮 /，进入草图绘制状态。

[2]　在草图中，单击【整圆】按钮 ⊕，在立即菜单中选择圆心_半径方式绘制圆，半径分别为 34，51，45，60。单击【草图】按钮 /，退出草图绘制状态，结果如图 5-162 所示。

图 5-161　密封孔座

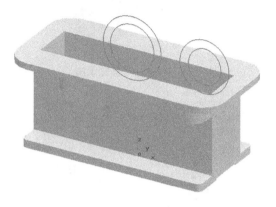

图 5-162　绘制草图

[3]　单击【拉伸增料】按钮 ，在弹出的对话框中输入如图 5-163 所示参数，单击【确定】按钮，拉伸出来的结果如图 5-164 所示。

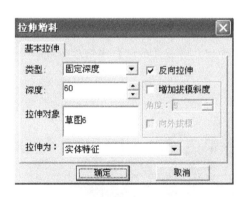

图 5-163　【拉伸增料】对话框

图 5-164　拉伸一侧轴承座

[4]　选择箱体另一侧内壁，按 F7 键，切换到 XOZ 平面，单击【草图】按钮 /，进入草图绘制状态。

[5]　在草图中，单击【曲线投影】按钮 ，将四个圆投影到该草图中。单击【草图】按钮 /，退出草图绘制状态，单击【拉伸增料】按钮 ，制作出另一侧轴承座，结果如图 5-165 所示。

[6]　选择箱体侧面，单击【草图】按钮 /，进入草图绘制状态。在草图中，单击【矩形】按钮 □，在立即菜单中选择两点方式绘制矩形，尺寸自定，以大于轴承座为宜，如图 5-166 所示。

[7]　单击【拉伸除料】按钮 ，在弹出的对话框中输入如图 5-167 所示参数，单击【确定】按钮，拉伸出来的结果如图 5-168 所示。

图 5-165　拉伸另一侧轴承座

图 5-166　绘制草图

图 5-167　【拉伸除料】对话框

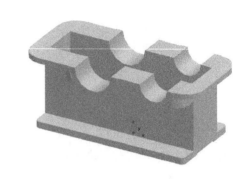

图 5-168　轴承座造型

步骤 6　加强筋板造型

[1]　单击构造【基准面】按钮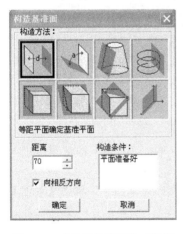，选择第一种构造方法（即构造等距平面），点取箱体侧面，距离为 70，取相反方向，如图 5-169 所示，单击【确定】按钮后生成一个基准面 12。

图 5-169　【构造基准面】对话框

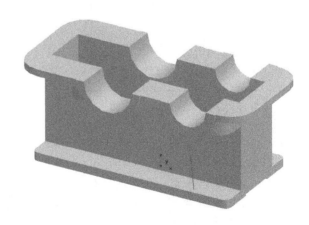

图 5-170　绘制草图

[2]　选择基准面 12，单击【草图】按钮，进入草图绘制状态。单击直线命令按钮，绘制草图，如图 5-170 所示。单击【草图】按钮，退出草图绘制状态。

[3]　单击【筋板】按钮，在弹出的对话框中输入如图 5-171 所示参数，单击【确定】按钮，筋板生成结果如图 5-172 所示。

[4] 按照同样的方法完成另外三个筋板的生成，结果如图 5-173 所示。

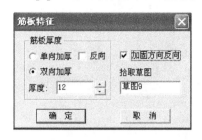
图 5-171 【筋板特征】对话框参数

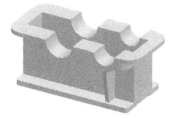
图 5-172 一个筋板

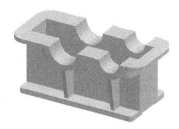
图 5-173 筋板造型

步骤7 密封孔造型

[1] 单击【孔】按钮，弹出【孔的类型】对话框，根据状态栏提示，拾取密封孔座底面为打孔平面，选择孔的类型为沉孔，在密封孔座底面指定孔的定位点，此时【孔的类型】对话框如图 5-174 所示。

[2] 单击【下一步】按钮，在弹出的【孔的参数】对话框中输入如图 5-175 所示参数，单击【完成】按钮。结果如图 5-176 所示。

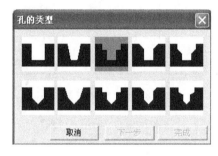
图 5-174 【孔的类型】对话框

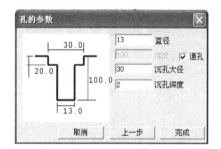
图 5-175 【孔的参数】对话框

[3] 单击【孔】按钮，弹出【孔的类型】对话框，根据状态栏提示，拾取凸缘底面为打孔平面，选择孔的类型为沉孔，在密封孔座底面指定孔的定位点，此时孔的类型对话框如图 5-177 所示。

图 5-176 沉孔造型

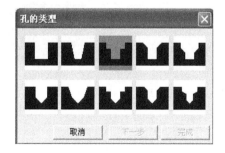
图 5-177 【孔的类型】对话框

[4] 单击【下一步】按钮，在弹出的【孔的参数】对话框中输入如图 5-178 所示参数，单击【完成】按钮。结果如图 5-179 所示。

步骤8 底座固定孔造型

[1] 单击【孔】按钮，弹出【孔的类型】对话框，根据状态栏提示，拾取底座上表面为打孔平面，选择孔的类型为沉孔，在底座上表面指定孔的定位点，此时【孔的类

型】对话框如图 5-180 所示。

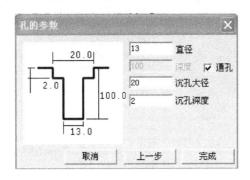

图 5-178 【孔的参数】对话框

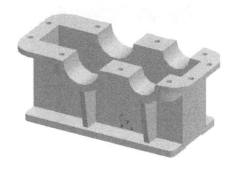

图 5-179 密封孔造型

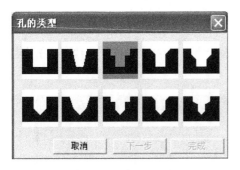

图 5-180 【孔的类型】对话框

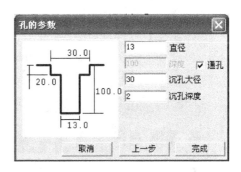

图 5-181 【孔的参数】对话框

[2] 单击【下一步】按钮，在弹出的【孔的参数】对话框中输入如图 5-181 所示参数，单击【完成】按钮。结果如图 5-182 所示。

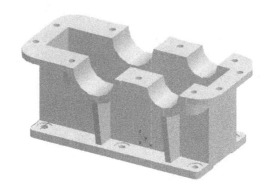

图 5-182 底座固定孔造型

5.7 思考与练习

1. 什么是草图，草图的作用有哪些？绘制草图的五个过程是什么？
2. 构造草图基准平面的步骤分哪几步？草图有哪几种状态？
3. 当草图不闭合时应如何解决？
4. 筋板特征功能对草图有什么要求？其草图基准面方位如何设定？
5. 参考图 5-183 所示图形形状，绘制立体模块。

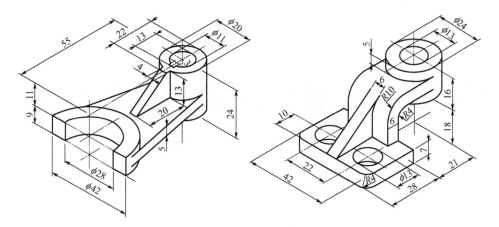

图 5-183　课后练习

第6章 常用的数控加工方式

【内容与要求】

数控加工编程是 CAXA 制造工程师 2013 最重要的内容之一，它提供的加工轨迹的生成方法主要有常用的粗加工、精加工、多轴加工和其他加工等。本章主要介绍 CAXA 制造工程师 2013 常用加工轨迹的生成方法，利用这些方法用户可以根据零件的结构形状特点，选择合适的加工方式完成自动编程。

通过本章的学习应达到如下目标：

- 掌握数控加工的基本概念和特点；
- 掌握各种常用数控加工参数的含义；
- 掌握常用加工的轨迹生成方法。

6.1 基础知识

数控加工也称为 NC（Numerical ControL）加工，是以数值与符号构成的信息，控制机床实现自动运转。数控加工经历了半个世纪的发展，已成为应用于当代各个制造领域的先进制造技术。

6.1.1 数控加工的特点

数控加工的最大特征有两点：一是可以极大地提高精度，包括加工质量精度及加工时间误差精度；二是加工质量的重复性，可以稳定加工质量，保持加工零件质量的一致。也就是说加工零件的质量及加工时间是由数控程序决定而不是由机床操作人员决定的。数控加工具有如下优点：

- 提高生产效率。
- 不需熟练的机床操作人员。
- 提高加工精度并且保持加工质量。
- 可以减少工装卡具。
- 可以减少各工序间的周转，原来需要用多道工序完成的工件，用数控加工可以一次装卡完成，缩短加工周期，提高生产效率。
- 容易进行加工过程管理。
- 可以减少检查工作量。
- 可以降低废、次品率。
- 便于设计变更，加工设定柔性。
- 容易实现操作过程的自动化，一个人可以操作多台机床。
- 操作容易，极大减轻体力劳动强度。

随着制造设备的数控化率不断提高，数控加工技术在我国得到日益广泛的应用，在模具行业，掌握数控技术与否及加工过程中的数控化率的高低已成为企业是否具有竞争力的象征。数控加工技术应用的关键在于计算机辅助设计和制造（CAD/CAM）系统的质量。

如何进行数控加工程序的编制是影响数控加工效率及质量的关键，传统的手工编程方法复杂、烦琐，易于出错，难于检查，难以充分发挥数控机床的功能。在模具加工中，经常遇到形状复杂的零件，其形状用自由曲面来描述，采用手式编程方法基本上无法编制数控加工程序。近年来，由于计算机技术的迅速发展，计算机的图形处理功能有了很大增强，基于CAD/CAM 技术进行图形交互的自动编程方法日趋成熟，这种方法速度快、精度高、直观、使用简便和便于检查。CAD/CAM 技术在工业发达国家已得到广泛应用。近年来在国内的应用也越来越普及，成为实现制造业技术进步的一种必然趋势。

6.1.2 数控加工的过程

数控加工是将待加工零件进行数字化表达，数控机床按数字量控制刀具和零件的运动，从而实现零件加工的过程。

被加工零件采用线架、曲面、实体等几何体来表示，CAM 系统在零件几何体基础上生成刀具轨迹，经过后置处理生成加工代码，将加工代码通过传输介质传给数控机床，数控机床按数字量控制刀具运动，完成零件加工。其过程为：【零件信息】→【CAD 系统造型】→【CAM 系统生成加工代码】→【数控机床】→【零件】。

（1）零件数据准备。

系统自设计和造型功能或通过数据接口传入 CAD 数据，如 STEP、IGES、SAT、DXF、X-T 等；在实际的数控加工中，零件数据不仅仅来自图纸，在广泛采用 Internet 网的今天，零件数据往往通过测量或通过标准数据接口传输等方式得到。

（2）确定粗加工、半精加工和精加工方案。

（3）生成各加工步骤的刀具轨迹。

（4）刀具轨迹仿真。

（5）后置输出加工代码。

（6）输出数控加工工艺技术文件。

（7）传给机床实现加工。

6.1.3 CAM 系统的编程基本步骤

CAM 系统的编程基本步骤如下：

- 理解二维图纸或其它的模型数据。
- 确定加工工艺（装卡、刀具等）。
- 建立加工模型或通过数据接口读入。
- 生成刀具轨迹。
- 加工仿真。
- 生成后置代码。
- 输出加工代码。

现在对部分步骤分别予以说明。

1．确定加工工艺

加工工艺的确定目前主要依靠人工进行，其主要内容有：

- 核准加工零件的尺寸、公差和精度要求。
- 确定装卡位置。
- 选择刀具。
- 确定加工路线。
- 选定工艺参数。

2．建立加工模型

利用 CAM 系统提供的图形生成和编辑功能将零件的被加工部位绘制到时计算机屏幕上，作为计算机自动生成刀具轨迹的依据。

加工模型的建立是通过人机交互方式进行的。被加工零件一般用工程图的形式表达在图纸上，用户可根据图纸建立三维加工模型。针对这种需求，CAM 系统应提供强大几何建模功能，不仅应能生成常用的直线和圆弧，还应提供复杂的样条曲线、组合曲线、各种规则的和不规则的曲面等的造型方法，并提供多种过渡、裁剪、几何变换等编辑手段。

被加工零件数据也可能由其他 CAD/CAM 系统传入，因此 CAM 系统针对此类需求应提供标准的数据接口，如 DXF、IGES、STEP 等。由于分工越来越细，企业之间的协作越来越频繁，这种形式目前越来越普遍。

被加工零件的外形不可能是由测量机测量得到，针对此类的需求，CAM 系统应提供读入测量数据的功能，按一定的格式给出数据，系统自动生成零件的外形曲面。

3．生成刀具轨迹

建立加工模型后，即可利用 CAXA 制造工程师系统提供的多种形式的刀具轨迹生成功能进行数控编程。CAXA 制造工程师中提供了十余种加工轨迹生成的方法。用户可以根据所要加工工件的形状特点、不同的工艺要求和精度要求，灵活地选用系统中提供的各种加工方式和加工参数等，方便快速地生成所需要的刀具轨迹即刀具的切削路径。CAXA 制造工程师在研制过程中深入工厂车间并有自己的实验基地，它不仅集成了北航多年科研方面的成果，也集成了工厂中的加工工艺经验，它是二者的完美结合。在 CAXA 制造工程师中作刀具轨迹，已经不是一种单纯的数值计算，而是工厂中数控加工经验的生动体现，也是你个人加工经验的积累，他人加工经验的继承，

为满足特殊的工艺需要，CAXA 制造工程师能够对已生成的刀具轨迹进行编辑。CAXA 制造工程师还可通过模拟仿真检验生成的刀具轨迹的正确性和是否有过切产生。并可通过代码较核，用图形方法检验加工代码的正确性。

4．生成后置代码

在屏幕上用图形形式显示的刀具轨迹要变成可以控制机床的代码，需进行所谓的后置处理。后置处理的目的是形成数控指令文件，也就是平时我们经常说的 G 代码程序或 NC 程序。CAXA 制造工程师提供的后置处理功能是非常灵活的，它可以通过用户自己修改某些设置而适用各自的机床要求。用户按机床规定的格式进行定制，即可方便地生成和特定机床相匹配的加工代码。

5．输出加工代码

生成数控指令之后，可通过计算机的标准接口与机床直接连通。CAXA 制造工程师可以提供系统自身的发的通信软件，完成通过计算机的串口或并口与机床连接，将数控加工代码传输到数控机床，控制机床各坐标的伺服系统，驱动机床。

随着我国加工制造业的迅猛发展，数控加工技术得到空前广泛地应用，CAXA 的 CAD/CAM 软件也得到了日益广泛地普及和应用。我们相信当用户认识了 CAXA 制造工程师

以后，CAXA 制造工程师一定会，成为用户身边不可多得的造型帮手，忠实可靠的编程高手，数控加工工艺的良师益友。

6.2 加工参数

🗐加工
    🔷 模型
    🗐 毛坯
    ✛ 起始点
    🗂 刀具库
 ⊞ ⊥ 坐标系
    🗀 刀具轨迹：共 0 条

图 6-1 "加工树"窗口

CAXA 制造工程师将与自动编程相关的一些基本设置（如模型、毛坯、起始点、刀具库等）和生成的加工轨迹集成在"加工树"窗口，如图 6-1 所示。用户可以在"加工树"窗口对加工参数、加工轨迹等进行修改。

6.2.1 模型

模型一般表达为系统存在的实体和所有曲面的总和。目前，在 CAXA 制造工程师中，模型与刀路计算无关，也就是模型中所包含的实体和曲面并不参与刀路的计算。模型主要用于刀路的仿真过程。在轨迹仿真器中，模型可以用于仿真环境下的干涉检查。

"模型"功能提供视图模型显示和模型参数显示功能，特征树中图标为 🔷 模型，单击该图标在绘图区以红色线条显示零件模型，双击该图标显示零件模型参数，如图 6-2 所示。在该界面上显示模型预览和几何精度，用户可以对几何精度进行重新定义。

- 几何精度：描述模型的几何精度。
  - 几何模型：在造型时，模型的曲面是光滑连续（法矢连续）的，如球面是一个理想的光滑连续的面。这样的理想的模型，称为几何模型。
  - 加工模型：但在加工时，是不可能完成这样一个理想的几何模型的。所以，一般地，会把一张曲面离散成一系列的三角片。由这一系列三角片所构成的模型，称为加工模型。
  - 几何精度：加工模型与几何模型之间的误差，称为几何精度，如图 6-3 所示。

图 6-2 【模型参数】对话框

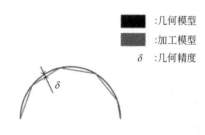

图 6-3 几何精度

- 加工精度是按轨迹加工出来的零件与加工模型之间的误差，当加工精度趋近于 0 时，轨迹对应的加工件的形状就是加工模型了（忽略残留量）。
- 模型包含不可见曲面：模型中包含不可见曲面。如果选中此项，那么不可见曲面会成为模型的一部分。否则，模型中不包含不可见曲面。

- 模型包含隐藏层中的曲面：模型中包含隐藏层中的曲面。如果选中此项，那么隐藏层中的曲面会成为模型的一部分。否则，模型中不包含隐藏层中的曲面。

📖 提示：（1）用户在增删曲面时，一定要小心，因为删除曲面或增加实体元素都意味着对模型的修改，这样的话，已生成的轨迹可能会不再适用于新的模型了，严重的话会导致过切。（2）强烈建议用户使用加工模块过程中不要增删曲面，如果一定要这样做的话，请重置（重新）计算所有的轨迹。如果仅仅用于 CAD 造型中的增删曲面可以另当别论。（3）模型精度越高，加工模型中的三角片越多，模型表面近似越好。（4）现阶段，模型不参与刀路计算。模型主要用于仿真，仿真环境下的干涉检查，校验加工的效果或程度等。

6.2.2 毛坯

一般地，系统的毛坯为方块形状。当进入加工时，首先要构建零件毛坯。双击特征树中按钮 🔳 毛坯，弹出【毛坯定义】对话框，如图 6-4 所示。

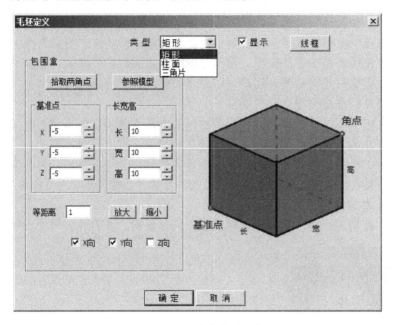

图 6-4 【毛坯定义】对话框

- 类型：用户能够根据所要加工工件的形状选择毛坯的形状，分为矩形、柱面和三角片三种毛坯方式。其中三角片方式为自定义毛坯方式。
- 拾取两角点：通过拾取毛坯的两个角点（与顺序、位置无关）来定义毛坯。
- 参照模型：系统自动计算模型的包围盒，以此作为毛坯。
- 基准点：毛坯在世界坐标系(.sys.)中的左下角点。
- 长度、宽度、高度是毛坯在 X 方向、Y 方向、Z 方向的尺寸。
- 显示：设定是否在工作区中显示毛坯。

6.2.3 起始点

"起始点"功能是设定全局刀具起始点的位置，特征树图标为 ✛ 起始点。双击该图标弹出【全局轨迹起始点】对话框，如图 6-5 所示。

- 全局起始点坐标：是轨迹中默认的起始点。用户可以通过输入或者单击拾取点按钮来设定刀具起始点。
- 改变所有轨迹从全局起始点出发并返回：指的是把轨迹树上的所有轨迹的起始点都改变全局起始点参数，出发返回表示加工轨迹会从起始点开始下刀，切削完后再返回到起始点。
- 改变所有轨迹从各自起始点出发并返回：指的是对轨迹树上的所有轨迹都添加起始点，但添加的起始点并不选择全局起始点，而是使用各个轨迹自己所带的起始点参数。
- 改变所有轨迹不从起始点出发返回：指的是对轨迹树上的所有轨迹都去掉起始点，即使该轨迹已经生成了起始点，也会删除的。

图 6-5 【全局轨迹起始点】对话框

📖 提示：计算轨迹时缺省地以全局刀具起始点作为刀具起始点，计算完毕后，用户可以对该轨迹的刀具起始点进行修改。

6.2.4 刀具库

刀具库主要是对用户定义的各刀具进行管理。特征树图标为 🔧 刀具库 。双击该图标弹出【刀具库】对话框，如图 6-6 所示。

类型	名称	刀号	直径	刃长	全长	刀杆类型	刀杆直径	半径补偿号	长度补偿号
立铣刀	EdML_0	0	10.000	50.000	80.000	圆柱	10.000	0	0
立铣刀	EdML_0	1	10.000	50.000	100.000	圆柱＋圆锥	10.000	1	1
圆角铣刀	BulML_0	2	10.000	50.000	80.000	圆柱	10.000	2	2
圆角铣刀	BulML_0	3	10.000	50.000	100.000	圆柱＋圆锥	10.000	3	3
球头铣刀	SphML_0	4	10.000	50.000	80.000	圆柱	10.000	4	4
球头铣刀	SphML_0	5	12.000	50.000	100.000	圆柱＋圆锥	10.000	5	5
燕尾铣刀	DvML_0	6	20.000	6.000	80.000	圆柱	20.000	6	6
燕尾铣刀	DvML_0	7	20.000	6.000	100.000	圆柱＋圆锥	10.000	7	7
球形铣刀	LoML_0	8	12.000	12.000	80.000	圆柱	12.000	8	8
球形铣刀	LoML_1	9	10.000	10.000	100.000	圆柱＋圆锥	10.000	9	9

共 22 把　　增加　清空　导入　导出

确定　取消

图 6-6 【刀具库】对话框

- 增加：增加新的刀具到编辑刀具库。
- 清空：删除编辑刀具库中的所有刀具。
- 导入：导入已经保存好的刀具表。
- 导出：导出所有刀具。

刀具库中能存放用户定义的不同刀具，包括钻头、铣刀等，使用用户可以很方便地从刀具库中取出所需的刀具。单击"增加"按钮或双击任一类型刀具，可以打开【刀具定义】对话框，如图 6-7 所示。

刀具主要由刀柄、刀杆和刀刃三部分组成，如图 6-8 所示。

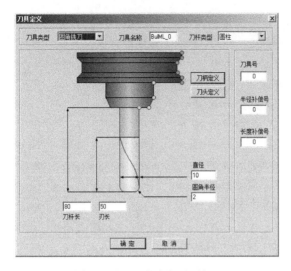

图 6-7 【刀具定义】对话框

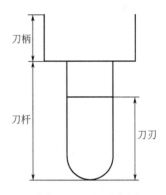

图 6-8 刀具示意图

- 刀具类型：包括多种铣刀和钻头。用户可以方便地选择所需的刀具类型。
- 刀杆类型：主要包括圆柱、圆柱+圆锥两种刀杆的类型。
- 刀具号：刀具在加工中心里的位置编号，便于加工过程中换刀。
- 半径补偿号：刀具半径补偿值对应的编号。
- 长度补偿号：刀具长度补偿值对应的编号。
- 刀杆长：刀杆的长度值。
- 刃长：刀刃部分的长度。
- 直径：刀刃部分最大截面圆的直径大小。
- 圆角半径：刀刃部分球形轮廓区域半径的大小，只对圆角铣刀有效。

6.2.5 刀具轨迹

显示加工的刀具轨迹及其所有信息，并可在特征树中对这些信息进行编辑。在特征树中的图标为 刀具轨迹：共 2 条，展开后可以看到所有信息。图 6-9 是一个加工实例的轨迹显示。

1. 轨迹数据

单击 轨迹数据 后以红色显示该加工步骤刀具轨迹，在绘图区上右击，则可对刀具轨迹进行编辑，如图 6-10 所示。在右键菜单中可以分别对刀具轨迹进行删除、平移、拷贝、粘贴、隐藏、编辑颜色等操作。

图 6-9 加工实例的轨迹

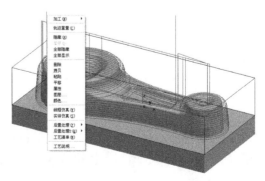

图 6-10 右键快捷菜单

2．加工参数

双击 ▤ 加工参数，系统弹出【加工参数】对话框，可重新对加工参数、切入切出、加工边界、加工用量及刀具参数等进行设定。如果对其进行过改变，则单击确认后，系统将提示是否需要重新生成刀具轨迹，如图 6-11 所示。

图 6-11 【加工参数】对话框

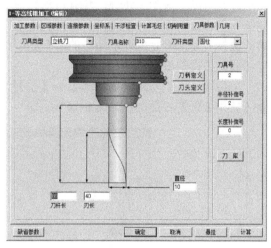

图 6-12 【刀具参数】选项卡

3．刀具

图标 ▨ 立铣刀:D10 No:2 D:10.00 显示了刀具的简单信息。双击该项，则弹出【刀具参数】选项卡，如图 6-12 所示，可对刀具参数进行编辑。该功能和所有的加工选项中的刀具库对话框中的参数是相同的。

6.3 粗加工

CAXA 制造工程师 2013 提供了 16 种常用的加工方式。选择【加工】—【常用加工】菜单项后，即可打开粗加工方式的 16 个子菜单，如图 6-13 所示，其中有两种粗加工方式：平面区域粗加工和等高线粗加工。

图 6-13 常用加工方式菜单

6.3.1 平面区域粗加工

该加工方法属于两轴或两轴半加工，主要用于铣平面和铣槽加工。其优点是不必有三维模型，只要给出零件的外轮廓和岛屿，就可以生成加工轨迹，并且自动标记钻孔点（入刀点），如图6-14所示。该方法要求所有侧壁垂直于平底或侧壁带有相同的拔模斜度，并且也要求岛屿的所有侧壁也垂直于平底或带有相同的拔模斜度。

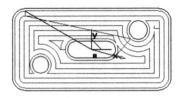

图6-14 平面区域粗加工

单击【加工】—【常用加工】—【平面区域粗加工】，或者直接单击 回 按钮，弹出【平面区域粗加工】对话框，如图6-15所示。

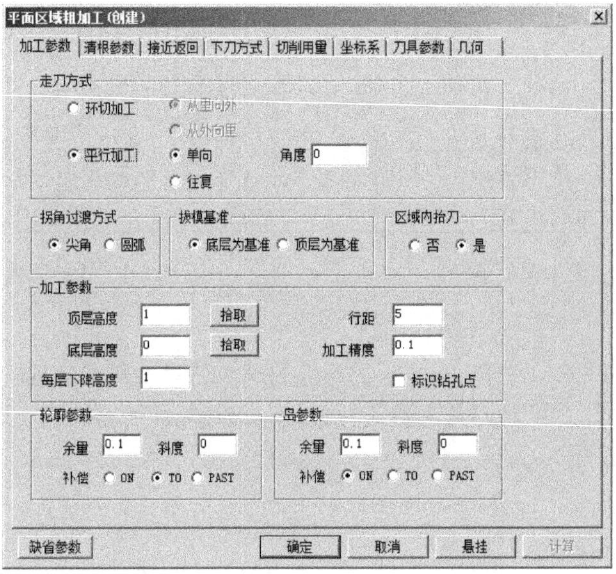

图6-15 【平面区域粗加工】对话框

1．加工参数

（1）走刀方式

- 环切加工：刀具以环状走刀方式切削工件。可选择从里向外还是从外向里的方式，如图6-16所示。
- 平行加工：刀具以平行走刀方式切削工件。可改变生成的刀位行与X轴的夹角。可选择单向还是往复方式，如图6-17所示。
  - 单向：刀具以单一的顺铣或逆铣方式加工工件。
  - 往复：刀具以顺逆混合方式加工工件。

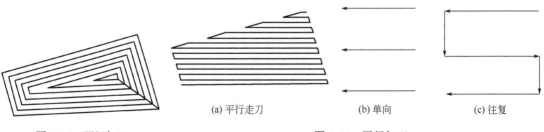

(a) 平行走刀   (b) 单向   (c) 往复

图6-16 环切加工   图6-17 平行加工

（2）拐角过渡方式

就是在切削过程遇到拐角时的处理方式，有以下两种情况。

- 尖角：刀具从轮廓的一边到另一边的过程中，以两条边延长后相交的方式连接。
- 圆弧：刀具从轮廓的一边到另一边的过程中，以圆弧的方式过渡。过渡半径=刀具半径+余量。

（3）拔模基准

当加工的工件带有拔模斜度时，工件顶层轮廓与底层轮廓的大小不一样。

- 底层为基准：加工中所选的轮廓是工件底层的轮廓。
- 顶层为基准：加工中所选的轮廓是工件顶层的轮廓。

（4）区域内抬刀

在加工有岛屿的区域时，轨迹过岛屿时是否抬刀，选"是"就抬刀，选"否"就不抬刀。此项只对平行加工的单向有用。

- 否：在岛屿处不抬刀。
- 是：在岛屿处直接抬刀连接。

（5）加工参数

- 顶层高度：零件加工时起始高度的高度值，一般来说，也就是零件的最高点，即 Z 最大值。
- 底层高度：零件加工时，所要加工到的深度的 Z 坐标值，也就是 Z 最小值。
- 每层下降高度：刀具轨迹层与层之间的高度差，即层高。每层的高度从输入的顶层高度开始计算。
- 行距：是指加工轨迹相邻两行刀具轨迹之间的距离。
- 标识钻孔点：选择该项自动显示出下刀打孔的点。

（6）轮廓参数

- 余量：给轮廓加工预留的切削量。
- 斜度：以多大的拔模斜度来加工。
- 补偿：有三种方式。
  - ON：刀心线与轮廓重合。
  - TO：刀心线未到轮廓一个刀具半径。
  - PAST：刀心线超过轮廓一个刀具半径。

（7）岛参数

- 余量：给轮廓加工预留的切削量。
- 斜度：以多大的拔模斜度来加工。
- 补偿：有三种方式。
  - ON：刀心线与岛屿线重合。
  - TO：刀心线超过岛屿线一个刀具半径。
  - PAST：刀心线未到岛屿线一个刀具半径。

2. 清根参数

【清根参数】选项卡如图 6-18 所示。

- 轮廓清根：设定轮廓清根，区域加工完之后，刀具对轮廓进行清根加工，相当于最后的精加工。对轮廓还可以设置清根余量。
  - 不清根：不进行最后轮廓清根加工。
  - 清根：进行轮廓清根加工，要设置相应的清根余量。

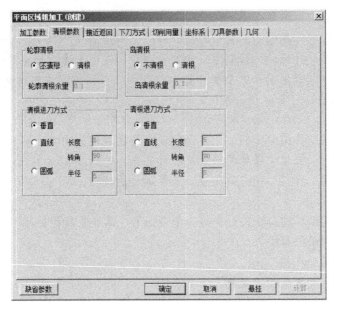

图 6-18 【清根参数】选项卡

- 轮廓清根余量：设定轮廓加工的预留量。
- 岛清根：选择岛清根，区域加工完之后，刀具对岛进行清根加工。对岛屿还可以设置清根余量。
  - 不清根：不进行岛屿清根加工。
  - 清根：进行岛屿清根加工，要设置相应的清根余量。
  - 岛清根余量：设定岛屿清根加工的余量。
- 清根进刀方式：做清根加工时，可选择清根轨迹的进刀方式。
  - 垂直：刀具在工件的第一个切削点处直接开始切削。
  - 直线：刀具按给定长度，以相切方式向工件的第一个切削点前进。
  - 圆弧：刀具按给定半径，以 1/4 圆弧向工件的第一个切削点前进。
- 清根退刀方式：做清根加工时，可选择根轨迹的退刀方式。
  - 垂直：刀具从工件的最后一个切削点直接退刀。
  - 直线：刀具按给定长度，以相切方式从工件的最后一个切削点退刀。
  - 圆弧：刀具从工件的最后一个切削点按给定半径，以 1/4 圆弧退刀。

3．接近返回

设定接近返回的切入切出方式。一般地，接近指从刀具起始点快速移动后以切入方式逼近切削点的那段切入轨迹，返回指从切削点以切出方式离开切削点的那段切出轨迹。【接近返回】选项卡如图 6-19 所示。

- 不设定：不设定接近返回的切入切出。
- 直线：刀具按给定长度，以直线方式向切削点平滑切入或从切削点平滑切出。长度指直线切入切出的长度，角度不使用。
- 圆弧：以 $\pi/4$ 圆弧向切削点平滑切入或从切削点平滑切出。半径指圆弧切入切出的半径，转角指圆弧的圆心角，延长不使用。
- 强制：强制从指定点直线切入到切削点，或强制从切削点直线切出到指定点。X、Y、Z 指定点空间位置的三分量。

4. 下刀方式

【下刀方式】选项卡如图 6-20 所示。

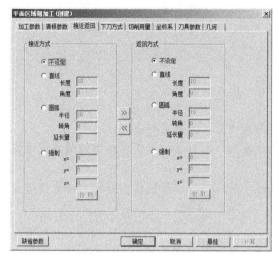

图 6-19 【接近返回】选项卡

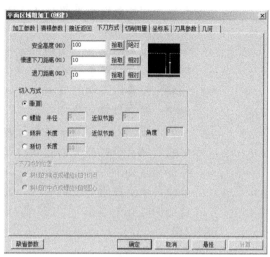

图 6-20 【下刀方式】选项卡

- 安全高度：刀具快速移动而不会与毛坯或模型发生干涉的高度，有相对与绝对两种模式，单击相对或绝对按钮可以实现二者的互换。
    - 相对：以切入或切出或切削开始或切削结束位置的刀位点为参考点。
    - 绝对：以当前加工坐标系的 XOY 平面为参考平面。
    - 拾取：单击后可以从工作区选择安全高度的绝对位置高度点。
- 慢速下刀距离：在切入或切削开始前的一段刀位轨迹的位置长度，这段轨迹以慢速下刀速度垂直向下进给，如图 6-21 所示。有相对与绝对两种模式，单击相对或绝对按钮可以实现二者的互换。
    - 相对：以切入或切削开始位置的刀位点为参考点。
    - 绝对：以当前加工坐标系的 XOY 平面为参考平面。
    - 拾取：单击后可以从工作区选择慢速下刀距离的绝对位置高度点。
- 退刀距离：在切出或切削结束后的一段刀位轨迹的位置长度，这段轨迹以退刀速度垂直向上进给，如图 6-22 所示。有相对与绝对两种模式，单击相对或绝对按钮可以实现二者的互换。
    - 相对：以切出或切削结束位置的刀位点为参考点。
    - 绝对：以当前加工坐标系的 XOY 平面为参考平面。
    - 拾取：单击后可以从工作区选择退刀距离的绝对位置高度点。

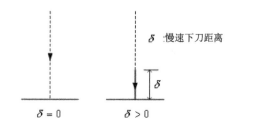

图 6-21 慢速下刀距离

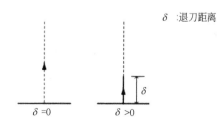

图 6-22 退刀距离

- 切入方式：此处提供了四种通用的切入方式，几乎适用于所有的铣削加工策略，其中的一些切削加工策略有其特殊的切入切出方式（切入切出属性页面中可以设定）。如果在切入切出属性页面里设定了特殊的切入切出方式后，此处的通用的切入方式将不会起作用。
  - 垂直：刀具沿垂直方向切入。
  - 螺旋：刀具以螺旋状切入。
  - 倾斜：刀具以与切削方向相反的倾斜线方向切入。
  - 渐切：刀具以渐切线方向切入。
- 下刀点的位置：对于螺旋和倾斜时的下刀点位置，提供两种方式。
  - 斜线的端点或螺旋线的切点：选择此项后，下刀点位置将在斜线的端点或螺旋线的切点处下刀。
  - 斜线的中点或螺旋线的圆心：选择此项后，下刀点位置将在斜线的中点或螺旋线的圆心处下刀。

5．切削用量

切削用量选项卡菜单在所有加工方法中都存在，其作用是设定加工过程中切削过程中所有速度值，图 6-23 为平面区域粗加工【切削用量】选项卡。

- 主轴转速：设定主轴转速的大小，单位 rpm(转/分)。
- 慢速下刀速度(F0)：设定慢速下刀轨迹段的进给速度的大小，单位 mm/分。
- 切入切出连接速度(F1)：设定切入轨迹段、切出轨迹段、连接轨迹段、接近轨迹段、返回轨迹段的进给速度的大小，单位 mm/分。
- 切削速度(F2)：设定切削轨迹段的进给速度的大小，单位 mm/分。
- 退刀速度(F3)：设定退刀轨迹段的进给速度的大小，单位 mm/分。

6．坐标系

【坐标系】选项卡如图 6-24 所示。

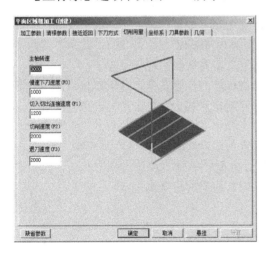

图 6-23 【切削用量】选项卡

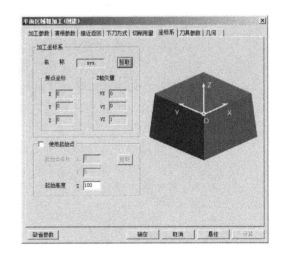

图 6-24 【坐标系】选项卡

- 加工坐标系
  - 名称：刀路的加工坐标系的名称。
  - 拾取：用户可以在屏幕上拾取加工坐标系。
  - 原点坐标：显示加工坐标系的原点值。

- Z轴矢量：显示加工坐标系的Z轴方向值。
- 起始点
  - 使用起始点：决定刀路是否从起始点出发并回到起始点。
  - 起始点坐标：显示起始点坐标信息。
  - 拾取：用户可以在屏幕上拾取点作为刀路的起始点。

7. 刀具参数

设定平面区域粗加工的刀具参数，以生成平面区域粗加工轨迹。【刀具参数】选项卡如图6-25所示。

8. 几何

【几何】选项卡如图6-26所示。用于拾取和删除在加工中所有需要选择的轮廓曲线和岛屿曲线等。

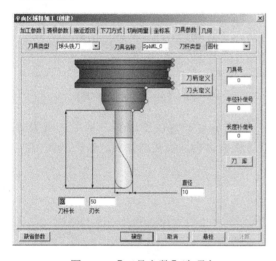

图6-25 【刀具参数】选项卡

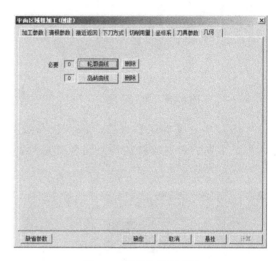

图6-26 【几何】选项卡

【例6-1】 平面区域粗加工。

生成有多个岛的平面区域粗加工轨迹。

加工过程

[1] 作凹槽实体造型，并在凹槽内做三棱柱和圆柱作为岛屿，如图6-27所示。

[2] 单击【相关线】按钮 ，选择实体边界方式，按状态栏的提示依次拾取凹槽顶面的曲线和岛屿的边界，如图6-28所示。

图6-27 绘制平面区域轮廓

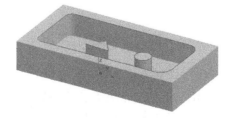

图6-28 拾取加工轮廓和岛屿

[3] 双击特征树中的【毛坯】按钮，打开【毛坯定义】对话框，单击【参照模型】按钮，单击【确定】按钮，则得到加工的毛坯，如图6-29所示。

[4] 单击【平面区域粗加工】命令按钮 ▣，弹出平面区域粗加工【加工参数】选项卡，如图 6-30 所示，选择环切加工走刀方式，行距为 5，下刀方式选择如图 6-31 所示参数，其余参数均选默认选项。

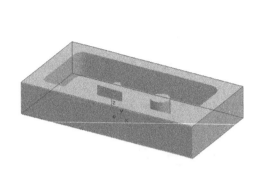

图 6-29　加工毛坯

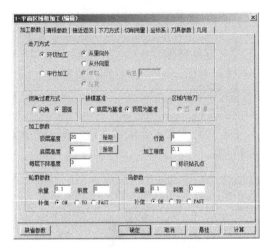

图 6-30　【加工参数】选项卡

[5] 单击【确认】按钮，根据状态栏提示，拾取轮廓为凹槽顶层边界，确定链搜索方向，分别拾取岛屿为圆和三角形，并确定链搜索方向，按鼠标右键，结果如图 6-32 所示。

图 6-31　【下刀方式】选项卡

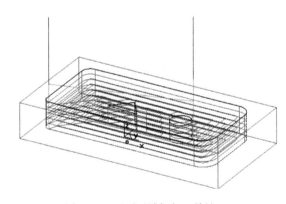

图 6-32　平面区域粗加工轨迹

6.3.2　等高线粗加工

该加工方式是较通用的粗加工方式，适用范围广；它可以高效地去除毛坯的大部分余量，并可根据精加工要求留出余量，为精加工打下一个良好的基础；可指定加工区域，优化空切轨迹。

单击【加工】—【常用加工】—【等高线粗加工】，或者直接单击 ◎ 按钮，弹出等高线粗加工对话框。

1．加工参数

在【加工参数】选项卡（见图 6-33）中，加工方式在前面已经介绍，这里不再进行介绍了。

图 6-33 【加工参数】选项卡

（1）加工方向

在所有加工方法中都存在，在某些加工方法中只有顺铣和逆铣两项，如图 6-34 所示，其作用是对加工方向进行选择。

- 顺铣：生成顺铣的轨迹。
- 逆铣：生成逆铣的轨迹。

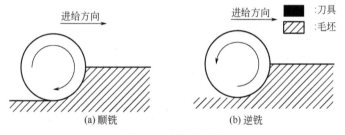

图 6-34 顺铣和逆铣

（2）行进策略

- 层优先是多个凹（凸）腔一同加工，刀具在同一高度的时候从一个凹（凸）腔跳到另一个凹（凸）腔。所有高度都加工完之后刀具才进入下一层，一层一层地加工。
- 深度优先是认准一个凹（凸）腔不停地下刀，直至加工完毕再跳刀到另一个凹（凸）腔，一个一个凹（凸）腔地加工。

（3）余量和精度

- 加工余量：相对模型表面的残留高度，可以为负值，但不要超过刀角半径，如图 6-35（a）所示。
- 加工精度：输入模型的加工精度。计算模型的轨迹的误差小于此值。加工精度越大，模型形状的误差越大，模型表面越粗糙。加工精度越小，模型形状的误差越小，模型表面越光滑，但是，轨迹段的数目增多，轨迹数据量变大，如图 6-35（b）所示。

（4）行距和残留高度

- 行距：XY 方向的相邻扫描行的距离。
- 残留高度：系统会根据输入的残留高度的大小计算 Z 向层高。

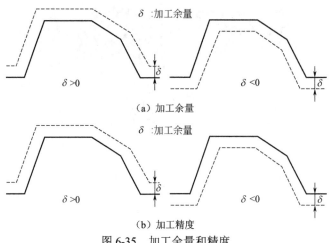

图 6-35　加工余量和精度

（5）层高

Z 方向每加工层的切削深度。

插入层数：两层之间插入轨迹。

拔模角度：加工轨迹会出现的角度。

切削宽度自适应：自动内部计算切削宽度。

平坦部的等高补加工：对平坦部分进行两次补充加工。

2. 区域参数

【区域参数】选项卡如图 6-36 所示。

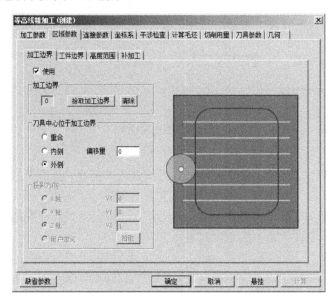

图 6-36　【区域参数】选项卡

（1）加工边界

选择"使用"后，可以拾取已有的边界曲线，确定刀具中心与加工边界的关系（见图 6-37）。

- 重合：刀具位于边界上。
- 内侧：刀具位于边界的内侧。

- 外侧：刀具位于边界的外侧。

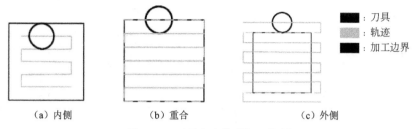

（a）内侧   （b）重合   （c）外侧

图 6-37　刀具中心位于加工边界

（2）工件边界

工件边界：选择"使用"后，以工件本身为边界，如图 6-38 所示。

- 工件的轮廓：刀心位于工件轮廓上。
- 工件底端的轮廓：刀尖位于工件底部轮廓上。
- 刀触点和工件确定的轮廓：刀接触点位于工件轮廓上。

（3）高度范围（见图 6-39）

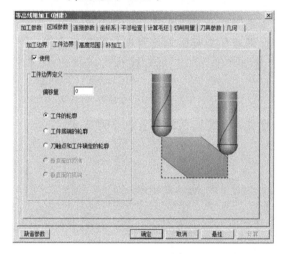

图 6-38　工件边界参数

图 6-39　高度范围参数

- 自动设定：以给定毛坯高度自动设定 Z 的范围。
- 用户设定：用户自定义 Z 的起始高度和终止高度。

（4）补加工

选择"使用"后，可以自动计算前一把刀加工后的剩余量，然后进行补加工（见图 6-40）。

- 粗加工刀具直径：填写前一把刀的直径。
- 粗加工刀具圆角半径：填写前一把刀的刀角半径。
- 粗加工余量：填写粗加工的余量。

3. 连接参数

【连接参数】选项卡如图 6-41 所示。

（1）连接方式参数

- 接近/返回：从设定的高度接近工件和从工件返回到设定高度，设定高度共三种：安全距离、快速移动距离、慢速移动距离。选择"加下刀"后可以加入所选定的下刀方式。

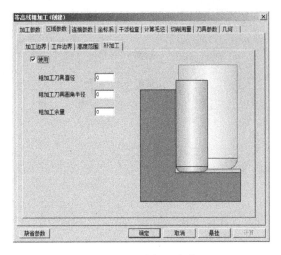

图 6-40　补加工参数

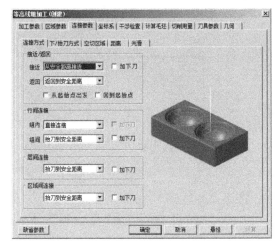

图 6-41　【连接参数】选项卡

- 行间连接：每行轨迹间的连接，可以设定组内和组间的行间连接方式，包括直接连接、抬刀到慢速移动距离、抬刀到安全距离、光滑连接和抬刀到快速移动距离五种连接方式。选择"加下刀"后可以加入所选定的下刀方式。
- 层间连接：每层轨迹间的连接。选择"加下刀"后可以加入所选定的下刀方式。
- 区域间连接：两个区域间的轨迹连接。选择"加下刀"后可以加入所选定的下刀方式。

（2）下/抬刀方式（见图 6-42）

- 中心可切削刀具：可选择自动、直线、螺旋、往复、沿轮廓五种下刀方式。
- 预钻孔点：表示需要钻孔的点。

（3）空切区域参数（见图 6-43）

图 6-42　下/抬刀方式参数

图 6-43　空切区域参数

- 安全高度：刀具快速移动而不会与毛坯或模型发生干涉的高度。
- 平面法矢量平行于：目前只有主轴方向。
- 平面法矢量：目前只有 Z 轴正向。
- 圆弧光滑连接：选择后加入圆角半径。
- 保持刀轴方向直到距离：保持刀轴的方向达到所设定的距离。

（4）距离参数（见图 6-44）

- 快速移动距离：在切入或切削开始前的一段刀位轨迹的位置长度，这段轨迹以快速移动方式进给。
- 慢速移动距离：在切入或切削开始前的一段刀位轨迹的位置长度，这段轨迹以慢速移动方式进给。
- 空走刀安全距离：距离工件的高度距离。

（5）光滑参数（见图 6-45）

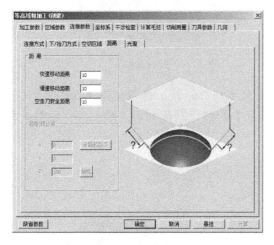

图 6-44　距离参数

图 6-45　光滑参数

- 光滑设置：将拐角或轮廓进行光滑处理。
- 删除微小面积：删除面积大于刀具直径百分比面积的曲面的轨迹。
- 消除内拐角剩余：删除在拐角部的剩余余量。

4．其他选项卡

等高线粗加工对话框还有坐标系、干涉检查、计算毛坯、切削用量、刀具参数和几何等选项卡，其具体含义可以参看平面区域粗加工中选项卡的参数，这里就不重复介绍了。

【例 6-2】等高线粗加工。

生成旋转增料实体的等高线粗加工轨迹。

加工过程

[1] 选择平面 XOZ 和单击【草图】按钮，绘制草图如图 6-46 所示。单击【草图】按钮，退出草图绘制状态。

图 6-46　绘制草图

图 6-47　绘制旋转轴

[2] 单击【直线】按钮，绘制一条与 Z 轴重合的直线做旋转轴，如图 6-47 所示。

[3] 单击【旋转增料】按钮 🔄，在弹出的对话框中输入如图 6-48 所示参数，单击【确定】按钮，则旋转结果如图 6-49 所示。

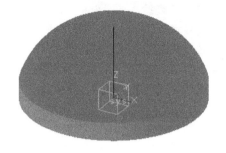

图 6-48 【旋转增料】对话框　　　　　　　图 6-49 旋转增料

[4] 双击特征树中的【毛坯】按钮，打开定义毛坯对话框，选择如图 6-50 所示的参数，单击【参照模型】按钮，单击【确定】按钮，则得到加工的毛坯，如图 6-50 所示。

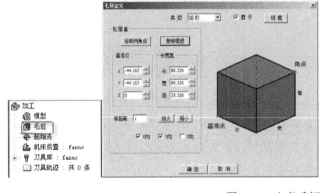

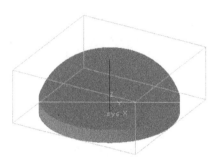

图 6-50 定义毛坯

[5] 单击【等高线粗加工】按钮 🔘，在弹出的【等高线粗加工】对话框中设置加工参数，如图 6-51 所示，区域参数如图 6-52 所示，连接参数如图 6-53 所示，刀具参数如图 6-54 所示。其余参数选择默认值，单击【确定】按钮。

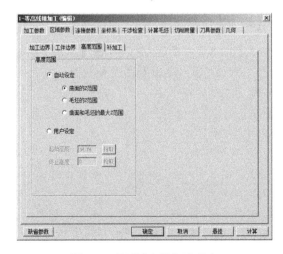

图 6-51 【加工参数】选项卡　　　　　　　图 6-52 【区域参数】选项卡

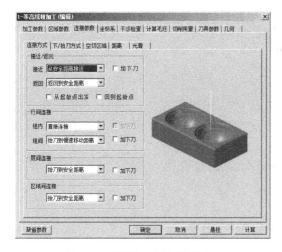

图 6-53 【连接参数】选项卡

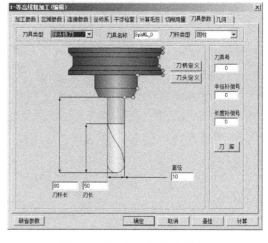

图 6-54 【刀具参数】选项卡

[6] 根据状态栏提示拾取加工对象为旋转增料实体，单击右键确认，则结果如图 6-55 所示。

6.4 精加工

CAXA 制造工程师 2013 在常用的加工方式中包含了 14 种精加工方式：平面轮廓精加工、轮廓导动精加工、曲面轮廓精加工、曲面区域精加工、参数线精加工、投影线精加工、等高线精加工、扫描线精加工、平面精加工、笔式清根加工、曲线投影加工、三维偏置加工、轮廓偏置加工、投影加工。

6.4.1 平面轮廓精加工

图 6-55 等高线粗加工轨迹

平面轮廓精加工属于两轴加工方式，可以根据给定的加工轮廓，生成沿着加工轮廓的平面轮廓精加工轨迹。由于它可以指定拔模斜度，所以也可以进行两轴半加工，主要用于加工封闭和不封闭的轮廓。多选用带圆角的端铣刀或球头铣刀。

单击【加工】—【常用加工】—【平面轮廓精加工】，或者直接单击 按钮，弹出平面轮廓精加工对话框。

1. 加工参数

【加工参数】选项卡如图 6-56 所示。

- 加工参数：
  - 拔模斜度：输入所需拔模的角度，加工完成后，轮廓所具有的倾斜度。
  - 刀次：生成的刀位的行数。
  - 顶层高度：加工的第一层所在高度。
  - 底层高度：加工的最后一层所在高度。
  - 每层下降高度：两层之间的间隔高度。
- 轮廓补偿：有如下三种方式。
  - ON：刀心线与轮廓重合。
  - TO：刀心线未到轮廓一个刀具半径。

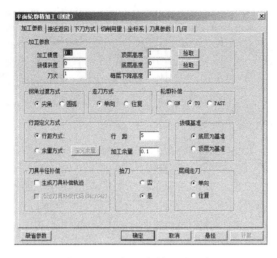

图 6-56 【加工参数】选项卡

- - PAST：刀心线超过轮廓一个刀具半径。
- 行距定义方式：确定加工刀次后，刀具加工的行距可由两种方式确定。
  - - 行距方式：确定最后加工完工件的余量及每次加工之间的行距，也可以叫等行距加工。
  - - 余量方式：定义每次加工完所留的余量，也可以叫不等行距加工，余量的次数在刀次中定义，最多可定义 10 次加工的余量。

📖 **提示：** 补偿是左偏还是右偏取决于加工的是内轮廓还是外轮廓。

- 拔模基准：用来确定轮廓是工件的顶层轮廓或是底层轮廓。
  - - 底层为基准：加工中所选的轮廓是工件底层的轮廓。
  - - 顶层为基准：加工中所选的轮廓是工件顶层的轮廓。
- 层间走刀：是指刀具轨迹层与层之间的连接方式，本系统提供单向和往复两种方式。
  - - 单向：在刀具轨迹层次大于 1 时，层之间的刀迹轨迹沿着同一方向。
  - - 往复：在刀具轨迹层次大于 1 时，层之间的刀迹轨迹方向可以往复。
- 机床自动补偿（G41/G42）：选择该项机床自动偏置刀具半径，那么在输出的代码中会自动加上 G41/G42（左偏/右偏）、G40（取消补偿）。输出代码中是自动加 G41 还是 G42，与拾取轮廓时的方向有关。

2. 接近返回

用来设定接近回返的切入切出方式。一般地，接近指从刀具起始点快速移动后以切入方式逼近切削点的那段切入轨迹，返回指从切削点以切出方式离开切削点的那段切出轨迹。【接近返回】选项卡如图 6-57 所示。

- 不设定：不设定接近返回的切入切出。
- 直线：刀具按给定长度，以直线方式向切削点平滑切入或从切削点平滑切出。长度指直线切入切出的长度，角度不使用。
- 圆弧：以 π/4 圆弧向切削点平滑切入或从切削点平滑切出。半径指圆弧切入切出的半径，转角指圆弧的圆心角，延长不使用。
- 强制：强制从指定点直线切入到切削点，或强制从切削点直线切出到指定点。X、Y、Z 指定点空间位置的三分量。

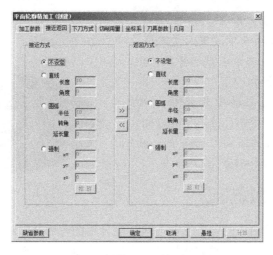

图 6-57 【接近返回】选项卡

【例6-3】 平面轮廓精加工。

生成一圆台锥体面的平面轮廓精加工轨迹。

加工过程

[1] 选择平面 XOY，分别绘制圆心为（0,0,0）、半径为 108.6 的圆，和圆心为（0,0,50）、半径为 25 的圆，如图 6-58 所示。

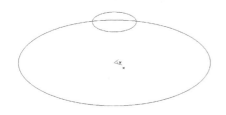

图 6-58 绘制圆

图 6-59 生成直纹面

[2] 单击【直纹面】按钮 ，在立即菜单中选择曲线＋曲线方式。按状态栏提示分别拾取两个圆，则直纹面生成，如图 6-59 所示。

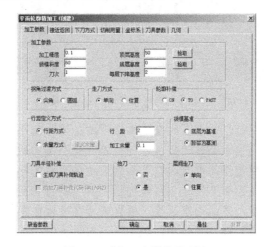

图 6-60 【加工参数】选项卡

[3] 单击【平面轮廓精加工】按钮 ，在
【加工参数】选项卡中设置加工参数，
如图 6-60 所示。其余参数选择默认值，
单击【确定】按钮。

[4] 按状态栏提示拾取轮廓为上圆台轮廓
线，确定链搜索方向，拾取箭头方向向
外，拾取退刀点为下圆台一点，则生成
的加工轨迹如图 6-61 所示。

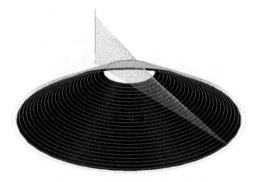

图 6-61　平面轮廓精加工轨迹

6.4.2　轮廓导动精加工

该加工方式可以按照给定的轮廓和截面线生成分层的轮廓导动精加工，可以加工凸模或
凹模。该加工方式主要用来加工底面边界水平且截面线沿水平方向单调变化的轮廓。多使用
球头铣刀或刀角半径较大的铣刀。

> 📖 提示：加工轮廓可以是开轮廓或闭轮廓，但截面线必须为开轮廓。

单击【加工】—【常用加工】—【轮廓导动精加工】，或者直接单击 按钮，弹出【轮
廓导动精加工】对话框，如图 6-62 所示。

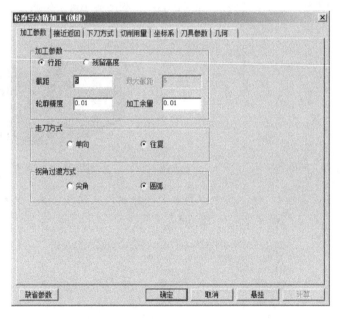

图 6-62　【轮廓导动精加工】对话框

- 截距：当选中截距时，它下面的左边编辑框的标识为截距，右边的编辑框的标识最
  大截距变为灰显。表示沿截面线上每一行刀具轨迹间的距离，按等弧长来分布。
- 残留高度：当选中残留高度时，它下面的左边编辑框的标识为残留高度，右边的编
  辑框的标识最大截距变为亮显。系统会根据输入的残留高度的大小计算 Z 向层高。
- 最大截距：输入最大 Z 向切削深度。根据残留高度值在求得 Z 向的层高时，为防止
  在加工较陡斜面时可能层高过大，限制层高在最大截距的设定值之下。
- 轮廓精度：拾取的轮廓有样条时的离散精度。

📖 提示: 做造型时, 只作平面轮廓线和截面线, 不用作曲面, 简化了造型; 作加工轨迹时, 因为它的每层轨迹都是用二维的方法来处理的, 所以拐角处如果是圆弧, 那么它生成的 G 代码中就是 G02 或 G03, 充分利用了机床的圆弧插补功能。因此它生成的代码最短, 但加工效果最好。比如加工一个半球, 用导动加工生成的代码长度是用其它方式 (如参数线) 加工半球生成的代码长度的几十分之一到上百分之一; 生成轨迹的速度非常快; 加工效果最好。由于使用圆弧插补, 而且刀具轨迹沿截面线按等弧长分布, 所以可以达到很好的加工效果。

【例 6-4】 轮廓导动精加工。

生成矩形轮廓的导动精加工轨迹。

🐴 加工过程

[1] 选择 XOY 平面, 作矩形, 为轮廓导动精加工的加工轮廓, 如图 6-63 所示。

[2] 选择 YOZ 平面, 作一直线, 并移动到矩形的一个端点, 如图 6-64 所示。

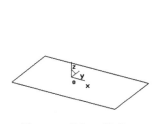

图 6-63 作加工轮廓

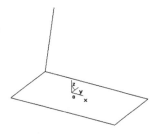

图 6-64 作导动线

[3] 单击【轮廓导动精加工】按钮 🔳, 在【加工参数】选项卡中设置加工参数, 如图 6-65 所示, 其余参数选择默认值, 单击【确定】按钮。

[4] 根据状态栏提示拾取轮廓为图 6-63 中的加工轮廓, 并确定链搜索方向, 拾取截面线为直线, 并确定链搜索方向, 单击右键确认, 选取加工侧边为外侧, 则结果如图 6-66 所示。

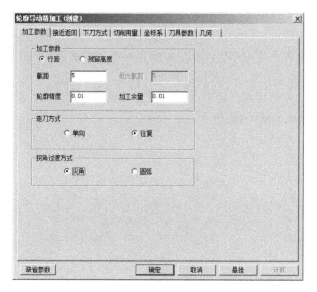

图 6-65 【加工参数】选项卡

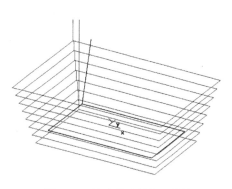

图 6-66 轮廓导动精加工轨迹

6.4.3 曲面轮廓精加工

该加工方式生成沿一个轮廓线加工曲面的刀具轨迹，曲面轮廓精加工不需要三维模型，只要给出二维或三维轮廓，就可以生成曲面轮廓精加工轨迹。单击【加工】—【常用加工】—【曲面轮廓精加工】，或者直接单击 按钮，弹出【曲面轮廓精加工】对话框，如图 6-67 所示。

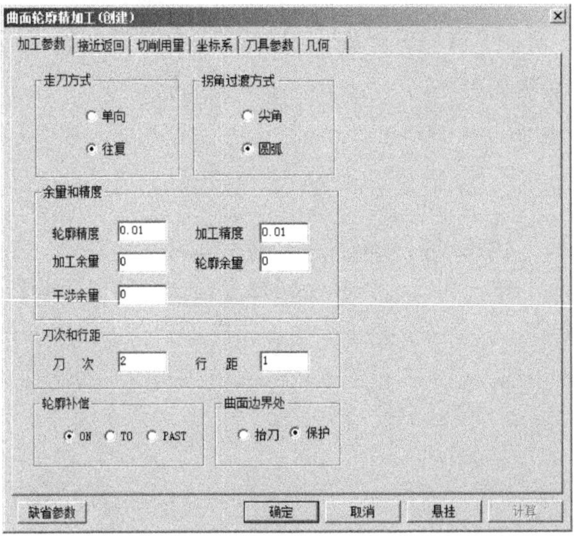

图 6-67 【曲面轮廓精加工】对话框

在其它的加工方式里，刀次和行距是单选的，最后生成的刀具轨迹只使用其中的一个参数，而在曲面轮廓精加工方式里，刀次和轮廓是关联的，生成的刀具轨迹由刀次和行距两个参数决定。如果想将轮廓内的曲面全部加工，而无法给出合适的刀次数，则可以给出一个大的刀次数，系统会自动计算并将多余的刀次删除。

【例6-5】 曲面轮廓精加工。

生成导动面的曲面轮廓精加工轨迹。

加工过程

[1] 在 XOY 平面内绘制一条样条曲线 A，在 YOZ 平面内绘制另一条样条曲线 B，如图 6-68 所示。

[2] 单击【导动面】按钮 ，选择平行导动方式。拾取导动线为曲线 A，选择方向，拾取截面曲线为曲线 B，则导动面生成如图 6-69 所示。

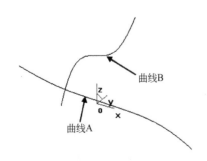

图 6-68 绘制样条曲线

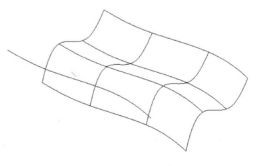

图 6-69 生成导动面

[3] 单击【相关线】命令按钮 ，选择曲面边界线，作出导动面的四条边界线。

[4] 单击【曲面轮廓精加工】按钮 ，在【加工参数】选项卡中设置加工参数，如图 6-70 所示，其余参数选择默认值，单击【确定】按钮。

[5] 根据状态栏提示拾取加工对象为曲面，拾取加工轮廓为曲面的边界线，并确定链搜索方向，则结果如图 6-71 所示。

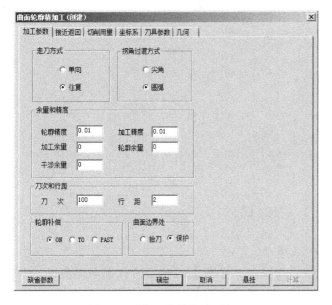

图 6-70　【加工参数】选项卡

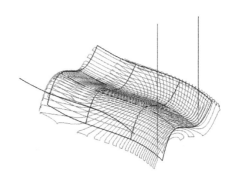

图 6-71　曲面轮廓精加工轨迹

6.4.4　曲面区域精加工

该加工方式根据给定的轮廓和岛屿，生成加工曲面上的封闭区域的刀具轨迹。它主要用于曲面的局部加工，以提高曲面局部加工精度。多使用球头铣刀。

单击【加工】—【常用加工】—【曲面区域精加工】，或者直接单击 按钮，弹出【曲面区域精加工】对话框，如图 6-72 所示。

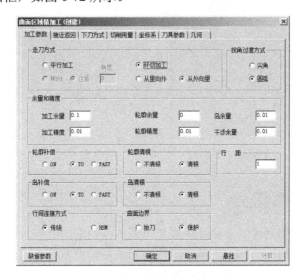

图 6-72　【曲面区域精加工】对话框

【例6-6】 曲面区域精加工。

生成扫描面的曲面区域精加工轨迹。

加工过程

[1] 在 XOZ 平面内绘制一圆弧，单击【扫描面】按钮 ⬜，扫描距离为 100，扫描方向为 Y 轴正方向，如图 6-73 所示。

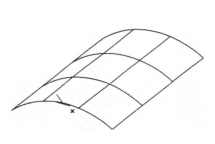

图 6-73　扫描面

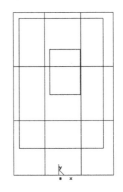

图 6-74　绘制两个矩形

[2] 按 F5 键，绘制两个矩形，如图 6-74 所示。

[3] 单击【曲面区域精加工】按钮 ⬜，在【加工参数】选项卡中设置加工参数，如图 6-75 所示，其余参数选择默认值，单击【确定】按钮。

[4] 根据状态栏提示拾取加工对象为曲面，拾取轮廓为大矩形边界，并确定链搜索方向，拾取岛屿为小矩形边界，并确定链搜索方向，按右键确认，则结果如图 6-76 所示。

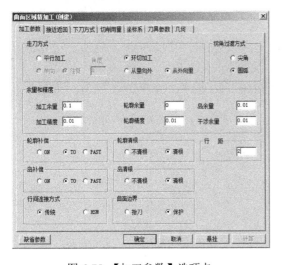

图 6-75　【加工参数】选项卡

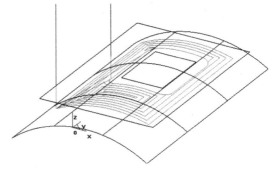

图 6-76　曲面区域精加工轨迹

6.4.5　参数线精加工

参数线精加工是根据曲面的参数线生成单个或多个曲面的刀具轨迹。其特点是切削行沿曲面的参数线分布，以被加工曲面的参数线作为刀具接触点路径来生成刀具轨迹。对于自由曲面一般采用参数曲面方式来表达，因此按参数分别变化来生成加工刀位轨迹便利合适。

单击【加工】—【常用加工】—【参数线精加工】，或者直接单击 🖊 按钮，弹出【参数线精加工】对话框，如图 6-77 所示。

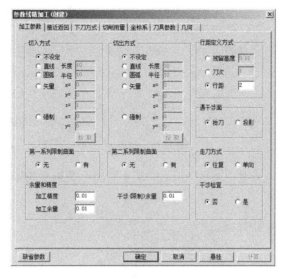

图 6-77 【参数线精加工】对话框

- 切入切出方式：加工方向设定有以下五种选择。
  - 不设定：不使用切入切出。
  - 直线：沿直线垂直切入切出，长度指直线切入切出的长度，如图 6-78（a）所示。
  - 圆弧：沿圆弧切入切出，半径指圆弧切入切出的半径，如图 6-78（b）所示。
  - 矢量：沿矢量指定的方向和长度切入切出，X、Y、Z 指矢量的三个分量。如图 6-78（c）所示。
  - 强制：强制从指定点直线水平切入到切削点，或强制从切削点直线水平切出到指定点，X、Y 指在与切削点相同高度的指定点的水平位置分量，如图 6-78（d）所示。

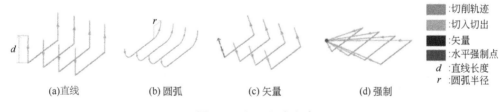

图 6-78 切入切出方式

- 遇干涉面：
  - 抬刀：通过抬刀，快速移动，下刀完成相邻切削行间的连接。
  - 投影：在需要连接的相邻切削行间生成切削轨迹，通过切削移动来完成连接。
  - 限制面：限制加工曲面范围的边界面，作用类似于加工边界，通过定义第一和第二系列限制面可以将加工轨迹限制在一定的加工区域内。
  - 第一系列限制面：定义是否使用第一系列限制面。第一系列限制面指刀具轨迹的每一行，在刀具恰好碰到限制面时（已考虑干涉余量）停止，即限制刀具轨迹每一行的尾，如图 6-79 所示。顾名思义，第一系列限制面可以由多个面组成。

- 第二系列限制面：定义是否使用第二系列限制面。第二系列限制面限制刀具轨迹每一行的头，如图6-79所示。

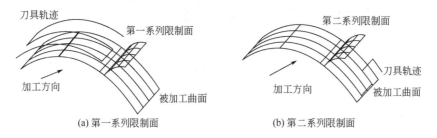

(a) 第一系列限制面　　　　　　(b) 第二系列限制面

图6-79　限制面

- 同时用第一和第二系列限制面可以得到刀具轨迹每行的中间段，如图6-80所示。

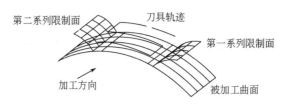

图6-80　同时使用第一和第二系列限制面

CAM系统对限制面与干涉面的处理不一样，碰到干涉面，刀具轨迹让刀；碰到限制面，刀具轨迹的该行就停止。在不同的场合，要灵活应用。

【例6-7】参数线精加工。

生成扫描面的参数线精加工轨迹。

加工过程

[1] 在XOZ平面内绘制一样条曲线，单击【扫描面】命令按钮 ，扫描距离为100，扫描方向为Y轴正方向，如图6-81所示。

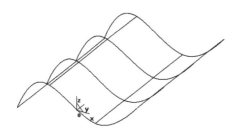　　　　　　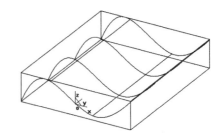

图6-81　扫描面　　　　　　　　　　图6-82　定义毛坯

[2] 双击特征树中的【毛坯】按钮，打开定义毛坯对话框，单击【参照模型】按钮，单击【确定】按钮，则得到加工的毛坯，如图6-82所示。

[3] 单击【参数线精加工】按钮 ，在【加工参数】选项卡中设置加工参数，如图6-83所示，其余参数选择默认值，单击【确定】按钮。

[4] 根据状态栏提示拾取加工对象为扫描面，拾取进刀点为扫描面一角点，改变曲面方向，拾取干涉面，按鼠标右键，则结果如图6-84所示。

图 6-83 【加工参数】选项卡

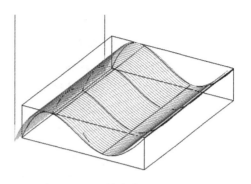

图 6-84 参数线精加工轨迹

6.4.6 投影线精加工

将已有的刀具轨迹投影到曲面上而生成的刀具轨迹。单击【加工】—【常用加工】—【投影线精加工】，或者直接单击 按钮，弹出【投影线精加工】对话框，如图 6-85 所示。

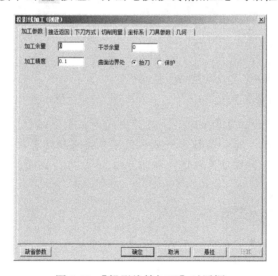

图 6-85 【投影线精加工】对话框

【例 6-8】投影线精加工。

生成已有刀具轨迹的投影线精加工轨迹。

加工过程

[1] 在 XOY 平面内绘制两条直线，单击【直纹面】按钮 ，在立即菜单中选择曲线+曲线方式生成直纹面，如图 6-86 所示。

[2] 在 XOZ 平面内绘制一样条曲线，单击【扫描面】按钮 ，起始距离为–30，扫描距离为 60，扫描方向为 Y 轴正方向，如图 6-87 所示。

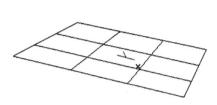

图 6-86　生成直纹面

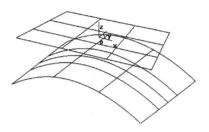

图 6-87　生成扫描面

[3]　单击【曲面轮廓精加工】按钮 ，在【加工参数】选项卡中设置加工参数，如图 6-88 所示，其余参数选择默认值，单击【确定】按钮。

[4]　根据状态栏提示拾取加工对象为直纹面，拾取加工轮廓为曲面的边界线，并确定链搜索方向，则结果如图 6-89 所示。

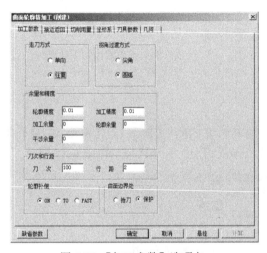

图 6-88　【加工参数】选项卡

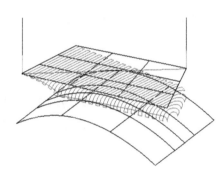

图 6-89　曲面轮廓精加工

[5]　单击【投影线精加工】按钮 ，在弹出的【投影线精加工】对话框中设置加工参数如图 6-90 所示，其余参数选择默认值，单击【确定】按钮。

[6]　根据状态栏提示拾取刀具轨迹，拾取加工对象为扫描面，按右键确认，则结果如图 6-91 所示。

图 6-90　【投影线精加工】对话框

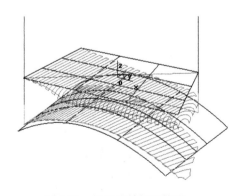

图 6-91　投影线精加工轨迹

6.4.7 等高线精加工

等高线精加工可以完成对曲面和实体的加工，轨迹类型为 2.5 轴，可以用加工范围和高度限定进行局部等高加工；可以通过输入角度控制对平坦区域的识别，并可以控制平坦区域的加工先后次序。

单击【加工】—【常用加工】—【等高线精加工】，或者直接单击 按钮，弹出【等高线精加工】对话框。

1. 加工参数

等高线精加工的【加工参数】选项卡如图 6-92 所示。

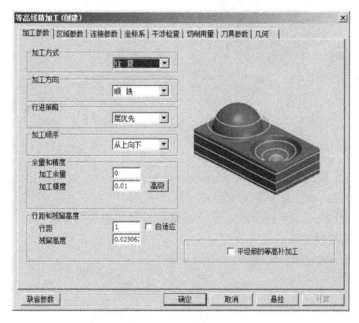

图 6-92 【加工参数】选项卡

- 行进策略
  - 区域优先：以被识别的山或谷为单位进行加工。自动区分出山和谷，逐个进行由高到低的加工（若加工开始结束是按 Z 向上的情况则是由低到高）。若断面为不封闭形状时，有时会变成 XY 方向优先，如图 6-93（a）所示。
  - 层优先：按照 Z 进刀的高度顺序加工。即仅仅在 XY 方向上由系统自动区分的山或谷按顺序进行加工，如图 6-93（b）所示。

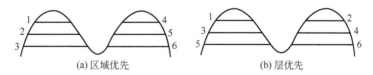

图 6-93 加工顺序

2. 区域参数

等高线精加工的【区域参数】选项卡如图 6-94 所示。区域参数内容包括：加工边界、工件边界、坡度范围、高度范围、下刀点、补加工、圆角过渡七项。其中加工边界、工件边界、高度范围、补加工前面已有介绍。

- 坡度范围：选择使用后能够设定倾斜面角度和加工区域。
  - 斜面角度范围：在斜面的起始和终止角度内填写数值来完成坡度的设定。
  - 加工区域：选择所要加工的部位是在加工角度范围以内还是在加工角度范围以外。

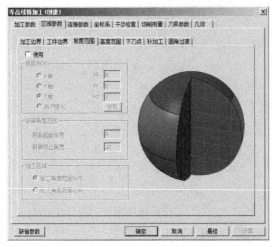

图 6-94 【区域参数】选项卡

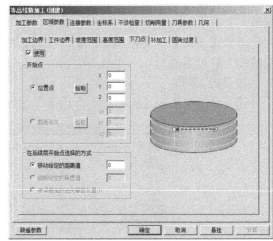

图 6-95 下刀点参数

- 下刀点（见图 6-95）：选择使用后能够拾取开始点和后续层开始点选择的方式。
  - 开始点：加工时加工的起始点。
  - 在后续层开始点选择的方式：在移动给定距离后的点下刀。

【例 6-9】 等高线精加工。

生成侧壁的等高线精加工轨迹。

🐴 加工过程

[1] 选择平面 XOY 和绘制【草图】按钮 ✏，进入草图绘制状态。

[2] 在草图中，单击【整圆】按钮 ⊕，绘制圆，单击【草图】按钮 ✏，退出草图状态。

[3] 按 F8 键，单击【拉伸增料】按钮 🗔，拉伸结果如图 6-96 所示。

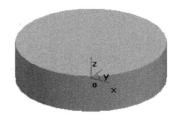

图 6-96 拉伸圆柱体

[4] 单击【抽壳】按钮 🗔，在弹出的对话框中输入如图 6-97
所示参数，拾取圆柱体上表面为要抽去的面，单击【确定】按钮，结果如图 6-98
所示。

图 6-97 抽壳对话框参数

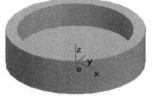

图 6-98 抽壳实体

[5] 按 F5 键，绘制矩形，如图 6-99 所示。按 F7 键，切换到 XZ 平面，选择【等距线】命令 ⊓，在立即菜单中输入参数，作矩形任一边 Z 轴方向上距离为 20 的等距线，沿 Z 轴正方向等距得到一条空间直线。这样便得到毛坯拾取两点方式的两角点，如图 6-99 所示。

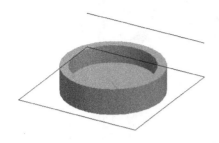

图 6-99　设定毛坯的两个角点

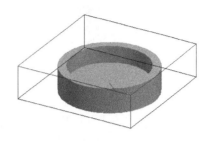

图 6-100　定义毛坯

[6] 双击特征树中的【毛坯】按钮，打开【毛坯定义】对话框，单击【拾取两点…】按钮，分别拾取长方体的两个对角点，单击【确定】按钮，则得到加工的毛坯，如图 6-100 所示。

[7] 单击【等高线精加工】按钮 ⌖，在弹出的【等高线精加工】对话框中设置加工参数如图 6-101 所示，其余参数选择默认值，单击【确定】按钮。

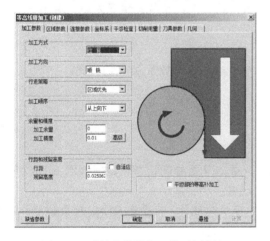

图 6-101　【等高线精加工】对话框

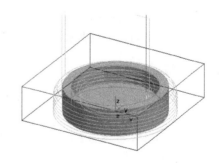

图 6-102　等高线精加工轨迹

[8] 根据状态栏提示拾取加工对象为实体，按右键确认，则结果如图 6-102 所示。

6.4.8　扫描线精加工

扫描线精加工在加工表面比较平坦的零件时能取得较好的加工效果，其走刀方式与扫描线粗加工类似。该加工方式能自动识别陡斜面并对其进行补加工，有较好的加工效率。

单击【加工】—【常用加工】—【扫描线精加工】，或者直接单击 ⌖ 按钮，弹出【扫描线精加工】对话框。

【加工参数】选项卡如图 6-103 所示。

- 加工方式：
  - 单向：生成单向的轨迹。
  - 往复：生成往复的轨迹。

图 6-103 【加工参数】选项卡

- 向上：生成向上的扫描线精加工轨迹。

- 向下：生成向下的扫描线精加工轨迹。

● 加工开始角位置：在加工开始时从哪个角开始加工，系统提供了左下、右下、左上和右上四个开始角位置。

● 行距：XY 方向的相邻扫描行的距离。

● 与 Y 轴夹角（在 XOY 面内）：在 XOY 平面内，轨迹线与 Y 轴的夹角。

【例 6-10】扫描线精加工。

生成圆弧面的扫描线精加工轨迹。

🖾 加工过程

[1] 选择平面 XOZ 和绘制【草图】按钮 ✏，进入草图绘制状态。绘制如图 6-104 所示草图，单击【草图】按钮 ✏，退出草图状态。

[2] 按 F8 键，键单击【拉伸增料】按钮 🔲，选择双向拉伸，长度为 50，则结果如图 6-105 所示。

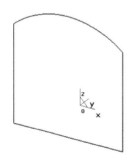

图 6-104　绘制草图

图 6-105　拉伸实体

[3] 按 F5 键，绘制矩形，按 F7 键，切换到 XZ 平面，选择【等距线】命令 🔽，在立即菜单中输入参数，作矩形任一边 Z 轴方向上距离为 35 的等距线，沿 Z 轴正方向等距得到一条空间直线。这样便得到毛坯拾取两点方式的两角点，如图 6-106 所示。

[4] 双击特征树中的【毛坯】按钮，打开定义毛坯对话框，单击【拾取两点...】按钮，分别拾取长方体的两个对角点，单击【确定】按钮，则得到加工的毛坯，如图 6-107 所示。

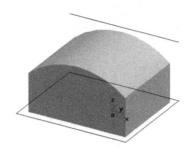

图 6-106　设定毛坯的两个角点

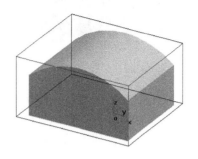

图 6-107　定义毛坯

[5] 单击【扫描线精加工】按钮 ，在弹出的【扫描线精加工】对话框中设置加工参数如图 6-108 所示，其余参数选择默认值，单击【确定】按钮。

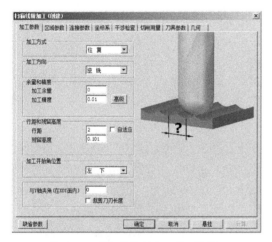

图 6-108　【扫描线精加工】对话框

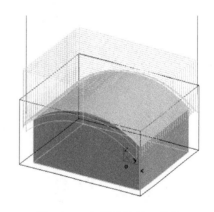

图 6-109　扫描线精加工轨迹

[6] 根据状态栏提示拾取加工对象为拉伸实体，按右键确认，则结果如图 6-109 所示。

6.4.9　平面精加工

平面精加工能自动识别零件模型中平坦的区域，针对这些区域生成精加工刀路轨迹，大大提高零件平坦部分的精加工效率，加工时多采用球头铣刀或牛鼻铣刀。

单击【加工】—【常用加工】—【平面精加工】，或者直接单击 按钮，弹出【平面精加工】对话框，如图 6-110 所示。

【例 6-11】平面精加工操作。

生成平坦零件的平面精加工轨迹。

加工过程

[1] 作如图 6-111 所示实体。

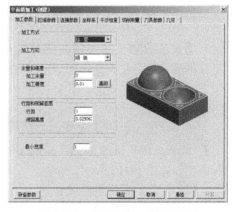

图 6-110　【平面精加工】对话框

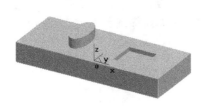

图 6-111　实体

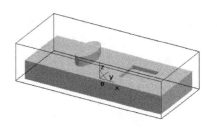

图 6-112　定义毛坯

[2]　按 F5 键，绘制矩形，按 F7 键，切换到 XZ 平面，选择【等距线】命令 ⌐，在立即菜单中输入参数，作矩形任一边 Z 轴方向上距离为 20 的等距线，沿 Z 轴正方向等距得到一条空间直线。这样便得到毛坯拾取两点方式的两角点。

[3]　双击特征树中的【毛坯】按钮，打开定义毛坯对话框，单击【拾取两点...】按钮，分别拾取长方体的两个对角点，单击【确定】按钮，则得到加工的毛坯，如图 6-112 所示。

[4]　单击【平面精加工】按钮 ，在【加工参数】选项卡中设置加工参数，如图 6-113 所示，其余参数选择默认值，单击【确定】按钮。

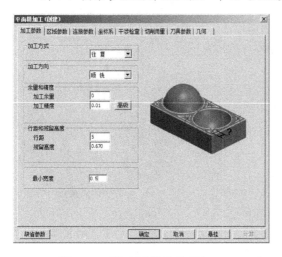

图 6-113　【加工参数】选项卡

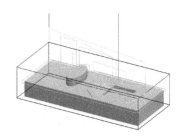

图 6-114　浅平面精加工轨迹

[5]　根据状态栏提示拾取加工对象为实体，按右键确认，则结果如图 6-114 所示。

6.4.10　笔式清根加工

笔式清根加工是在精加工结束后在零件的根角部再清一刀，生成角落部分的补加工刀路轨迹，加工时多采用球头铣刀，其直径应小于前一加工工序的刀具直径。

单击【加工】—【常用加工】—【笔式清根加工】，或者直接单击 按钮，弹出【笔式清根加工】对话框，如图 6-115 所示。

【例 6-12】笔式清根加工。

生成内凹棱边的笔式清根加工轨迹。

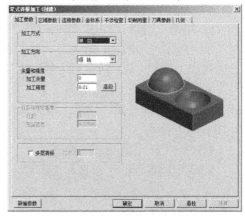

图 6-115　【笔式清根加工】对话框

加工过程

[1] 通过拉伸增料和除料命令生成一个实体，如图 6-116 所示。

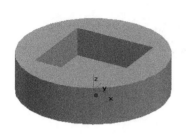

图 6-116　实体

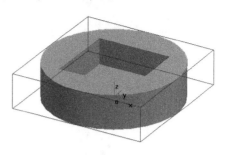

图 6-117　定义毛坯

[2] 双击特征树中的【毛坯】按钮，打开定义毛坯对
话框，单击【参照模型】按钮，单击【确定】按
钮，则得到加工的毛坯，如图 6-117 所示。

[3] 单击【等高线精加工】按钮 ⬤，在等高线精加工
对话框中输入参数，单击【确定】按钮，在实体
表面生成等高线精加工轨迹，如图 6-118 所示，
隐藏等高线精加工轨迹。

[4] 单击【笔式清根加工】按钮 ⬚，选择加工参数
如图 6-119 所示，单击【刀具参数】选项卡，选
择 D5 的刀具，单击【确定】按钮，在实体表面生成笔式清根加工轨迹，如图 6-120
所示。

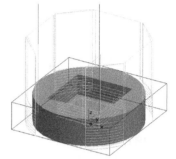

图 6-118　等高线精加工

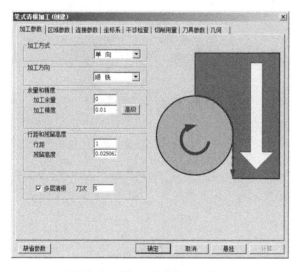

图 6-119　【加工参数】选项卡

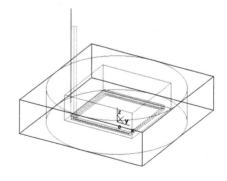

图 6-120　笔式清根加工轨迹

6.4.11　曲线投影加工

拾取平面上的曲线，在模型某一区域内投影生成加工轨迹。单击【加工】—【常用加
工】—【曲线投影加工】，或者直接单击 ✎ 按钮，弹出【曲线投影加工】对话框，如图 6-121 所示。

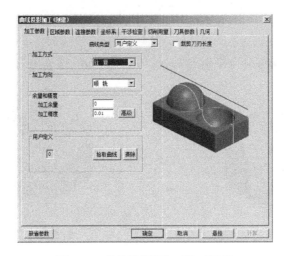

图 6-121 【曲线投影加工】对话框

- 用户定义：用户拾取所需投影的曲线。
- 步距限制：
  - 最大步距：两个刀位点之间的最大距离。
  - 最小步距：两个刀位点之间的最小距离。
  - 裁剪刀刃长度：裁剪小于刀具百分比的轨迹。

【例 6-13】 曲线投影加工。

生成曲线投影加工轨迹。

加工过程

[1] 通过拉伸增料和除料命令生成一个实体，如图 6-122 所示。

图 6-122 实体

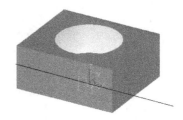

图 6-123 绘制直线

[2] 按 F5 键，在 XOY 平面内绘制一条直线，如图 6-123 所示。按 F7 键，在 XOZ 平面内单击【等距线】按钮┒，绘制一条等距线，与已知直线距离为 50，如图 6-124 所示。

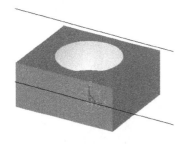

图 6-124 绘制等距线

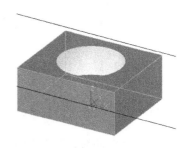

图 6-125 毛坯

[3] 双击特征树中的【毛坯】按钮，打开毛坯定义对话框，单击【参照模型】按钮，单击【确定】按钮，则得到加工的毛坯，如图 6-125 所示。

[4] 单击【曲线投影加工】按钮 ✎，在加工参数选项卡中输入参数，如图 6-126 所示，单击【确定】按钮，根据命令提示行，拾取加工曲面为实体，拾取投影曲线为等距线，确定搜索方向，单击右键，在实体表面生成曲线投影加工轨迹，如图 6-127 所示。

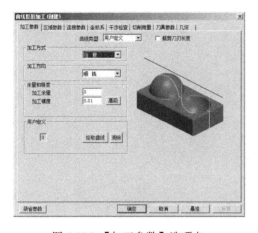

图 6-126 【加工参数】选项卡

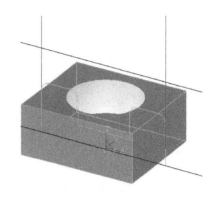

图 6-127 曲线投影加工轨迹

6.4.12 三维偏置加工

根据三维曲面的形状定义行距，可为平坦区域和陡峭区域提供稳定的刀具路径，加工时多采用球头铣刀或刀角半径较大的圆角刀。

单击【加工】—【常用加工】—【三维偏置加工】，或者直接单击按钮 ⬛，弹出【三维偏置加工】对话框，如图 6-128 所示。

- 加工顺序：有以下五种方式选择。
  - 标准：按照标准的方式铣削。
  - 从里向外：由内部向外部铣削。
  - 从外向里：由外部向内部铣削。
  - 从上向下：由顶部向底部铣削。
  - 从下向上：由底部向顶部铣削。

【例 6-14】 三维偏置加工操作。

生成边界面的三维偏置加工轨迹。

图 6-128 【三维偏置加工】对话框

加工过程

[1] 通过边界面作一个空间曲面，如图 6-129 所示。

[2] 双击特征树中的【毛坯】按钮，打开定义毛坯对话框，选择【参照模型】方式定义加工的毛坯，如图 6-130 所示。

[3] 单击【三维偏置加工】按钮 ⬛，在加工参数选项卡中设置加工参数，如图 6-131 所示，其余参数选择默认值，单击【确定】按钮。

[4] 根据状态栏提示拾取加工对象为空间曲面，按右键确认，则结果如图 6-132 所示。

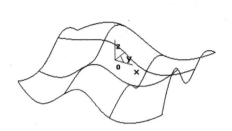

图 6-129　空间曲面

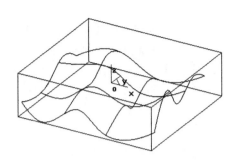

图 6-130　定义毛坯

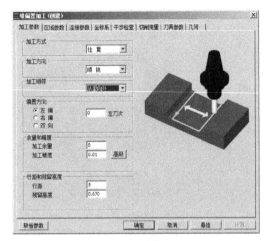

图 6-131　【加工参数】选项卡

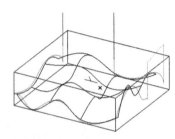

图 6-132　三维偏置加工轨迹

6.4.13　轮廓偏置加工

轮廓偏置加工主要是根据模型轮廓形状生成轨迹。单击【加工】—【常用加工】—【轮廓偏置加工】，或者直接单击 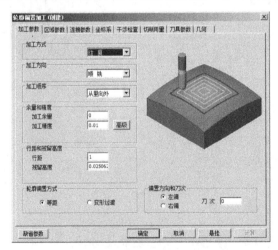 按钮，弹出【轮廓偏置加工】对话框，如图 6-133 所示。

图 6-133　【轮廓偏置加工】对话框

- 加工方式：
  - 单向：生成单向的加工轨迹，加工方向为加工边界的箭头方向。
  - 往复：生成往复的加工轨迹，加工过程中不进行快速抬刀。

- 螺旋：生成螺旋的加工轨迹。
- 轮廓偏置方式：
  - 等距：生成等距的轨迹线。
  - 变形过渡：轨迹线根据形状改变。
- 偏置方向：偏置方向设定为两种（左偏和右偏）。
- 刀次：计算XY方向1次的切入量，输入加工领域范围内的加工回数。加工回数设置为0次时，系统默认为整个加工模型。

【例6-15】轮廓偏置加工。

生成拉伸增料实体的轮廓偏置加工轨迹。

加工过程

[1] 在 XOY 平面内绘制草图，并拉伸增料生成实体，如图 6-134 所示。

[2] 双击特征树中的【毛坯】按钮，打开毛坯定义对话框，如图 6-135 所示，选择如图 6-135 所示的参数，单击【参照模型】按钮，单击【确定】按钮，则得到加工的毛坯。

图 6-134　拉伸实体

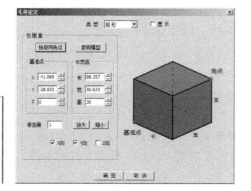

图 6-135　毛坯定义

[3] 单击【轮廓偏置加工】按钮，在加工参数选项卡中设置加工参数如图 6-136 所示，其余参数选择默认值，单击【确定】按钮。

[4] 根据状态栏提示拾取加工对象为实体，按右键确认，则结果如图 6-137 所示。

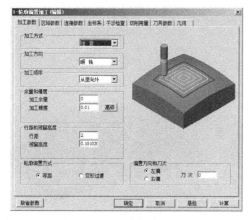

图 6-136　【加工参数】选项卡

图 6-137　轮廓偏置加工轨迹

6.4.14 投影加工

用于生成投影加工轨迹。单击【加工】—【常用加工】—【投影加工】，或者直接单击 按钮，弹出【投影加工】对话框，如图 6-138 所示。

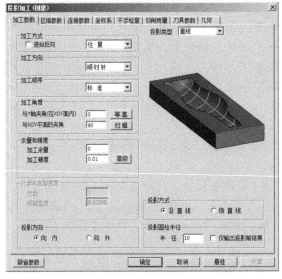

图 6-138 【投影加工】对话框

- 投影方式：
  - 沿直线：沿直线方向投影。
  - 绕直线：环绕直线方向投影。
- 加工角度：
  - 与 Y 轴夹角（在 XOY 面内）：在 XOY 平面内，加工轨迹与 Y 轴的夹角。
  - 与 XOY 平面的夹角：加工轨迹与 XOY 平面之间的夹角。

6.5 综合实例：鼠标的加工

下面来进行鼠标曲面和模型的数控加工

加工思路

鼠标的整体形状较为陡峭，整体加工选择等高线粗加工，精加工采用等高线精加工。

操作步骤

步骤 1 加工前的准备工作

[1] 单击工具栏中的【打开文件】按钮 ，打开鼠标的造型，如图 6-139 所示。

[2] 单击曲线生成工具栏上的【矩形】按钮 ，拾取鼠标托板的两对角点，绘制矩形，按 F7 键，切换到 XZ 平面，选择【等距线】命令 ，在立即菜单中输入参数，作矩形任一边 Z 轴方向上距离为 35 的等距线，沿 Z 轴

图 6-139 鼠标的造型

正方向等距得到一条空间直线。这样便得到毛坯拾取两点方式的两角点，如图 6-140
所示。

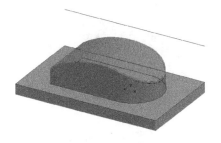

图 6-140　设定加工毛坯的两个角点

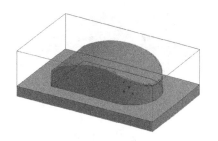

图 6-141　定义毛坯

[3]　双击特征树中的【毛坯】按钮，打开定义毛坯对话框，单击【拾取两点】按钮，分
别拾取长方体的两个对角点，单击【确定】按钮，则得到加工的毛坯，如图 6-141
所示。

步骤 2　等高线粗加工

[1]　单击【等高线粗加工】按钮 ，在【加工参数】选项卡中设置加工参数，如图 6-142
所示，刀具参数如图 6-143 所示，其余参数选择默认值，单击【确定】按钮。

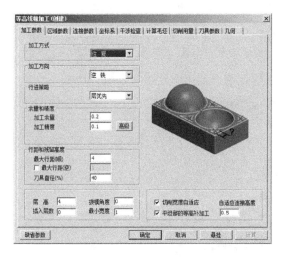

图 6-142　【加工参数】选项卡

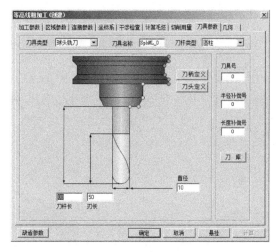

图 6-143　【刀具参数】选项卡

[2]　根据状态栏提示拾取加工对象为鼠标的曲面，单击右键确认，拾取加工边界为鼠标
托板的矩形，则结果如图 6-144 所示。

步骤 3　等高线精加工

[1]　隐藏鼠标粗加工生成的等高线粗加工轨迹。拾取轨迹，单击鼠标右键，在弹出菜
单中选择【隐藏】命令，隐藏生成的粗加工轨迹，以便于下一步操作，如图 6-145
所示。

[2]　单击【等高线精加工】按钮 ，在弹出的等高线精加工对话框中设置加工参数，
如图 6-146 所示，其余参数选择默认值，单击【确定】按钮。

[3]　根据状态栏提示拾取加工对象为鼠标的曲面，单击右键确认，拾取加工边界为鼠标
托板的矩形，则结果如图 6-147 所示。

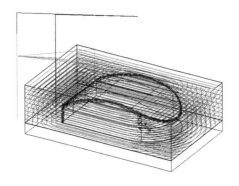

图 6-144　等高线粗加工

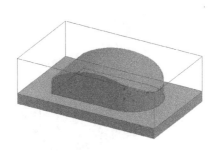

图 6-145　鼠标

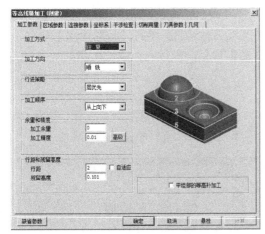

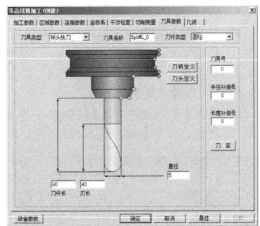

图 6-146　等高线精加工参数

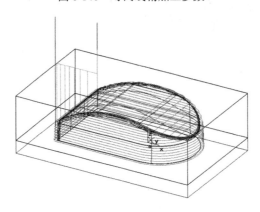

图 6-147　等高线精加工

6.6　思考与练习

1．数控加工有哪些特点？

2．CAXA 制造工程师里有几种常用的粗加工方法？它们主要用于何种场合下的加工？

3．在定义走刀类型时，何时采用层优先？何时采用深度优先？

4．如何正确选择粗加工中的毛坯？

5．在 CAXA 制造工程师里可以定义哪几种刀具？它们在加工里分别适用于何种场合？

6. 参考图 6-148，进行盘类零件的实体造型，分析其加工过程，并生成刀具加工轨迹。

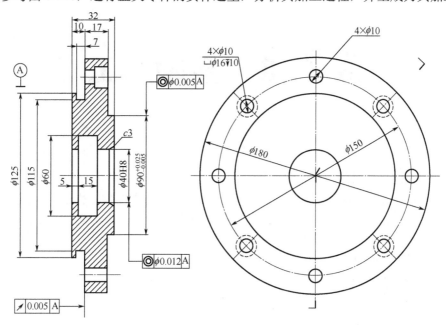

图 6-148　盘类零件

7. 完成如 6-149 所示轴类零件的造型，分析其加工过程，并生成刀具加工轨迹。

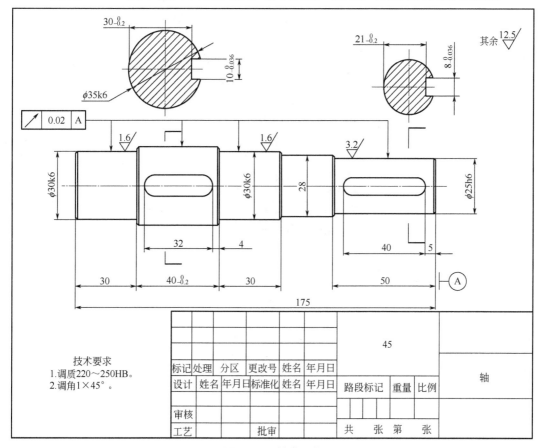

图 6-149　轴类零件

第 7 章 多轴加工

【内容与要求】

随着现代制造业的快速发展，机械加工的效率要求越来越高、零件形状越来越复杂，高速、高效加工的重要性日益凸显。其中，高速加工技术、多轴加工技术更广泛地被相关制造业部门重视。本章主要介绍 CAXA 制造工程师 2013 的多轴加工的轨迹生成方法，利用这些方法可以编制形状比较复杂的零件的 NC 程序。

通过本章的学习应达到如下目标：

- 掌握多种加工参数的含义；
- 掌握多种加工的轨迹生成方法。

CAXA 制造工程师 2013 提供了 17 种多轴加工方式。选择【加工】—【多轴加工】菜单项后，即可打开多轴加工方式的子菜单，如图 7-1 所示。

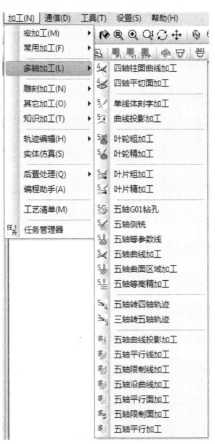

图 7-1 多轴加工菜单

7.1 四轴柱面曲线加工

四轴柱面曲线加工可以根据给定的曲线，生成四轴加工轨迹。多用于回转体上加工槽，加工过程中铣刀刀轴的方向始终垂直于第四轴的旋转轴。

单击【加工】—【多轴加工】—【四轴柱面曲线加工】，或者直接单击【四轴柱面曲线加工】按钮 ，弹出【四轴柱面曲线加工】选项卡，如图 7-2 所示。

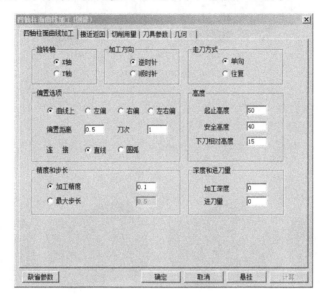

图 7-2 【四轴柱面曲线加工】选项卡

- 旋转轴：
  - X 轴：机床第四轴绕 X 轴旋转，生成加工代码角度地址为 A。
  - Y 轴：机床第四轴绕 Y 轴旋转，生成加工代码角度地址为 B。
- 加工方向：生成四轴加工轨迹时，下刀点与拾取曲线的位置有关，在曲线的哪一端拾取，就会在曲线的哪一端点下刀。生成轨迹后如果想改变下刀点，则可以不用重新产生轨迹，而只需双击轨迹树中的加工参数，在加工方向中的"顺时针"和"逆时针"两项之间进行切换即可改变下刀点。
- 走刀方式：
  - 单向：在刀次大于 1 时，同一层的刀具轨迹沿着同一方向进行加工，这时层间轨迹会自动以抬刀方式连接，如图 7-3 所示。精加工时为了保证槽宽和加工表面质量，多采用此加工方式。
  - 往复：在加工轨迹层数大于 1 时，层之间的刀具轨迹方向可以往复进行加工。刀具到达加工终点后，不快速退刀而与下一层轨迹的最近点之间走一个行间进给，继续沿着原加工方向相反的方向进行加工，如图 7-3 所示。同时为了减少抬刀、提高加工效率，多采用此加工方式。
- 偏置选项：用四轴曲线方式加工槽时，有时也需要像在平面上加工槽那样，对槽宽做一些调整，以达到图纸所要求的尺寸。这样我们可以通过偏置选项来达到目的。
  - 曲线上：铣刀的中心沿曲线加工，不进行偏置，如图 7-4（a）所示。
  - 左偏：向被加工曲线的左边进行偏置。左方向的判断方法与 G41 相同，即刀具加工方向的左边，如图 7-4（b）所示。

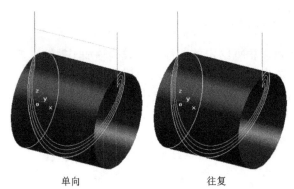

单向　　　　　　　　往复

图 7-3　走刀方式

- 右偏：向被加工曲线的右边进行偏置。右方向的判断方法与 G42 相同，即刀具加工方向的右边，如图 7-4（c）所示。
- 左右偏：向被加工曲线的左边和右边同时进行偏置，如图 7-4（d）所示。

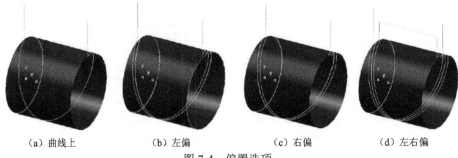

（a）曲线上　　　　（b）左偏　　　　　（c）右偏　　　　　（d）左右偏

图 7-4　偏置选项

- 偏置距离：输入的该数值确定偏置的距离。
- 刀次：当需要多刀进行加工时，输入刀次。给定刀次后总偏置距离=偏置距离 × 刀次。图 7-5 为偏置距离为 1、刀次为 4 时的单向加工刀具轨迹。
- 连接：当刀具轨迹进行左右偏置，并且用往复方式加工时，两加工轨迹之间的连接提供了两种方式：直线和圆弧，如图 7-6 所示。两种连接方式各有其用途，可根据加工的实际需要来选用。

　　　　　　　　　　　　　　直线连接　　　　　　　圆弧连接

图 7-5　刀次　　　　　　　　　图 7-6　连接方式

- 高度：
  - 起止高度：刀具初始位置。起止高度通常大于或等于安全高度。

- 安全高度：刀具在此高度以上任何位置，均不会碰伤工件和夹具。
- 下刀相对高度：在切入或切屑开始前的一段刀位轨迹的长度，这段轨迹以慢速下刀速度垂直向下进给。

- 加工精度：输入模型的加工精度。计算模型的轨迹的误差小于此值。加工精度越大，模型形状的误差越大，模型表面越粗糙。加工精度越小，模型形状的误差越小，模型表面越光滑，但是，轨迹段的数目增多，轨迹数据量变大，如图7-7所示。

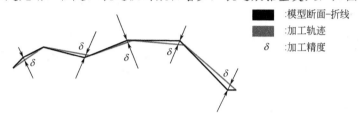

图7-7　加工精度示意图

- 最大步长：通过最大步长控制加工精度。当曲线的曲率变化较大时，不能保证每一点的加工误差都相同。加工精度和最大步长两种方式生成的四轴加工轨迹如图7-8所示。其中绿色为加工轨迹，点为刀位点，红色直线段为刀轴方向。

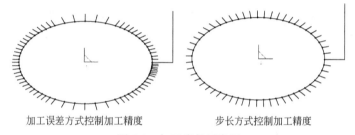

加工误差方式控制加工精度　　　　　步长方式控制加工精度

图7-8　加工步长示意图

- 深度和进刀量：
- 加工深度：从曲线当前所在的位置向下要加工的深度。
- 进给量：为了达到给定的加工深度，需要在深度方向多次进刀时的每刀进给量。

📖 提示：生成加工代码时后置请选用 FANUC_4x_A 或 FANUC_4x_B 两个后置文件，如图7-9所示。

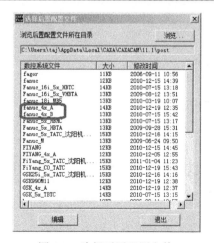

图7-9　选择后置配置文件

【例 7-1】 四轴柱面曲线加工。

生成圆柱面上凹槽的四轴柱面曲线加工轨迹。

加工过程

[1] 作圆柱面凹槽实体造型，如图 7-10 所示。

图 7-10 绘制圆柱面凹槽

图 7-11 绘制直线

[2] 按 F7 键，绘制凹槽上端直线，如图 7-11 所示。

[3] 单击【四轴柱面曲线加工】按钮 ，弹出【四轴柱面曲线加工】选项卡如图 7-12 所示，选择 X 轴为旋转轴，走刀方式为单向，加工深度为槽深的绝对值，进刀量为每层的切削深度。选择直径为 10mm 的球头铣刀。

[4] 单击【确认】按钮，根据状态栏提示，拾取轮廓曲线为凹槽上端直线，确定链搜索方向，按鼠标右键，拾取加工侧为上侧，结果如图 7-13 所示。

图 7-12 【四轴柱面曲线加工】选项卡

图 7-13 四轴柱面曲线加工轨迹

7.2 四轴平切面加工

用一组垂直于旋转轴的平面与被加工曲面的等距面求交而生成四轴加工轨迹的方法叫作四轴平切面加工。多用于加工旋转体及上面的复杂曲面。铣刀刀轴的方向始终垂直于第四轴的旋转轴。

单击【加工】—【多轴加工】—【四轴平切面加工】，或者直接单击【四轴平切面加工】按钮 ，弹出【四轴平切面加工】选项卡，如图 7-14 所示。

- 行距定义方式：
  - 平行加工：用平行于旋转轴的方向生成加工轨迹，如图 7-15（a）所示。
  - 角度增量：平行加工时用角度的增量来定义两平行轨迹之间的距离。

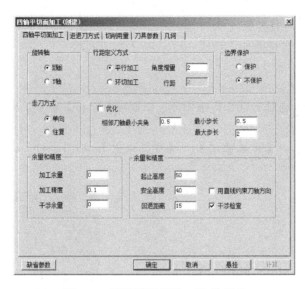

图 7-14 【四轴平切面加工】选项卡

- 环切加工：用环绕旋转轴的方向生成加工轨迹，如图 7-15（b）所示。
- 行距：环切加工时用行距来定义两环切轨迹之间的距离。
- 边界保护：
  - 保护：在边界处生成保护边界的轨迹，如图 7-16（a）所示。
  - 不保护：到边界处停止，不生成轨迹，如图 7-16（b）所示。

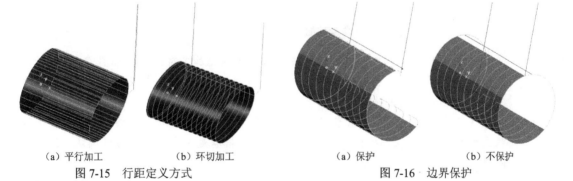

（a）平行加工　　　（b）环切加工　　　　（a）保护　　　　（b）不保护

图 7-15　行距定义方式　　　　　　　　图 7-16　边界保护

- 优化：
  - 相邻刀轴最小夹角：刀轴夹角指的是相邻两个刀轴间的夹角。相邻刀轴最小夹角限制的是两个相邻刀位点之间刀轴夹角必须大于此数值，如果小了，就会忽略掉。如图 7-17 所示，左图没有添加此限制，右图添加了此限制，且相邻刀轴最小夹角为 10 度。
  - 最小步长和最大步长：指的是相邻两个刀位点之间的直线距离必须大于此数值，若小于此数值，可忽略不要。效果如设置了最小刀具步长类似。如果与相邻刀轴最小夹角同时设置，则两个条件中哪个满足哪个起作用。

图 7-17　刀轴夹角示意图

【例 7-2】 四轴平切面加工。

生成旋转面的四轴平切面加工轨迹。

加工过程

[1] 作回转体实体造型，如图 7-18 所示。采用【旋转面】命令，生成旋转面，如图 7-19
所示。

[2] 单击【加工】—【后置处理】—【后置设置】，选用 FANUC_4x_A 后置文件，如
图 7-20 所示。

图 7-18 回转体　　　　图 7-19 生成旋转面　　　　图 7-20 选择后置配置文件

[3] 单击【四轴平切面加工】按钮 🔧，弹出四轴平切面加工对话框，如图 7-21 所示，
选择 X 轴为旋转轴，行距定义方式为环切加工，行距为 1，走刀方式为往复。选择
直径为 10mm 的球头铣刀。

[4] 单击【确认】按钮，根据状态栏提示，拾取加工曲面为旋转面，按右键确认。选择
曲面的加工方向，拾取进刀点，拾取加工侧，拾取走刀方向，按右键确认，结果如
图 7-22 所示。

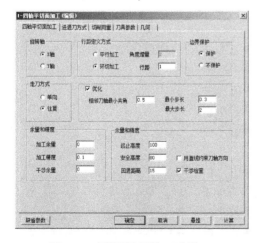

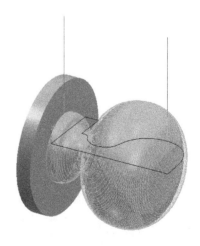

图 7-21 四轴平切面加工参数　　　　图 7-22 四轴平切面加工轨迹

7.3 叶轮粗加工

叶轮粗加工是对叶轮相邻二叶片之间的余量进行粗加工。单击【加工】—【多轴加工】—【叶轮粗加工】，或者直接单击【叶轮粗加工】按钮，弹出【叶轮粗加工】选项卡，如图 7-23 所示。

图 7-23 【叶轮粗加工】选项卡

- 叶轮装卡方位：
  - X 轴正向：叶轮轴线平行与 X 轴，从叶轮底面指向顶面同 X 轴正向同向的安装方式。
  - Y 轴正向：叶轮轴线平行与 Y 轴，从叶轮底面指向顶面同 Y 轴正向同向的安装方式。
  - Z 轴正向：叶轮轴线平行与 Z 轴，从叶轮底面指向顶面同 Z 轴正向同向的安装方式。
- 走刀方向：
  - 从上向下：刀具由叶轮顶面切入从叶轮底面切出，单向走刀。
  - 从下向上：刀具由叶轮底面切入从叶轮顶面切出，单向走刀。
  - 往复：一行走刀完后，不抬刀而是切削移动到下一行，反向走刀完成下一行的切削加工。
- 进给方向：
  - 从左向右：刀具的行间进给方向是从左向右。
  - 从右向左：刀具的行间进给方向是从右向左。
  - 从两边向中间：刀具的行间进给方向是从两边向中间。
  - 从中间向两边：刀具的行间进给方向是从中间向两边。
- 延长：
  - 底面上部延长量：当刀具从叶轮上底面切入或切出时，为确保刀具不与工件发生碰撞，将刀具的走刀或进给行程向上延长一段距离，以使刀具能够完全离开叶轮上底面。

- 底面下部延长量：当刀具从叶轮下底面切入或者切出时，为确保刀具不与工件发生碰撞，将刀具的走刀或进给行程向下延长一段距离，以使刀具能够完全离开叶轮下底面。

● 加工余量和精度：

- 叶轮底面加工余量：粗加工结束后，叶轮底面（即旋转面）上留下的材料厚度，也是下道精加工工序的加工工作量。

- 叶轮底面加工精度：加工精度越大，叶轮底面模型形状的误差也增大，模型表面越粗糙。加工精度越小，模型形状的误差也减小，模型表面越光滑，但是，轨迹段的数目增多，轨迹数据量变大。

- 叶面加工余量：叶轮槽的左右两个叶片面上留下的下道工序的加工材料厚度。

● 步长和行距：

- 最大步长：刀具走刀的最大步长，大于"最大步长"的走刀步将被分成两步。

- 行距：走刀行间的距离，以半径最大处的行距为计算行距。

- 层深：在叶轮旋转面上刀触点的法线方向上的层间距离。

- 层数：加工叶轮流道所需要的层数。叶轮流道深度=层深×层数。

● 起止高度：刀具初始位置。起止高度通常大于或等于安全高度。

● 安全高度：系统认为刀具在此高度以上任何位置，均不会碰伤工件和夹具。所以应该把此高度设置高一些。

● 第一刀切削速度：第一刀进刀切削时按一定的百分比速度进刀。

【例7-3】 叶轮粗加工。

生成叶轮粗加工轨迹。

加工过程

[1] 作叶轮实体造型，如图7-24所示。

[2] 单击【相关线】按钮，选择实体边界，依次拾取叶轮各轮廓变截面，用直纹面命令作出各叶片侧面。用旋转面命令作出叶片底曲面，如图7-25所示。

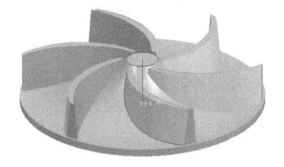

图7-24　叶轮　　　　　　　　　　　图7-25　生成直纹面和旋转面

[3] 单击【叶轮粗加工】按钮，弹出【叶轮粗加工】对话框，如图7-26所示，选择走刀方向为从上到下，进给方向为从左到右，行距为2，层数为5。选择直径为5mm的球头铣刀。

[4] 单击【确认】按钮，根据状态栏提示，拾取叶轮底面为旋转面，拾取叶槽左叶面，拾取叶槽右叶面，结果如图7-27所示。

图 7-26 【叶轮粗加工】对话框

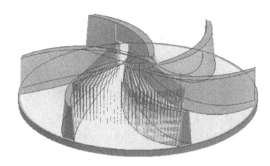

图 7-27 叶轮粗加工刀具轨迹

7.4 叶轮精加工

叶轮精加工是对叶轮每个单一叶片的两侧和底面进行精加工。单击【加工】—【多轴加工】—【叶轮精加工】，或者直接单击【叶轮精加工】按钮，弹出【叶片加工参数】选项卡，如图 7-28 所示。

- 加工顺序：
  - 层优先：叶片两个侧面的精加工轨迹同一层的加工完成再加工下一层。叶片两侧交替加工。
  - 深度优先：叶片两个侧面的精加工轨迹同一侧的加工完成再加工下一侧面。完成叶片的一个侧面后再加工另一个侧面。
- 走刀方向：
  - 从上向下：叶片两侧面的每一条加工轨迹都是由上向下进行精加工。
  - 从下向上：叶片两侧面的每一条加工轨迹都是由下向上进行精加工。

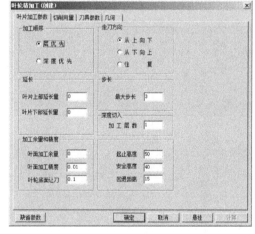

图 7-28 【叶片加工参数】选项卡

  - 往复：叶片两侧面一面为由下向上精加工，另一面为由上向下精加工。
- 延长：
  - 叶片上部延长量：当刀具从叶轮上底面切入或切出时，为确保刀具不与工件发生碰撞，将刀具的走刀或进给行程向上延长一段距离，以使刀具能够完全离开叶轮上底面。
  - 叶片下部延长量：当刀具从叶轮下底面切入或切出时，为确保刀具不与工件发生碰撞，将刀具的走刀或进给行程向下延长一段距离，以使刀具能够完全离开叶轮下底面。

- 最大步长：刀具走刀的最大步长，大于"最大步长"的走刀步将被分成两步。
- 加工层数：同一层轨迹沿着叶片表面的走刀次数。
- 加工余量和精度：
  - 叶面加工余量：叶片表面加工结束后保留的余量。
  - 叶面加工精度：加工精度越大，叶轮底面模型形状的误差也增大，模型表面越粗糙。加工精度越小，模型形状的误差也减小，模型表面越光滑，但是，轨迹段的数目增多，轨迹数据量变大。
  - 叶轮底面让刀量：加工结束后，叶轮底面（即旋转面）上留下的材料厚度。
- 起止高度：刀具初始位置。
- 安全高度：系统认为刀具在此高度以上任何位置，均不会碰伤工件和夹具。所以应该把此高度设置高一些。

【例 7-4】叶轮精加工。

在叶轮粗加工的基础上，生成叶轮精加工轨迹。

加工过程

[1] 将例【7-3】中的叶轮粗加工隐藏。

[2] 单击【叶轮精加工】按钮，弹出【叶轮精加工】对话框，如图 7-29 所示，选择加工顺序为层优先，走刀方向为从上到下，最大步长为 2，层数为 5。选择直径为 5mm 的球头铣刀。

[3] 单击【确认】按钮，根据状态栏提示，拾取叶轮底面为旋转面，拾取叶槽左叶面，拾取叶槽右叶面，结果如图 7-30 所示。

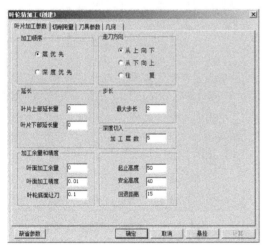

图 7-29 【叶轮精加工】对话框

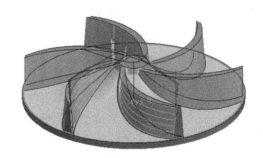

图 7-30 叶轮精加工刀具轨迹

7.5 叶片粗加工

叶片粗加工是对单一叶片类造型进行整体粗加工。单击【加工】—【多轴加工】—【叶片粗加工】，或者直接单击【叶片粗加工】按钮，弹出叶片粗加工【毛坯定义】选项卡，如图 7-31 所示。

1. 毛坯定义

在毛坯定义选项中提供了两种毛坯的选择：方形毛坯和圆形毛坯。

- 方形毛坯：所要加工的叶片为方形毛坯。
  - 基准点：拾取一个点，以此点为基准。
  - 大小：毛坯的大小，以长、宽、高的形式表示。
- 圆形毛坯：所要加工的叶片为圆形毛坯。
  - 底面中心点：毛坯的底面中心点。
  - 大小：毛坯的大小，以半径和高度的形式表示。

2. 叶片粗加工

【叶片粗加工】选项卡如图 7-32 所示。

图 7-31　叶片粗加工【毛坯定义】选项卡　　　图 7-32　【叶片粗加工】选项卡

- 轴方向：轴向反向。
- 层参数：
  - 刀次：以给定加工的次数来确定走刀的次数。
  - 层深：每层下降的深度。
- 步长与行距：
  - 最大步长：刀具走刀的最大步长，大于"最大步长"的走刀将被分成两步或多步。
  - 相邻刀轴最大夹角：两个轨迹点之间的刀轴最大夹角。
  - 行距：相邻两个走刀行之间的距离。
- 切入切出参数：拾取空间中任一点作为刀具的切入切出点。
  - 圆弧：以圆弧的形式进行切入切出。
  - 切线：以切线的方向切入切出。
  - 无切入切出：不进行切入切出。
- 余量与精度：
  - 端面加工余量：端面在加工结束后所残留的余量。
  - 叶片加工余量：叶片在加工结束后所残留的余量。
  - 加工精度：输入模型的加工精度。计算模型的轨迹的误差小于此值。加工精度越大，模型形状的误差也增大，模型表面越粗糙。加工精度越小，模型形状的误差也减小，模型表面越光滑，但是，轨迹段的数目增多，轨迹数据量变大。

- 其它:
  - 前倾角: 刀具轴向加工前进方向倾斜的角度。
  - 安全高度: 刀具在此高度以上任何位置, 均不会碰伤工件和夹具。
  - 回退最大距离: 加工一刀结束后沿轴向回退的最大距离。
  - 第一刀切削速度: 加工时第一刀按一定切削速度的百分比速度下刀。

【例 7-5】 叶片粗加工。

生成叶片粗加工刀具轨迹。

加工过程

[1] 通过【拉伸增料】和【放样增料】命令, 生成叶片实体造型, 如图 7-33 所示。

[2] 单击【实体表面】按钮🔲, 选择实体边界加工所需的叶片表面曲面, 在 XOY 平面内沿 X 轴方向绘制一条直线, 如图 7-34 所示。

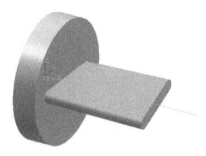

图 7-33　叶片　　　　　　　　　　　　图 7-34　生成实体表面

[3] 单击【叶片粗加工】按钮, 弹出【叶片粗加工】选择卡, 如图 7-35 所示, 定义圆柱体毛坯, 半径为 50, 高度为 100。选择刀次为 10, 行距为 5。选择直径为 5mm 的球头铣刀。

[4] 单击【确认】按钮, 根据状态栏提示, 拾取叶片曲面为实体表面, 按右键确认后会出现一个箭头, 表示加工的侧面, 如果所要加工的侧面不正确, 则单击一下曲面, 修改加工侧面。拾取叶片的两个端面, 拾取轴心线为上一步绘制的直线, 按右键确认, 结果如图 7-36 所示。

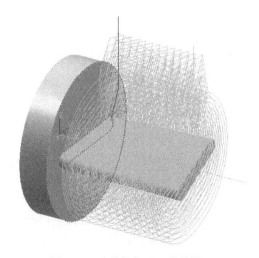

图 7-35　【叶片粗加工】选项卡　　　　　图 7-36　叶片粗加工刀具轨迹

7.6 叶片精加工

叶片精加工是对单一叶片类造型进行整体精加工。单击【加工】—【多轴加工】—【叶片精加工】，或者直接单击【叶片精加工】按钮 ，弹出【叶片精加工】选项卡，如图7-37所示。

- 螺旋方向：
  - 左旋：向左方向旋转。
  - 右旋：向右方向旋转。
- 其它参数与叶片粗加工含义相同，这里就不重复讲述了。

【例7-6】叶片精加工。

在叶片粗加工的基础上，生成叶片精加工轨迹。

加工过程

[1] 将例【7-5】中的叶片粗加工隐藏。

[2] 单击【叶片精加工】按钮 ，弹出【叶片精加工】选项卡，如图7-38所示，选择螺旋方向为右旋，最大步长为1，行距为1。

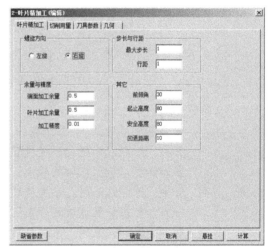

图7-37 【叶片精加工】选项卡   图7-38 【叶片精加工】选项卡

[3] 单击【确认】按钮，根据状态栏提示，拾取叶片曲面为实体表面，按右键确认后会出现一个箭头，表示加工的侧面。拾取叶片的两个端面，拾取轴心线为上一步绘制的直线，按右键确认，结果如图7-39所示。

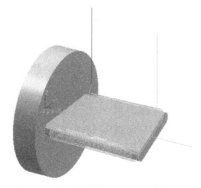

图7-39 叶片精加工刀具轨迹

7.7 五轴 G01 钻孔

五轴G01钻孔是按曲面的法矢或给定的直线方向用G01直线插补的方式进行空间任意方向的五轴钻孔。单击【加工】—【多轴加工】—【五轴G01钻孔】，或者直接单击【五轴G01钻孔】按钮，弹出五轴G01钻孔【加工参数】选项卡，如图7-40所示。

图7-40 【加工参数】选项卡

- 参数：
  - 安全高度（绝对）：系统认为刀具在此高度以上任何位置，均不会碰伤工件和夹具。所以应该把此高度设置高一些。
  - 主轴转速：机床主轴的转速。
  - 安全间隙：钻孔时，钻头快速下刀到达的位置，即距离工件表面的距离，由这一点开始按钻孔速度进行钻孔。
  - 钻孔速度：钻孔时刀具的切削进给速度。
  - 钻孔深度：孔的加工深度。
  - 接近速度：慢下刀速度。
  - 起止高度：刀具初始位置。
  - 回退速度：钻孔后刀具回退的速度。
  - 回退距离：每次回退到在钻孔方向上高度出钻孔点的距离。
- 钻孔方式：
  - 下刀次数：当孔较深使用啄式钻孔时以下刀的次数完成所要求的孔深。
  - 每次深度：当孔较深使用啄式钻孔时以每次钻孔深度完成所要求的孔深。
- 抬刀选项：当相邻的两个投影角度超过给定的最大角度时，将进行抬刀操作。
- 刀轴控制：
  - 曲面法矢：用钻孔点所在曲面上的法线方向确定钻孔方向。
  - 直线方向：用孔的轴线方向确定钻孔方向。
- 钻孔点：
  - 鼠标点取：用鼠标点取点来确定孔位
  - 拾取圆弧：拾取圆弧来确定孔位。

- 拾取存在点：拾取用作点工具生成的点来确定孔位。

【例 7-7】 五轴 G01 钻孔加工。

生成五轴 G01 钻孔加工刀具轨迹。

加工过程

[1] 通过拉伸增料和除料命令，生成实体造型，如图 7-41 所示。

图 7-41　实体造型

图 7-42　选择实体边界

[2] 单击【相关线】按钮，选择实体的一条边界，如图 7-42 所示。

[3] 单击【五轴 G01 钻孔】按钮，弹出五轴 G01 钻孔【加工参数】选项卡，如图 7-43 所示，定义加工参数，选择【鼠标点取】，依次拾取实体的四个孔的中心点，选择【拾取直线】，选择曲线的方向朝上。选择直径为 12 的钻头。

[4] 单击【确认】按钮，结果如图 7-44 所示。

图 7-43　【加工参数】选项卡

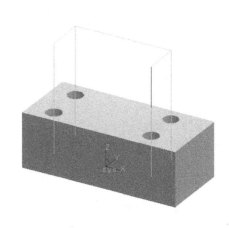

图 7-44　五轴 G01 钻孔加工刀具轨迹

7.8　五轴侧铣

五轴侧铣是用两条线来确定所要加工的面，并且可以利用铣刀的侧刃来进行加工。单击【加工】—【多轴加工】—【五轴侧铣】，或者直接单击【五轴侧铣】按钮，弹出五轴侧铣加工【加工参数】选项卡，如图 7-45 所示。

- 加工参数：
  - 刀具摆角：在这一刀位点上应该具有的刀轴矢量的基础上在轨迹的加工方向上

再增加的刀具摆角。

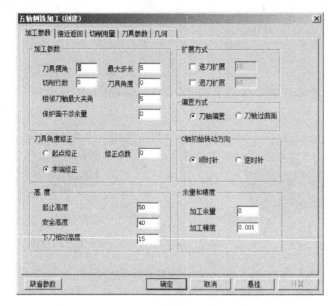

图 7-45 【加工参数】选项卡

- 最大步长：在满足加工误差的情况下，为了使曲率变化较小的部分不至于生成的刀位点过少，用这一项参数增加刀位，使相邻两刀位点之间的距离不大于此值。
- 切削行数：用此值确定加工轨迹的行数。
- 刀具角度：当刀具为锥形铣刀时，在这里输入锥形铣刀的角度，支持用锥刀进行五轴侧铣加工。
- 相邻刀轴最大夹角：生成五轴侧铣轨迹时，相邻两刀位点之间的刀轴矢量夹角不大于此值，否则将在两刀位之间插值新的刀位，用于避免两相邻刀位点之间的角度变化过大。
- 保护面干涉余量：对于保护面所留的余量。
- 扩展方式：
  - 进刀扩展：给定在进刀的位置向外扩展距离，以实现零件外进刀。
  - 退刀扩展：给定在退刀的位置向外延伸距离，以实现完全走出零件外再抬刀。
- 偏置方式：
  - 刀轴偏置：加工时刀轴向曲面外偏置。
  - 刀轴过曲面：加工时刀轴不向曲面外偏置，刀轴通过曲面。

【例7-8】 五轴侧铣加工。

生成五轴侧铣加工刀具轨迹。

加工过程

[1] 通过【放样增料】命令，生成实体造型，如图 7-46 所示。

[2] 单击【相关线】按钮，选择实体的上下两条边界，如图 7-47 所示。

[3] 单击【五轴侧铣】按钮，弹出【五轴侧铣加工】对话框，如图 7-48 所示，定义加工参数，切削行数为 10，偏置方式为刀轴偏置，刀具角度修正为末端修正。选择

直径为 10 的球形铣刀。

图 7-46　实体造型

图 7-47　选择实体边界

[4] 单击【确认】按钮，根据命令提示行，拾取实体的两条边界线，拾取进刀点，拾取加工侧为实体外侧，单击右键，结果如图 7-49 所示。

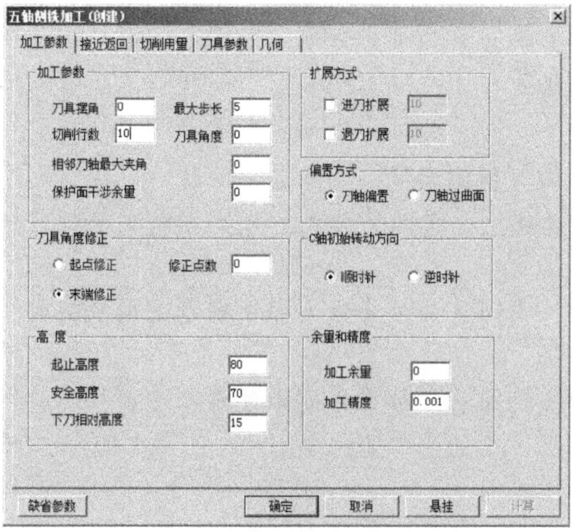

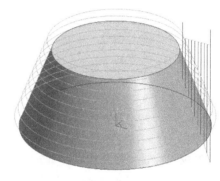

图 7-48　【五轴侧铣加工】对话框

图 7-49　五轴侧铣加工刀具轨迹

7.9　五轴等参数线

　　五轴等参数线加工是用曲面参数线的方式来建立五轴加工轨迹，每一点的刀轴方向为曲面的法向，并可根据加工的需要增刀具倾角。单击【加工】—【多轴加工】—【五轴等参数线】，或者直接单击【五轴等参数线】按钮 ，弹出【五轴等参数线加工参数】选项卡，如图 7-50 所示。

● 步长定义方式：

　　- 加工精度：输入模型的加工精度。计算模型的轨迹误差小于此值。加工精度越大，模型形状的误差也增大，模型表面越粗糙。加工精度越小，模型形状的误差

图 7-50　【五轴等参数线加工参数】选项卡

也减小，模型表面越光滑，但是，轨迹段的数目增多，轨迹数据量变大，如图 7-51 所示。

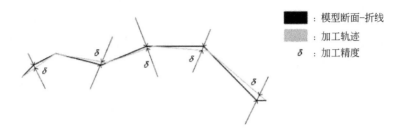

- ■ ：模型断面-折线
- ▨ ：加工轨迹
- δ ：加工精度

图 7-51　加工精度

- 步长：生成加工轨迹的刀位点沿曲线按弧长均匀分布。当曲线的曲率变化较大时，不能保证每一点的加工误差都相同。
- 行距定义方式：
  - 刀次：以给定加工的次数来确定走刀的次数。
  - 行距：以给定行距确定轨迹行间的距离。
- 刀轴方向控制：
  - 刀具前倾角：刀具轴向加工前进方向倾斜的角度。
  - 通过曲线：通过刀尖一点与对应的曲线上一点的所连成的直线方向来确定刀轴的方向。
  - 通过点：通过刀尖一点与所给定的一点所连成的直线方向来确定刀轴的方向。
- 通过点：
  - 点坐标：可以手工输入空间中任意点的坐标或拾取空间中任意存在点。

【例 7-9】　五轴等参数线加工。

生成五轴等参数线加工刀具轨迹。

🐴 加工过程

[1] 通过【导动增料】命令，生成实体造型，如图 7-52 所示。

图 7-52　实体造型

图 7-53　选择实体表面

[2] 单击【实体表面】按钮，选择实体的外表面，如图 7-53 所示。

[3] 单击【五轴等参数线加工】按钮，弹出【五轴等参数线加工参数】选项卡，如图 7-54 所示，设置步长定义方式为加工精度，刀次为 40，设置刀轴方向控制为刀具前倾角。选择直径为 10 的球形铣刀。

[4] 单击【确认】按钮，根据命令提示行，拾取加工曲面，选择加工曲面的方向朝外，设定进刀点，拾取进刀点，单击右键，结果如图 7-55 所示。

图 7-54 【五轴等参数线加工参数】选项卡

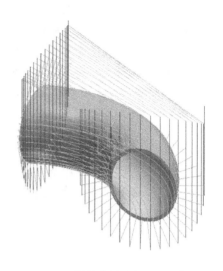

图 7-55 五轴等参数线加工刀具轨迹

7.10 五轴曲线加工

五轴曲线加工是用五轴的方式加工空间曲线，刀轴的方向自动由被拾取的曲面的法向进行控制。单击【加工】—【多轴加工】—【五轴曲线加工】，或者直接单击【五轴曲线加工】按钮，弹出【五轴曲线加工】选项卡，如图 7-56 所示。

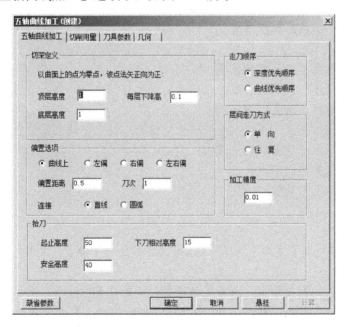

图 7-56 【五轴曲线加工】选项卡

- 切深定义：
  - 顶层高度：加工时第一刀能切削到的高度值。

- 底层高度：加工时最后一刀能切削到的高度值。
- 每层下降高度：单层下降的高度，也可以称之为层高。

此三个值决定切削的刀次。

- 偏置选项：用五轴曲线方式加工槽时，有时也需要像在平面上加工槽那样，对槽宽做一些调整，以达到图纸所要求的尺寸。这样我们可以通过偏置选项来达到目的。
  - 曲线上：铣刀的中心沿曲线加工，不进行偏置。
  - 左偏：向被加工曲线的左边进行偏置。左方向的判断方法与 G41 相同，即刀具加工方向的左边。
  - 右偏：向被加工曲线的右边进行偏置。右方向的判断方法与 G42 相同，即刀具加工方向的右边。
  - 左右偏：向被加工曲线的左边和右边同时进行偏置。
  - 偏置距离：输入的该数值确定偏置的距离。
  - 刀次：当需要多刀进行加工时，输入刀次。给定刀次后总偏置距离=偏置距离×刀次。
  - 连接：当刀具轨迹进行左右偏置，并且用往复加工方式时，两个加工轨迹之间的连接方式，有直线和圆弧两种连接方式，可根据加工的实际需要来选择。
- 走刀顺序：
  - 深度优先顺序：先按深度方向加工，再加工平面方向。
  - 曲线优先顺序：先按曲线的顺序加工，加工完这一层后再加工下一层，即深度方向。
- 层间走刀方式：
  - 单向：沿曲线加工完后抬刀回到起始下刀切削处，再次加工。
  - 往复：加工完后不抬刀，直接进行下次加工。
- 加工精度：曲线的离散精度。
- 抬刀：
  - 起止高度：刀具初始位置。
  - 安全高度：系统认为刀具在此高度以上任何位置，均不会碰伤工件和夹具。所以应该把此高度设置高一些。
  - 下刀相对高度：在切入或切削开始前的一段刀位轨迹的位置长度，这段轨迹以慢速下刀速度垂直向下进给。

【例 7-10】五轴曲线加工。

生成五轴曲线加工刀具轨迹。

加工过程

[1] 通过【旋转增料】、【曲面加厚增料】和【拉伸除料】命令，生成实体造型，如图 7-57 所示。

[2] 单击【相关线】按钮，选择实体边界，如图 7-58 所示。

[3] 单击【五轴曲线加工】按钮，弹出【五轴曲线加工】选项卡，如图 7-59 所示，定义加工参数，顶层高度为 0，底层高度为–2，每层下降高度为 1，偏置选项为曲线上，层间走刀方式为往复。选择直径为 5 的球形铣刀。

[4] 单击【确认】按钮，根据命令提示行，拾取加工曲面，选择加工曲面方向朝外，拾取轮廓曲线，选择轮廓搜索方向，结果如图 7-60 所示。

图 7-57　实体造型

图 7-58　选择实体边界

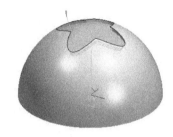

图 7-59　【五轴曲线加工】选项卡

图 7-60　五轴曲线加工刀具轨迹

7.11 五轴曲面区域加工

五轴曲面区域加工是生成曲面的五轴精加工轨迹，刀轴的方向由导向曲面控制。导向曲面只支持一张曲面的情况。单击【加工】—【多轴加工】—【五轴曲面区域加工】，或者直接单击【五轴曲面区域加工】按钮，弹出五轴曲面区域加工【加工参数】选项卡，如图 7-61 所示。

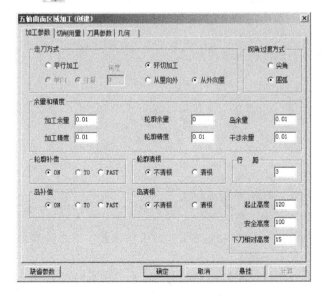

图 7-61　【加工参数】选项卡

- 走刀方式：
  - 平行加工：以任意角度方向生成平行线的方式的加工轨迹。
  - 单向：生成单方向的加工轨迹。快速退刀后，返回下一条加工轨迹的起点进行单一方向的加工。
  - 往复：生成往复的加工轨迹。每一条轨迹加工到终点后不抬刀，继续走到下一条轨迹的终点，向相反的方向进行加工。
  - 角度：设定平行加工的轨迹相对于 X 轴角度。
  - 环切加工：生成环切加工轨迹。
  - 从里向外：环切加工轨迹由里向外加工。
  - 从外向里：环切加工轨迹由外向里加工。
- 拐角过渡方式：
  - 尖角：刀具从轮廓的一边到另一边的过程中，以两条边延长后相交的方式连接。
  - 圆角：刀具从轮廓的一边到另一边的过程中，以圆弧的方式过渡。
- 余量和精度：
  - 加工余量：加工后工件表面所保留的余量。
  - 轮廓余量：加工后对于加工轮廓保留的余量。
  - 岛余量：加工后对于岛所保留的余量。
  - 干涉余量：加工后对于干涉面所保留的余量。
  - 加工精度：输入模型的加工误差。计算模型的轨迹的误差小于此值。加工误差越大，模型形状的误差也增大，模型表面越粗糙。加工精度越小，模型形状的误差也减小，模型表面越光滑，但是，轨迹段的数目增多，轨迹数据量变大。
  - 轮廓精度：对于加工范围的轮廓的加工精度。
- 行距：平行轨迹的行间距离。
- 轮廓补偿：
  - ON：刀心线与轮廓重合。
  - TO：刀心线未到轮廓一个刀具半径。
  - PAST：刀心线超过轮廓一个刀具半径。
- 轮廓清根：
  - 清根：进行轮廓清根加工。
  - 不清根：不进行轮廓清根加工。
- 岛补偿：
  - ON：刀心线与轮廓重合。
  - TO：刀心线未到轮廓一个刀具半径。
  - PAST：刀心线超过轮廓一个刀具半径。
- 岛清根：
  - 清根：进行轮廓清根加工。
  - 不清根：不进行轮廓清根加工。
- 起止高度：刀具初始位置。
- 安全高度：系统认为刀具在此高度以上任何位置，均不会碰伤工件和夹具。所以应该把此高度设置高一些。
- 下刀相对高度：在切入或切削开始前的一段刀位轨迹的位置长度，这段轨迹以慢速下刀速度垂直向下进给。

【例7-11】 五轴曲面区域加工。

生成手机的五轴曲面区域加工刀具轨迹。

加工过程

[1] 通过【拉伸增料】、【旋转除料】和【拉伸除料】等命令，生成手机的实体造型，如图 7-62 所示。

[2] 单击【相关线】按钮，选择手机实体的外轮廓边界，如图 7-63 所示。

图 7-62 手机造型　　　　　　　　　　　　图 7-63 选择手机的外轮廓边界

[3] 单击【五轴曲面区域加工】按钮，弹出五轴曲面区域加工【加工参数】选项卡，如图 7-64 所示。定义加工参数，走刀方式为平行加工，往复，拐角过渡方式为圆弧过渡，行距为 2，起止高度 50，安全高度 30，下刀相对高度 10。选择直径为 5 的球形铣刀。

[4] 单击【确认】按钮，根据命令提示行，拾取加工对象为手机上表面，拾取轮廓曲线，选择轮廓搜索方向，单击右键，结果如图 7-65 所示。

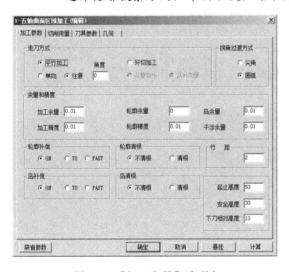

图 7-64 【加工参数】选项卡　　　　　　　图 7-65 五轴曲面区域加工刀具轨迹

7.12 五轴等高精加工

五轴等高精加工是生成的五轴等高精加工轨迹，刀轴的方向为给定的摆角。刀具目前只支持球头铣刀。单击【加工】—【多轴加工】—【五轴等高精加工】，或者直接单击【五轴等高精加工】按钮，弹出【五轴等高精加工】选项卡，如图 7-66 所示。

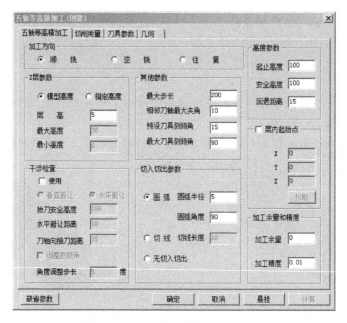

图 7-66 【五轴等高精加工】选项卡

- Z 层参数：
  - 模型高度：用加工模型的高度进行加工，给定层高来生成加工轨迹。
  - 指定高度：给定高度范围，在这个范围内按给定层高来生成加工轨迹。
- 其他参数：
  - 最大步长：刀具走刀的最大步长。
  - 相邻刀轴最大夹角：生成五轴等高精加工轨迹时，相邻两刀位点之间的刀轴矢量夹角不大于此值，否则将在两刀位之间插值新的刀位，用于避免两相邻刀位点之间的角度变化过大。
  - 预设刀具侧倾角：预先设定的刀具倾角，刀具按这个倾角加工。
  - 最大刀具侧倾角：刀具的最大侧倾角。
- 层内起始点：拾取一个空间点作为层内的起始点。
- 干涉检查：
  - 垂直避让：当遇到干涉时机床将垂直抬刀避让。
  - 水平避让：当遇到干涉时机床将水平抬刀避让。
  - 调整侧倾角：当角度大于给定的角度时，将增加刀位点，调整侧倾角，用来避让相邻刀位点之间的角度变化过大。

【例 7-12】五轴等高精加工。

生成五轴等高精加工刀具轨迹。

🔧 加工过程

[1] 通过【旋转拉伸】和【拉伸除料】命令，生成实体造型，如图 7-67 所示。

[2] 单击【实体表面】按钮 📐 ，选择实体内部的锥形表面，如图 7-68 所示。

[3] 单击【五轴等高精加工】按钮 🔧 ，弹出【五轴等高精加工】选项卡，如图 7-69 所示，定义加工参数，加工方向为顺铣，指定高度，层高为 2，最大高度 50，预设刀具侧倾角为 20。选择直径为 10 的球形铣刀。

图 7-67　实体造型

图 7-68　选择实体表面

[4]　单击【确认】按钮，根据命令提示行，拾取加工曲面为实体内部的锥形表面，选择曲面的加工方向，单击右键，结果如图 7-70 所示。

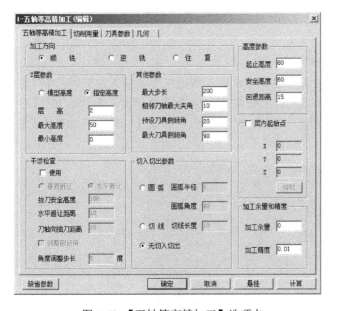

图 7-69　【五轴等高精加工】选项卡

图 7-70　五轴等高精加工刀具轨迹

7.13　五轴转四轴轨迹

五轴转四轴轨迹是把五轴加工轨迹转为四轴加工轨迹，使一部分可用五轴加工也可用四轴方式进行加工的零件，先用五轴生成轨迹，再转为四轴轨迹进行四轴加工。单击【加工】—【多轴加工】—【五轴转四轴轨迹】，或者直接单击【五轴转四轴轨迹】按钮 5⊃4，弹出【五轴转四轴轨迹加工参数】选项卡，如图 7-71 所示。

- 旋转轴：
  - X 轴：机床第四轴绕 X 轴旋转，生成加工代码角度地址为 A。
  - Y 轴：机床第四轴绕 Y 轴旋转，生成加工代码角度地址为 B。

图 7-72（a）为五轴等参数线加工轨迹，图 7-72（b）为五轴转四轴轨迹。图中红色直线段为刀轴矢量。由图中可以看出，五轴轨迹转为四轴轨迹后刀轴方向发生了改变。由两个摆角变为一个摆角，相应轨迹形状也发生了改变。

图 7-71 【五轴转四轴轨迹加工参数】选项卡

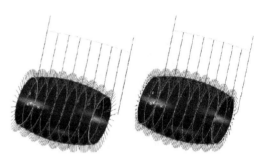

（a）五轴等参数线加工轨迹　　（b）五轴转四轴轨迹

图 7-72　轨迹转换示意图

7.14　三轴转五轴轨迹

三轴转五轴轨迹是把三轴加工轨迹转为五轴加工轨迹，指可用五轴加工方式进行加工的零件，先用三轴生成轨迹，再转为五轴轨迹进行五轴加工。单击【加工】—【多轴加工】—【三轴转五轴轨迹】，或者直接单击【三轴转五轴轨迹】按钮 ，弹出【三轴转五轴参数】选项卡，如图 7-73 所示。

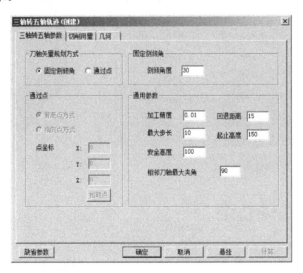

图 7-73 【三轴转五轴参数】选项卡

- 刀轴矢量规划方式：
  - 固定侧倾角：以固定的侧倾角度来确定刀轴矢量的方向。
  - 通过点：通过空间中一点与刀尖点的连线方向来确定刀轴矢量的方向。
- 固定侧倾角：
  - 侧倾角度：侧倾角的度数。
- 通过点：
  - 点坐标：输入点的坐标值或直接拾取空间点来确定这个点的坐标。

7.15 五轴曲线投影加工

五轴曲线投影加工是指用曲线向曲面上投影的方式生成加工轨迹。单击【加工】—【多轴加工】—【五轴曲线投影加工】，或者直接单击【五轴曲线投影加工】按钮 ，弹出五轴曲线投影加工【加工参数】选项卡，如图7-74所示。曲线类型包括四种：用户定义、平面放射线、平面螺旋线和等距轮廓。

1. 用户定义

拾取用户自己定义的曲线去进行投影加工。

- 加工方式：
  - 单向：在刀次大于1时，同一层的刀具轨迹沿着同一方向进行加工，这时层间轨迹会自动以抬刀方式连接。精加工时为了保证槽宽和加工表面质量多采用此加工方式。
  - 往复：在加工轨迹层数大于1时，层之间的刀具轨迹方向可以往复进行加工。刀具到达加工终点后，不快速退刀而与下一层轨迹的最近点之间走一个行间进给，继续沿着原加工方向相反的方向进行加工。为了减少抬刀、提高加工效率多采用此加工方式。
- 加工方向：
  - 顺铣：刀具沿顺时针方向旋转加工。
  - 逆铣：刀具沿逆时针方向旋转加工。
- 余量和精度：
  - 加工余量：加工后工件表面所保留的余量。
  - 加工精度：输入模型的加工精度。计算模型的轨迹的误差小于此值。加工精度越大，模型形状的误差也增大，模型表面越粗糙。加工精度越小，模型形状的误差也减小，模型表面越光滑，但是，轨迹段的数目增多，轨迹数据量变大。
  - 最大步距：生成加工轨迹的刀位点沿曲线按弧长均匀分布的最大距离。当曲线的曲率变化较大时，不能保证每一点的加工误差都相同。

2. 平面放射线

切换曲线类型为平面放射线，如图7-75所示。

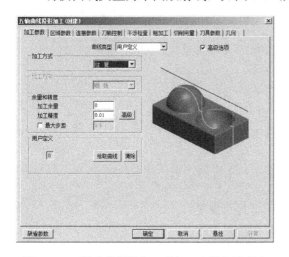

图7-74　五轴曲线投影加工【加工参数】选项卡

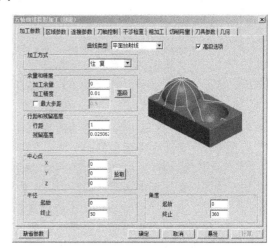

图7-75　五轴曲线投影加工平面放射线参数

- 行距和残留高度：
  - 行距：轨迹的行间距离。
  - 残留高度：工件上残留的余量。
- 中心点：放射曲线的中心点。
- 半径：放射曲线的放射半径。
- 角度：放射曲线的放射角度。

3．平面螺旋线

切换曲线类型为平面螺旋线，如图 7-76 所示。

- 中心点：螺旋线的中心点。
- 半径：螺旋线的放射半径。
- 螺旋方向：
  - 顺时针：沿顺时针方向螺旋加工。
  - 逆时针：沿逆时针方向螺旋加工。

4．等距轮廓

切换曲线类型为等距轮廓，如图 7-77 所示。

图 7-76　五轴曲线投影加工平面螺旋线参数

图 7-77　五轴曲线投影加工等距轮廓参数

- 加工顺序：
  - 标准：生成标准的由工件一侧向另一侧加工的轨迹。
  - 从里向外：环切加工轨迹由里向外加工。
  - 从外向里：环切加工轨迹由外向里加工。
- 偏置方向：
  - 左偏：向被加工曲线的左边进行偏置。左方向的判断方法与 G41 相同，即刀具加工方向的左边。
  - 右偏：向被加工曲线的右边进行偏置。右方向的判断方法与 G42 相同，即刀具加工方向的右边。
  - 双向：向被加工曲线的左边和右边同时进行偏置。
  - 刀次：当需要多刀进行加工时，在这里给定刀次。
- 轮廓：拾取用户自定义轮廓进行偏置。

【例 7-13】　五轴曲线投影加工。

生成五轴曲线投影加工刀具轨迹。

加工过程

[1] 通过【直纹面】命令，生成直纹面，如图 7-78 所示。

[2] 在平面上方绘制一条空间直线，如图 7-79 所示。

 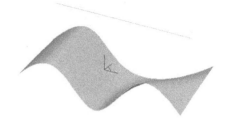

图 7-78　直纹面　　　　　　　　　　　图 7-79　绘制空间直线

[3] 单击【五轴曲线投影加工】按钮，弹出五轴曲线投影加工【加工参数】选项卡，如图 7-80 所示，定义加工参数，选择曲线类型为用户定义。选择直径为 10 的球形铣刀。

[4] 单击【确认】按钮，根据命令提示行，拾取加工曲面为直纹面，选择曲面的加工方向，拾取投影曲线为空间直线，确定搜索方向，单击右键，结果如图 7-81 所示。

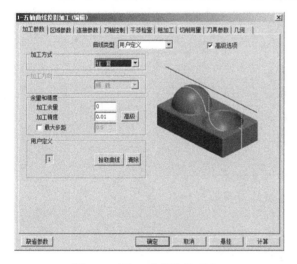 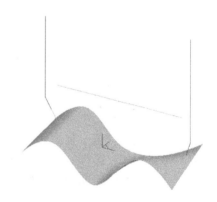

图 7-80　【加工参数】选项卡　　　　　　图 7-81　五轴曲线投影加工刀具轨迹

7.16 五轴平行线加工

五轴平行线加工是指用五轴的方式加工曲面，生成的每条加工轨迹都是平行的。单击【加工】—【多轴加工】—【五轴平行线加工】，或者直接单击【五轴平行线加工】按钮，弹出五轴平行线加工【加工参数】选项卡，如图 7-82 所示。

- 加工方式：
  - 单向：在刀次大于 1 时，同一层的刀具轨迹沿着同一方向进行加工，这时层间轨迹会自动以抬刀方式连接。精加工时为了保证槽宽和加工表面质量多采用此加工方式。

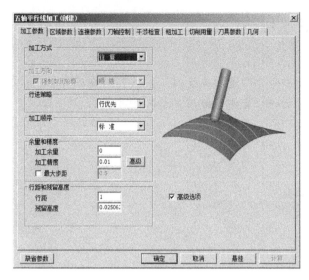

图 7-82 【加工参数】选项卡

- 往复：在加工轨迹层数大于 1 时，层之间的刀具轨迹方向可以往复进行加工。刀具到达加工终点后，不快速退刀而与下一层轨迹的最近点之间走一个行间进给，继续沿着原加工方向相反的方向进行加工。为了减少抬刀、提高加工效率多采用此加工方式。
- 螺旋：生成螺旋方式的轨迹。
- 加工方向：
  - 顺时针：刀具沿顺时针方向移动加工。
  - 逆时针：刀具沿逆时针方向移动加工。
  - 顺铣：刀具沿顺时针方向旋转加工。
  - 逆铣：刀具沿逆时针方向旋转加工。
- 行进策略：
  - 行优先：生成优先加工每一行的刀具轨迹。
  - 区域优先：生成优先加工每一区域的刀具轨迹。
- 加工顺序：
  - 标准：生成标准的由工件一侧向另一侧加工的轨迹。
  - 从里向外：环切加工轨迹由里向外加工。
  - 从外向里：环切加工轨迹由外向里加工。
- 余量和精度：
  - 加工余量：加工后工件表面所保留的余量。
  - 加工精度：输入模型的加工精度。计算模型的轨迹的误差小于此值。加工精度越大，模型形状的误差也增大，模型表面越粗糙。加工精度越小，模型形状的误差也减小，模型表面越光滑，但是，轨迹段的数目增多，轨迹数据量变大。
  - 最大步距：生成加工轨迹的刀位点沿曲线按弧长均匀分布的最大距离。当曲线的曲率变化较大时，不能保证每一点的加工误差都相同。
- 行距和残留高度：
  - 行距：轨迹的行间距离。
  - 残留高度：工件上残留的余量。

【例7-14】 五轴平行线加工。

生成五轴平行线加工刀具轨迹。

图7-83 直纹面

加工过程

[1] 通过【直纹面】命令，生成直纹面，如图7-83所示。

[2] 单击【五轴平行线加工】按钮，弹出五轴平行线加工
【加工参数】选项卡，如图7-84所示，定义加工参数。
选择直径为10的球形铣刀。

[3] 单击【确认】按钮，根据命令提示行，拾取第一限制线为一条空间曲线，选择方向，
拾取加工曲面为直纹面，选择曲面的加工方向，单击右键，结果如图7-85所示。

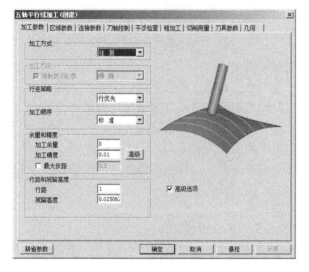

图7-84 【加工参数】选项卡

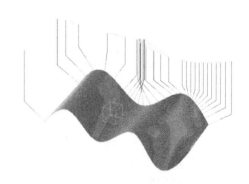

图7-85 五轴平行线加工刀具轨迹

7.17 五轴限制线加工

五轴限制线加工是指以曲面的两边界作引导线生成刀具轨迹的加工方式。单击【加工】—【多轴加工】—【五轴限制线加工】，或者直接单击【五轴限制线加工】按钮，弹出五轴限制线加工【加工参数】选项卡，如图7-86所示。

选择【刀轴控制】选项卡，如图7-87所示。

1．控制策略

共有11种方式来控制刀轴的方向。

（1）刀轴同曲面上点的法线方向：刀轴始终与曲面上点的法线方向保持一致。

（2）基于走刀方向的刀轴倾斜：刀轴沿走刀方向倾斜一个固定值。

- 基于走刀方向的刀轴倾斜
    - 前倾角：曲面法矢方向与走刀方向的夹角。
    - 侧倾角：曲面的法矢方向与所选定的侧倾定义的夹角。
    - 侧倾定义：有7种方式可以进行侧倾定义，即沿曲面参数线方向、在每个刀位点处垂直于底边曲线、在每个刀位点处垂直于走刀方向、在一个刀位段上垂直于走刀方向、使用机床主轴方向、用户定义方向、用户选择的直线方向。

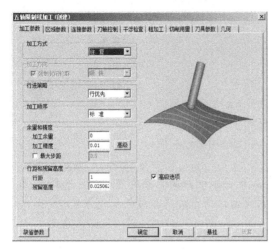

图 7-86　五轴限制线加工【加工参数】选项卡　　图 7-87　五轴限制线加工【刀轴控制】选项卡

（3）相对于轴有倾斜角：刀轴与机床主轴有倾斜角。

（4）相对于轴有固定倾斜角：刀轴与机床主轴始终有固定的倾斜角。

（5）刀轴通过点：通过刀尖一点与所给定的一点连成的直线方向来确定刀轴的方向。

（6）刀轴背离点：刀轴方向始终背离给定点与刀尖一点连成的直线方向。

（7）绕轴旋转：刀轴沿机床主轴旋转一个角度来确定刀轴方向。

（8）刀轴通过曲线：通过刀尖一点与所对应的曲线上一点连成的直线方向来确定刀轴的方向。

（9）刀轴通过直线：用一条直线来确定刀轴方向。

（10）刀轴背离曲线：刀轴方向背离给定曲线和刀尖点连线的方向。

（11）基于叶轮加工的刀轴倾斜：刀轴倾斜方向基于叶轮方向。

2．摆角限制

用来限制刀轴在某一平面内的角度范围。

3．刀触点

- 刀触点的位置
  - 系统自动确定：系统根据加工工件自动计算。
  - 位于刀尖点：刀具与工件的接触点始终是刀尖点。
  - 位于刀具半径处：刀具与工件的接触点始终是刀具的半径处。
  - 位于刀具前进方向上：刀具与工件的接触点始终是刀具行进方向上的一点。
  - 位于用户指定点：刀具与工件的接触点始终是用户指定点。

4．轴向偏移

- 轴向偏移
  - 轨迹轮廓上固定偏移：沿轨迹轮廓偏移固定的距离后进行加工。
  - 在每行上渐变偏移：每加工一行轨迹后都将轨迹偏移一个距离后加工下一行。
  - 在轨迹轮廓上渐变偏移：沿轨迹轮廓偏移，随加工的进行，偏移距离跟随变化。

【例 7-15】 五轴限制线加工。

生成五轴限制线加工刀具轨迹。

加工过程

[1]　通过【公式曲线】命令，分别输入不同的参数，如图 7-88 所示。在直角坐标系内生

成两条螺旋线，选择曲线定位点为坐标原点，如图 7-88 所示。

图 7-88　公式曲线

[2]　选择【直纹面】命令，选择曲线+曲线方式，生成直纹面，如图 7-90 所示。

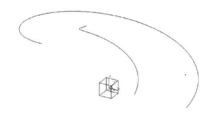

图 7-89　螺旋线

图 7-90　直纹面

[3]　单击【五轴限制线加工】按钮 ，弹出五轴限制线加工【加工参数】选项卡，如图 7-91 所示，设置"加工方式：往复"、"行进策略：行优先"、"加工顺序：标准"、"加工余量：0"、"加工精度：0.01"、"行距：2"。在【刀轴控制】选项"控制策略"中设置"控制策略：刀轴背离点"（见图 7-92）。选择直径为 12 的球形铣刀。

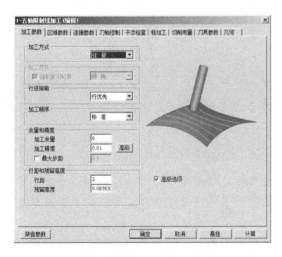

图 7-91　五轴限制线加工【加工参数】选项卡

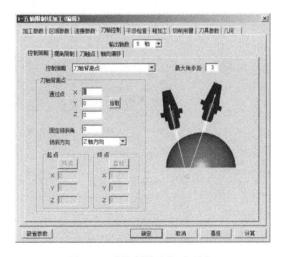

图 7-92　【控制策略】选项卡

[4]　单击【确认】按钮，根据命令提示行，拾取第一限制线为一条公式曲线，选择方向，拾取第二限制线为另外一条公式曲线，选择方向，拾取加工曲面为直纹面，选择曲面加工方向，单击右键，结果如图 7-93 所示。

图 7-93　五轴限制线加工刀具轨迹

7.18　五轴沿曲线加工

五轴沿曲线加工是用五轴的方式加工曲面，生成的每条轨迹都沿给定曲线的法线方向。单击【加工】—【多轴加工】—【五轴沿曲线加工】，或者直接单击【五轴沿曲线加工】按钮 ，弹出五轴沿曲线加工【加工参数】选项卡，如图 7-94 所示。

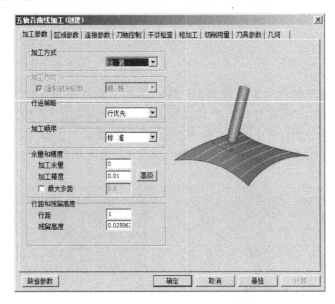

图 7-94　五轴沿曲线加工【加工参数】选项卡

- 加工方式：
  - 单向：在刀次大于 1 时，同一层的刀具轨迹沿着同一方向进行加工，这时层间轨迹会自动以抬刀方式连接。精加工时为了保证槽宽和加工表面质量多采用此加工方式。
  - 往复：在加工轨迹层数大于 1 时，层之间的刀具轨迹方向可以往复进行加工。刀具到达加工终点后，不快速退刀而与下一层轨迹的最近点之间走一个行间进给，继续沿着原加工方向相反的方向进行加工。为了减少抬刀、提高加工效率多采用此加工方式。
  - 螺旋：生成螺旋方式的轨迹。
- 加工方向：

- 顺时针：刀具沿顺时针方向移动加工。
- 逆时针：刀具沿逆时针方向移动加工。
- 顺铣：刀具沿顺时针方向旋转加工。
- 逆铣：刀具沿逆时针方向旋转加工。

● 行进策略：

- 行优先：生成优先加工每一行的刀具轨迹。
- 区域优先：生成优先加工每一区域的刀具轨迹。

● 加工顺序：

- 标准：生成标准的由工件一侧向另一侧加工的轨迹。
- 从里向外：环切加工轨迹由里向外加工。
- 从外向里：环切加工轨迹由外向里加工。

● 余量和精度：

- 加工余量：加工后工件表面所保留的余量。
- 加工精度：输入模型的加工精度。计算模型的轨迹的误差小于此值。加工精度越大，模型形状的误差也增大，模型表面越粗糙。加工精度越小，模型形状的误差也减小，模型表面越光滑，但是，轨迹段的数目增多，轨迹数据量变大。
- 最大步距：生成加工轨迹的刀位点沿曲线按弧长均匀分布的最大距离。当曲线的曲率变化较大时，不能保证每一点的加工误差都相同。

● 行距和残留高度：

- 行距：轨迹的行间距离。
- 残留高度：工件上残留的余量。

【例 7-16】 五轴沿曲线加工。

生成五轴沿曲线加工刀具轨迹。

🐴 加工过程

[1] 在 XOY 和 YOZ 平面内分别绘制一条样条曲线，如图 7-95 所示。

[2] 选择【导动面】命令，选择【固接导动】、【单截面方式】，生成导动面，如图 7-96 所示。

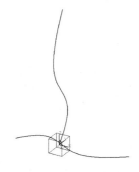

图 7-95　样条曲线

图 7-96　导动面

[3] 单击【五轴沿曲线加工】按钮🖌，弹出五轴沿曲线加工【加工参数】选项卡，如图 7-97 所示，设置"加工方式：往复"、"行进策略：行优先"、"加工顺序：标准"、"加工余量：0.2"、"加工精度：0.01"、"行距：1"。在【刀轴控制】选项"控制策略"中设置"控制策略：刀轴同曲面上点的法线方向"（见图 7-98）。选择直径为 12

的球形铣刀。

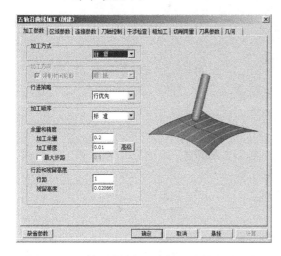 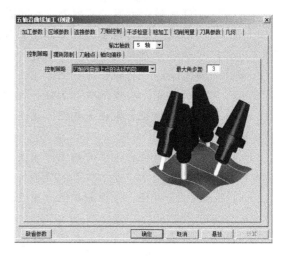

图 7-97　五轴沿曲线加工【加工参数】选项卡　　　　图 7-97　【控制策略】选项卡

[4]　单击【确认】按钮，根据命令提示行，拾取导向线为 YOZ 平面的样条曲线，选择方向，拾取加工曲面为导动面，选择曲面加工方向，单击右键，结果如图 7-99 所示。

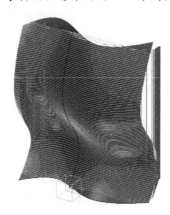

图 7-99　五轴沿曲线加工刀具轨迹

7.19　五轴平行面加工

　　五轴平行面加工是用五轴添加限制面的方式加工曲面，生成的每条轨迹都是平行的。单击【加工】—【多轴加工】—【五轴平行面加工】，或者直接单击【五轴平行面加工】按钮 ，弹出五轴平行面加工【加工参数】选项卡，如图 7-100 所示。

● 加工方式：

- 单向：在刀次大于 1 时，同一层的刀具轨迹沿着同一方向进行加工，这时层间轨迹会自动以抬刀方式连接。精加工时为了保证槽宽和加工表面质量多采用此加工方式。

- 往复：在加工轨迹层数大于 1 时，层之间的刀具轨迹方向可以往复进行加工。刀具到达加工终点后，不快速退刀而与下一层轨迹的最近点之间走一个行间进给，继续沿着原加工方向相反的方向进行加工。为了减少抬刀、提高加工效率多采用此加工方式。

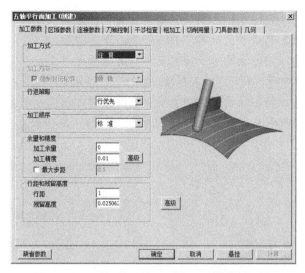

图 7-100　五轴平行面加工【加工参数】选项卡

- 螺旋：生成螺旋方式的轨迹。
- 加工方向：
  - 顺时针：刀具沿顺时针方向移动加工。
  - 逆时针：刀具沿逆时针方向移动加工。
  - 顺铣：刀具沿顺时针方向旋转加工。
  - 逆铣：刀具沿逆时针方向旋转加工。
- 行进策略：
  - 行优先：生成优先加工每一行的刀具轨迹。
  - 区域优先：生成优先加工每一区域的刀具轨迹。
- 加工顺序：
  - 标准：生成标准的由工件一侧向另一侧加工的轨迹。
  - 从里向外：环切加工轨迹由里向外加工。
  - 从外向里：环切加工轨迹由外向里加工。
- 余量和精度：
  - 加工余量：加工后工件表面所保留的余量。
  - 加工精度：输入模型的加工精度。计算模型的轨迹的误差小于此值。加工精度越大，模型形状的误差也增大，模型表面越粗糙。加工精度越小，模型形状的误差也减小，模型表面越光滑，但是，轨迹段的数目增多，轨迹数据量变大。
  - 最大步距：生成加工轨迹的刀位点沿曲线按弧长均匀分布的最大距离。当曲线的曲率变化较大时，不能保证每一点的加工误差都相同。
- 行距和残留高度：
  - 行距：轨迹的行间距离。
  - 残留高度：工件上残留的余量。

【例 7-17】五轴平行面加工。

生成五轴平行面加工刀具轨迹。

加工过程

[1] 分别通过【直纹面】和【扫描面】作两个曲面，如图 7-101 所示。

[2] 单击【五轴平行面加工】按钮 多，弹出五轴平行面加工【加工参数】选项卡，如图 7-102 所示，设置"加工方式：往复"、"行进策略：行优先"、"加工顺序：标准"、"加工余量：0"、"加工精度：0.01"、"行距：2"。在【刀轴控制】选项"控制策略"中设置"控制策略：刀轴同曲面上点的法线方向"(见图 7-103)。选择直径为 10 的球形铣刀。

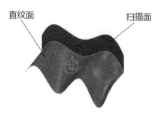

图 7-101　直纹面和扫描面

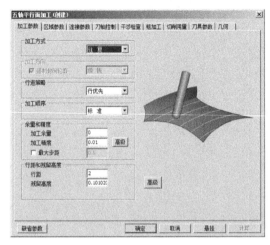

图 7-102　五轴平行面加工【加工参数】选项卡

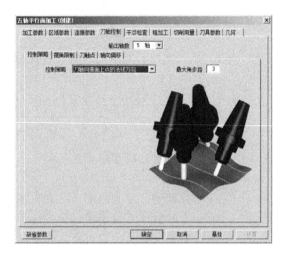

图 7-103　【控制策略】选项卡

[3] 单击【确认】按钮，根据命令提示行，拾取单侧限制面为扫描面，选择加工方向，拾取加工曲面为直纹面，选择曲面加工方向，单击右键，结果如图 7-104 所示。

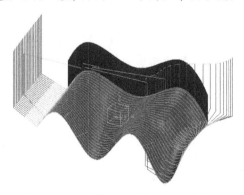

图 7-104　五轴平行面加工刀具轨迹

7.20　五轴限制面加工

五轴限制面加工是用五轴添加限制面的方式加工曲面。单击【加工】—【多轴加工】—【五轴限制面加工】，或者直接单击【五轴限制面加工】按钮 多，弹出五轴限制面加工【加工参数】选项卡，如图 7-105 所示。

- 加工方式：
  - 单向：在刀次大于 1 时，同一层的刀具轨迹沿着同一方向进行加工，这时层间轨迹会自动以抬刀方式连接。精加工时为了保证槽宽和加工表面质量多采用此加工方式。

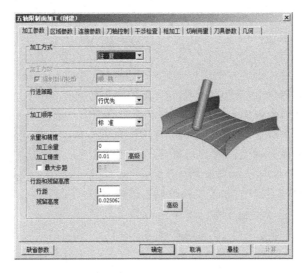

图 7-105   五轴限制面加工【加工参数】选项卡

- 往复：在加工轨迹层数大于 1 时，层之间的刀具轨迹方向可以往复进行加工。刀具到达加工终点后，不快速退刀而与下一层轨迹的最近点之间走一个行间进给，继续沿着原加工方向相反的方向进行加工。为了减少抬刀、提高加工效率多采用此加工方式。
- 螺旋：生成螺旋方式的轨迹。
- 加工方向：
- 顺时针：刀具沿顺时针方向移动加工。
- 逆时针：刀具沿逆时针方向移动加工。
- 顺铣：刀具沿顺时针方向旋转加工。
- 逆铣：刀具沿逆时针方向旋转加工。
- 行进策略：
- 行优先：生成优先加工每一行的刀具轨迹。
- 区域优先：生成优先加工每一区域的刀具轨迹。
- 加工顺序：
- 标准：生成标准的由工件一侧向另一侧加工的轨迹。
- 从里向外：环切加工轨迹由里向外加工。
- 从外向里：环切加工轨迹由外向里加工。
- 余量和精度：
- 加工余量：加工后工件表面所保留的余量。
- 加工精度：输入模型的加工精度。计算模型的轨迹的误差小于此值。加工精度越大，模型形状的误差也增大，模型表面越粗糙。加工精度越小，模型形状的误差也减小，模型表面越光滑，但是，轨迹段的数目增多，轨迹数据量变大。
- 最大步距：生成加工轨迹的刀位点沿曲线按弧长均匀分布的最大距离。当曲线的曲率变化较大时，不能保证每一点的加工误差都相同。
- 行距和残留高度：
- 行距：轨迹的行间距离。

- 残留高度：工件上残留的余量。

【例 7-18】 五轴限制面加工。

生成五轴限制面加工刀具轨迹。

加工过程

[1] 分别作一个直纹面和两个扫描面，如图 7-106 所示。

[2] 单击【五轴限制面加工】按钮多，弹出五轴限制
面加工【加工参数】选项卡，如图 7-107 所示，
设置"加工方式：往复"、"行进策略：行优先"、
"加工顺序：标准"、"加工余量：0.5"、"加工精
度：0.01"、"行距：1"。在【刀轴控制】选项"控
制策略"中设置"控制策略：刀轴同曲面上点的
法线方向"。选择直径为 10 的球形铣刀。

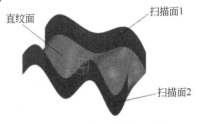

图 7-106　直纹面和扫描面

[3] 单击【确认】按钮，根据命令提示行，拾取第一限制面为扫描面 1，选择加工方向，
拾取第一限制面为扫描面 2，选择加工方向，拾取加工曲面为直纹面，选择曲面加
工方向，单击右键，结果如图 7-108 所示。

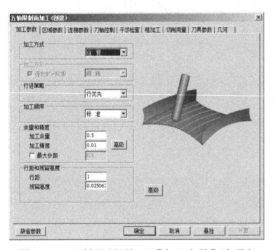

图 7-107　五轴限制面加工【加工参数】选项卡

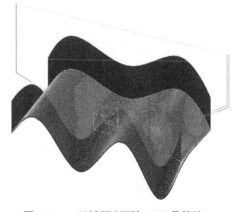

图 7-108　五轴限制面加工刀具轨迹

7.21　综合实例：螺旋槽轴的数控加工

下面来进行螺旋槽轴零件的多轴数控加工。

加工思路

根据螺旋槽轴的加工要求，特安排如下加工工艺：首先采用加大直径的铣刀进行等高线
粗加工，以便去除大量多余材料。采用五轴侧铣加工来铣削加工实体上部的球面，采用四轴
柱面曲线加工整个螺旋槽。

操作步骤

步骤 1　螺旋槽轴的实体造型

[1] 构建一个 80×60×20 的长方体，如图 7-109 所示。通过【旋转拉伸】命令，构建一

个回转体，如图 7-110 所示。

图 7-109　长方体

图 7-110　构建回转体

[2]　单击曲线生成工具栏上的【公式曲线】按钮，输入参数，如图 7-111 所示，绘制一条空间螺旋线，曲线定位点为（0,0,20），如图 7-112 所示。

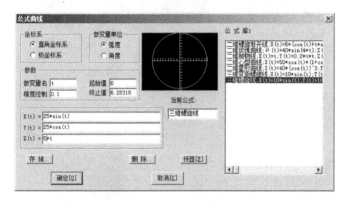

图 7-111　公式曲线参数

图 7-112　公式曲线

[3]　创建一个过螺旋线端点并且垂直于螺旋线的基准平面，并在该平面上绘制草图直径为 8 的圆，构建导向除料特征，如图 7-113 所示。

步骤 2　螺旋槽轴的等高线粗加工

[1]　双击特征树中的【毛坯】按钮，打开定义毛坯对话框，单击【参照模型】按钮，单击【确定】按钮，则得到加工的毛坯，如图 7-114 所示。

图 7-113　导向除料

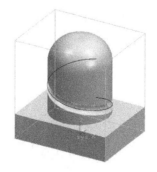

图 7-114　拾取毛坯

[2]　单击【等高线粗加工】按钮，在弹出的等高线粗加工【加工参数】选项卡中设置加工参数，如图 7-115 所示，选择直径为 20mm 的球头铣刀。其余参数选择默认

值,单击【确定】按钮。

[3] 根据状态栏提示拾取加工对象为整个实体,单击右键确认,则结果如图 7-116 所示。

图 7-115 【加工参数】选项卡

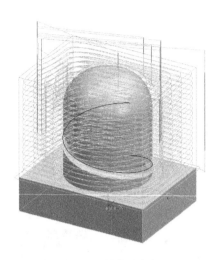

图 7-116 等高线粗加工

步骤3 螺旋槽轴的五轴侧铣加工

[1] 单击【相关线】按钮，选择实体的两条边界,如图 7-117 所示。

[2] 单击【五轴侧铣加工】按钮，弹出五轴侧铣加工【加工参数】选项卡,如图 7-118 所示,定义加工参数,切削行数为 10,偏置方式为刀轴偏置,刀具角度修正为末端修正。选择直径为 10 的球形铣刀。

[3] 单击【确认】按钮,根据命令提示行,拾取实体的两条边界线,拾取进刀点,拾取加工侧为实体外侧,单击右键,结果如图 7-119 所示。

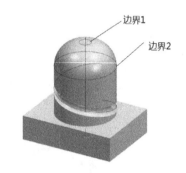

图 7-117 实体边界

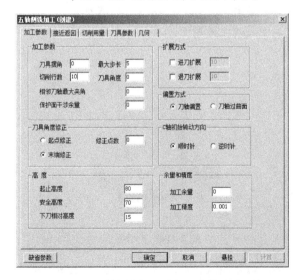

图 7-118 五轴侧铣加工【加工参数】选项卡

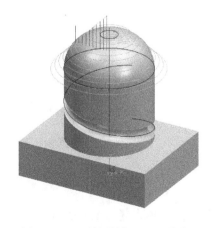

图 7-119 五轴侧铣加工刀具轨迹

步骤4 螺旋槽轴的四轴柱面曲线加工

[1] 单击【四轴柱面曲线加工】按钮，弹出【四轴柱面曲线加工】选项卡，如图 7-120
     所示，选择 X 轴为旋转轴，走刀方式为单向，加工深度为槽深的绝对值，进刀量为
     每层的切削深度。选择直径为 8mm 的球头铣刀。

[2] 单击【确认】按钮，根据状态栏提示，拾取轮廓曲线为螺旋线，确定链搜索方向，
     按鼠标右键，拾取加工侧为外侧，结果如图 7-121 所示。

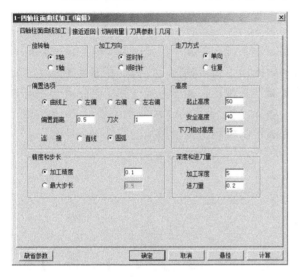

图 7-120 【四轴柱面曲线加工】选项卡

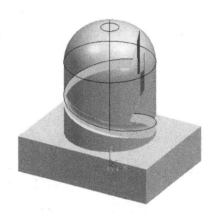

图 7-121 四轴柱面曲线加工轨迹

7.22 思考与练习

1．CAXA 制造工程师里有几种多轴加工方法？它们主要用于何种场合下的加工？

2．参考图 6-148 所示的盘类零件和图 6-149 所示的轴类零件，分析其加工过程，并生成
相应的刀具多轴加工轨迹。

第8章 雕刻加工和其它加工

【内容与要求】

CAXA 制造工程师 2013 除了提供常用的数控加工和多轴加工以外，还有雕刻加工（如图像浮雕加工、影像雕刻加工和曲面图像浮雕加工）和其它加工方式（如工艺钻孔设置与加工、G01 钻孔、铣螺纹加工、铣圆孔加工等）。本章主要介绍 CAXA 制造工程师 2013 的雕刻加工和其它加工的轨迹生成方法，利用这些方法可以编制出复杂形状的零件的 NC 程序。

通过本章的学习应达到如下目标：

- 掌握常见的雕刻加工轨迹生成方法；
- 掌握其它加工轨迹生成方法。

8.1 雕刻加工

CAXA 制造工程师 2013 提供了三种雕刻加工方式。选择【加工】—【雕刻加工】菜单项后，即可打开雕刻加工方式的三个子菜单，如图 8-1 所示。

图 8-1 雕刻加工方式菜单

8.1.1 图像浮雕加工

图像浮雕加工可以读入*.bmp 格式灰度图像，生成图像浮雕加工刀具轨迹，刀具雕刻深度随灰度图片的敏感变化而变化。

单击【加工】—【雕刻加工】—【图像浮雕加工】，或者直接单击【图像浮雕加工】按钮 ，弹出【图像浮雕加工】对话框，如图 8-2 所示。

单击【打开】后面的按钮▢，出现要选择的位图图像并弹出【选择结图文件】对话框，如图 8-3 所示。

图 8-2 【图像浮雕加工】对话框

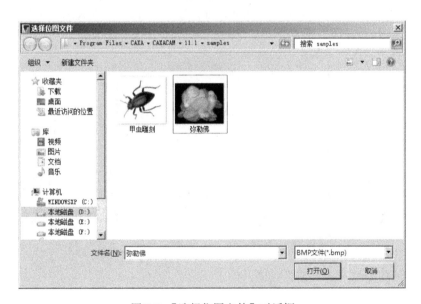

图 8-3 【选择位图文件】对话框

选择位图文件，单击图 8-3 对话框中的【打开】按钮，返回到图像浮雕加工对话框，如图 8-4 所示。

单击【加工参数】选项卡，如图 8-5 所示。

- 参数：
    - 顶层高度：定义浮雕加工时，材料的上表面高度。
    - 浮雕深度：定义浮雕切削深度。
    - 加工行距：定义浮雕加工两行刀具轨迹之间的距离。

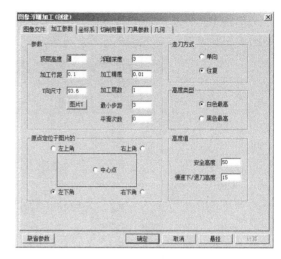

图 8-4 【图像浮雕加工】对话框　　　　图 8-5 【加工参数】选项卡

- 加工精度：输入模型的加工精度。计算模型的轨迹的误差小于此值。加工精度越大，模型形状的误差也增大，模型表面越粗糙。加工精度越小，模型形状的误差也减小，模型表面越光滑，但是，轨迹段的数目增多，轨迹数据量变大。
- Y 向尺寸：定义加工出的浮雕产品的 Y 向尺寸。
- 加工层数：当加工深度较深时，可设置分层加工。（最大高度−最小高度）/加工层数=每层下刀深度。
- 最小步距：刀具走刀的最小步长。
- 平滑次数：使轨迹线更加平滑。
- 走刀方式：
  - 单向：在刀次大于 1 时，同一层的刀具轨迹沿着同一方向进行加工。
  - 往复：在加工轨迹层数大于 1 时，层之间的刀具轨迹方向可以往复进行加工。
- 高度值：
  - 安全高度：刀具在此高度以上任何位置，均不会碰伤工件和夹具。
  - 慢速下/退刀高度：刀具在此高度时进行慢速下/退刀。

说明：图像浮雕的加工效果基本由图像的灰度值决定，因此，浮雕加工的关键是原始图形的建立。

【例 8-1】 图像浮雕加工。
生成弥勒佛图像浮雕加工刀具轨迹。

加工过程

[1] 单击【加工】—【雕刻加工】—【图像浮雕加工】，或者直接单击【图像浮雕加工】按钮，弹出【图像浮雕加工】对话框，如图 8-6 所示。
[2] 单击【打开】后面的按钮，选择位图图像，如图 8-7 所示。
[3] 单击【加工参数】选项卡，选择如图 8-8 所示的加工参数。
[4] 单击【坐标系】、【切削用量】和【刀具参数】选项卡，分别如图 8-9～8-11 所示。
[5] 按状态栏提示拾取定位点为坐标原点，则生成的弥勒佛图像浮雕加工轨迹如图 8-12 所示。

图 8-6 【图像浮雕加工】对话框

图 8-7 【图像浮雕】对话框

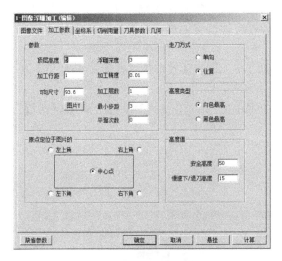

图 8-8 【加工参数】选项卡

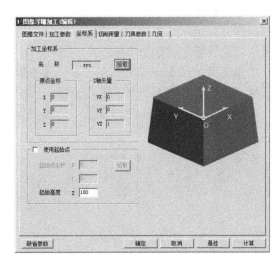

图 8-9 【坐标系】选项卡

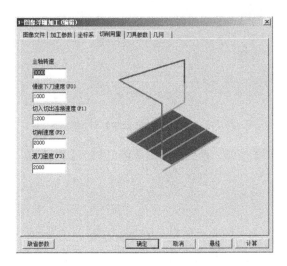

图 8-10 【切削用量】选项卡

图 8-11 【刀具参数】选项卡

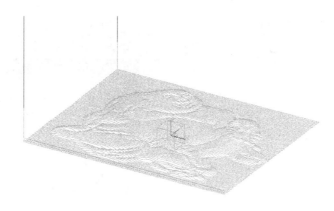

图 8-12　弥勒佛图像浮雕加工轨迹

8.1.2　影像雕刻加工

影像雕刻加工是模仿针式打印机的打印方式，在材料上雕刻出图画、文字等。刀具打点的疏密变化由原始图像的明暗变化决定。图像不需要进行特殊处理，只要有一张原始图像，就可以生成影像雕刻加工路径。

单击【加工】—【雕刻加工】—【影像雕刻加工】，或者直接单击【影像雕刻加工】按钮，弹出【影像雕刻加工】对话框，如图 8-13 所示。

单击【打开】后面的按钮，出现要选择的位图图像并弹出【选择位图文件】对话框，如图 8-14 所示。

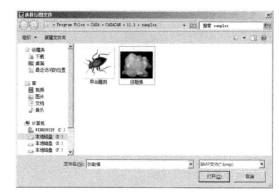

图 8-13　【影像雕刻加工】对话框　　　　　图 8-14　【选择位图文件】对话框

选择位图文件，单击图 8-14 对话框中的【打开】按钮，返回到【影像雕刻加工】对话框，如图 8-15 所示。

单击【影像雕刻】选项卡，如图 8-16 所示。

- 参数：
  - 抬刀高度：影像雕刻时刀具的运动方式与针式打印机的打印头运动方式类似，刀具不断地抬落刀，在材料表面打点。抬刀高度用来定义刀具打完一个点后向另一个点运动时的空走高度。

图 8-15 【影像雕刻加工】对话框　　　　　图 8-16 【影像雕刻】选项卡

- 雕刻深度：定义打点深度。
- 图像宽度：定义生成的刀具路径在 X 方向的尺寸。
- 慢速下刀高度：刀具在此高度时进行慢速下刀。

- 反转亮度：系统默认在浅色区打点，图像颜色越浅的地方，打点越多。如果使反转亮度有效，图像颜色越深的地方打点越多。

- 雕刻模式：雕刻模式包括 5 级灰度、10 级灰度、17 级灰度、抖动模式、拐线模式、水平线模式等。这几种雕刻模式的雕刻效果和雕刻效率有所不同，水平线雕刻模式的加工速度最快，17 级灰度的加工效果最好，抖动模式兼顾了雕刻效果和雕刻效率。用户在实际雕刻时，可以按照加工效果和加工效率的要求，选择不同的雕刻模式。图 8-17 显示了各种雕刻模式的雕刻效果。

（a）5 级灰度　　　　　　　　（b）10 级灰度　　　　　　　　（c）17 级灰度

（d）抖动模式　　　　　　　　（e）拐线模式　　　　　　　　（f）水平线模式

图 8-17　各种雕刻模式的雕刻效果

📖 提示：影像雕刻的图像尺寸应与刀具尺寸相匹配。也就是说，大图像应该用大刀雕刻，小图像应该用小刀雕刻。

【例8-2】 影像雕刻加工。

生成甲虫影像雕刻加工刀具轨迹。

♘ **加工过程**

[1] 单击【加工】—【雕刻加工】—【影像雕刻加工】，或者直接单击【影像雕刻加工】按钮 雕，弹出【影像浮雕加工】对话框，如图 8-18 所示。

[2] 单击【打开】后面的按钮 …，选择位图图像，如图 8-19 所示。

图 8-18 【影像浮雕加工】对话框   图 8-19 【图像文件】选项卡

[3] 单击【影像雕刻】选项卡，选择如图 8-20 所示的加工参数。

[4] 单击【坐标系】、【切削用量】和【刀具参数】选项卡，分别如图 8-21～8-23 所示。

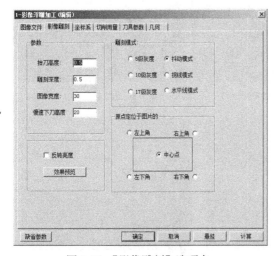
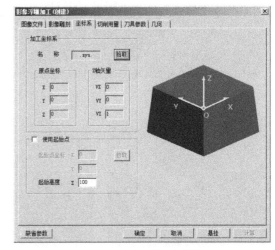

图 8-20 【影像雕刻】选项卡   图 8-21 【坐标系】选项卡

[5] 按状态栏提示拾取定位点为坐标原点，则生成的甲虫影像雕刻加工轨迹如图 8-24 所示。

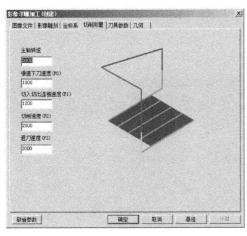

图 8-22 【切削用量】选项卡

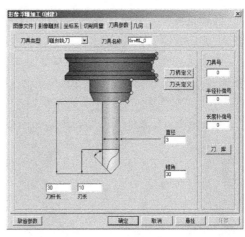

图 8-23 【刀具参数】选项卡

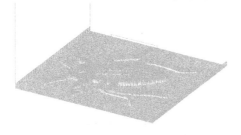

图 8-24 甲虫影像雕刻加工轨迹

8.1.3 曲面图像浮雕加工

曲面图像浮雕加工可以读入*.bmp 格式灰度图像，生成图像浮雕加工刀具轨迹，刀具雕刻深度随灰度图片的敏感变化而变化。

单击【加工】—【雕刻加工】—【曲面图像浮雕加工】，或者直接单击【曲面图像浮雕加工】按钮，弹出【曲面图像浮雕加工】对话框，如图 8-25 所示。

单击【打开】后面的按钮，出现要选择的位图图像并弹出【选择位图文件】对话框，如图 8-26 所示。

图 8-25 【曲面图像浮雕加工】对话框

图 8-26 【选择位图文件】对话框

选择位图文件，单击图8-26对话框中的【打开】按钮，返回到【曲面图像浮雕加工】对话框，如图8-27所示。

单击【加工参数】选项卡，如图8-28所示。

图8-27 【曲面图像浮雕】对话框

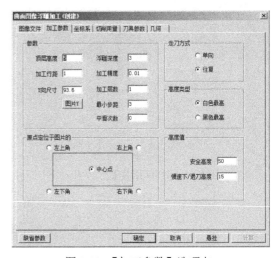

图8-28 【加工参数】选项卡

- 参数:
  - 顶层高度: 定义浮雕加工时，材料的上表面高度。
  - 浮雕深度: 定义浮雕切削深度。
  - 加工行距: 定义浮雕加工两行刀具轨迹之间的距离。
  - 加工精度: 输入模型的加工精度。计算模型的轨迹的误差小于此值。加工精度越大，模型形状的误差也增大，模型表面越粗糙。加工精度越小，模型形状的误差也减小，模型表面越光滑，但是，轨迹段的数目增多，轨迹数据量变大。
  - Y向尺寸: 定义加工出的浮雕产品的Y向尺寸。
  - 加工层数: 当加工深度较深时，可设置分层加工。(最大高度–最小高度)/加工层数=每层下刀深度。
  - 最小步距: 刀具走刀的最小步长。
  - 平滑次数: 使轨迹线更加平滑。
- 走刀方式:
  - 单向: 在刀次大于1时，同一层的刀具轨迹沿着同一方向进行加工。
  - 往复: 在加工轨迹层数大于1时，层之间的刀具轨迹方向可以往复进行加工。
- 高度值:
  - 安全高度: 刀具在此高度以上任何位置，均不会碰伤工件和夹具。
  - 慢速下/退刀高度: 刀具在此高度时进行慢速下/退刀。

【例8-3】 曲面图像浮雕加工。

在一个空间曲面上生成弥勒佛曲面图像浮雕加工刀具轨迹。

🔧 加工过程

[1] 通过【直纹面】命令，绘制一个空间曲面，如图8-29所示。

图8-29 直纹面

[2] 单击【加工】—【雕刻加工】—【曲面图像浮雕加工】，或者直接单击【曲面图像浮雕加工】按钮 ，弹出【曲面图像浮雕加工】对话框，如图 8-30 所示。

[3] 单击【打开】后面的按钮 ，选择位图图像，如图 8-31 所示。

图 8-30 【曲面图像浮雕加工】对话框　　　　图 8-31 【图像文件】选项卡

[4] 单击【加工参数】选项卡，选择如图 8-32 所示的加工参数。

[5] 单击【坐标系】、【切削用量】和【刀具参数】选项卡，分别如图 8-33～8-35 所示。

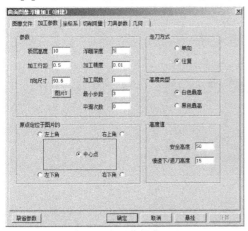

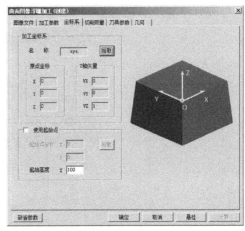

图 8-32 【加工参数】选项卡　　　　　　图 8-33 【坐标系】选项卡

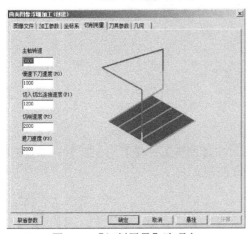

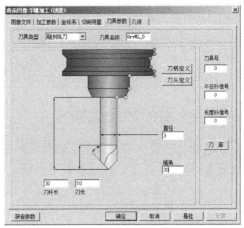

图 8-34 【切削用量】选项卡　　　　　　图 8-35 【刀具参数】选项卡

[6] 按状态栏提示拾取定位点为坐标原点，拾取加工曲面为直纹面，单击右键，则生成的弥勒佛曲面图像浮雕加工轨迹如图 8-36 所示。

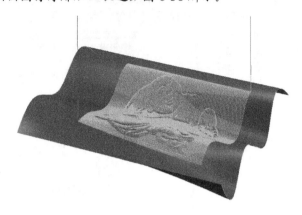

图 8-36　弥勒佛曲面图像浮雕加工轨迹

8.2　其它加工

CAXA 制造工程师 2013 提供了 6 种其它加工方式。选择【加工】—【其它加工】菜单项后，即可打开其它加工方式的 6 个子菜单，如图 8-37 所示。

图 8-37　其它加工方式菜单

8.2.1　工艺钻孔设置

工艺钻孔设置用来设置工艺钻孔的加工工艺。单击【加工】—【其它加工】—【工艺钻孔设置】，弹出【工艺钻孔设置】对话框，如图 8-38 所示。

● 加工方法：系统提供了 12 种孔加工方式。
- 反镗孔；
- 高速啄式钻孔；

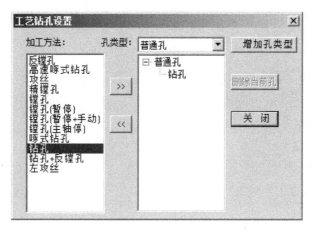

图8-38 【工艺钻孔设置】对话框

- 攻丝;

- 精镗孔;

- 镗孔;

- 镗孔（暂停）;

- 镗孔（暂停+手动）;

- 镗孔（主轴停）;

- 啄式钻孔;

- 钻孔;

- 钻孔+反镗孔;

- 左攻丝。

- ＜＜ 添加按钮：将选中的工艺钻孔加工方式添加到工艺钻孔加工设置文件中。
- ＞＞ 删除按钮：将选中的工艺钻孔加工方式从工艺钻孔加工设置文件中删除。
- 增加孔类型：设置新的工艺钻孔加工设置文件名。
- 删除当前孔：删除当前工艺钻孔加工设置文件。
- 关闭：保存当前工艺钻孔加工设置文件，并退出。

8.2.2 工艺钻孔加工

工艺钻孔加工可以根据设置的工艺钻孔加工工艺来加工孔。单击【加工】—【其它加工】—【工艺钻孔加工】，或者直接单击【工艺钻孔加工】按钮 ⬇ ，弹出【工艺钻孔加工向导】对话框，如图8-39所示。

- 孔定位方式：系统提供了三种孔定位方式。
  - 输入点：客户可以根据需要，输入点的坐标，确定孔的位置。
  - 拾取点：客户通过拾取屏幕上的存在点，确定孔的位置。
  - 拾取圆：客户可通过拾取屏幕上的圆，确定孔的位置。

单击图8-39的 下一步(N) > 按钮，如图8-40所示。

- 路径优化：
  - 缺省情况：不进行路径优化。
  - 最短路径：依据拾取点间距离和的最小值进行优化。
  - 规则情况：该方式主要用于矩形阵列情况，有两种方式：

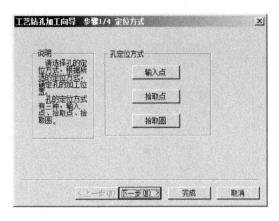

图 8-39　工艺钻孔加工向导第一步

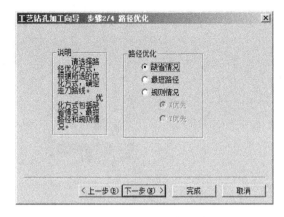

图 8-40　工艺钻孔加工向导第二步

X 优先：根据各点 X 坐标值的大小排列，如图 8-41（a）所示。

Y 优先：根据各点 Y 坐标值的大小排列，如图 8-41（b）所示。

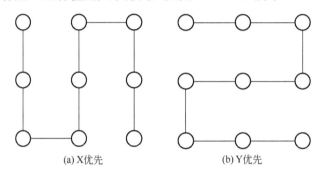

(a) X优先　　　　　　　　　(b) Y优先

图 8-41　规则情况优化方式

单击图 8-40 的 下一步(N) 按钮，如图 8-42 所示。

- 工艺文件：在图 8-42 中选择已经设计好的工艺加工文件。工艺加工文件在工艺钻孔设置功能中设置，具体方法参照 8.2.1 中工艺钻孔设置。

单击图 8-42 的 下一步(N) 按钮，如图 8-43 所示。

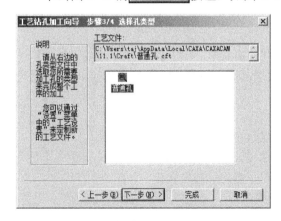

图 8-42　工艺钻孔加工向导第三步

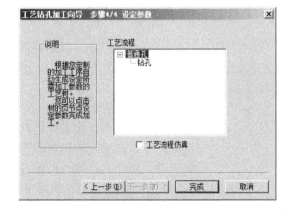

图 8-43　工艺钻孔加工向导第四步

- 工艺流程：展开工艺文件选择对话框内的工艺加工文件，用户可以设置每个钻孔子项的参数。

【例 8-4】工艺钻孔加工。

在长方体上生成三个工艺钻孔加工的刀具轨迹。

加工过程

[1] 通过【拉伸增料】命令生成一个 80×60×40 的长方体，如图 8-44 所示。

[2] 单击【加工】—【其它加工】—【工艺钻孔加工】，或者直接单击【工艺钻孔加工】按钮 ，弹出【工艺钻孔加工向导】对话框，如图 8-45 所示。

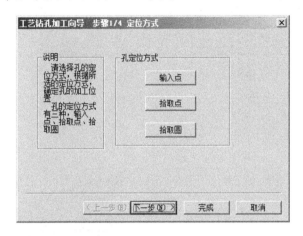

图 8-44　长方体　　　　　　　　　图 8-45　工艺钻孔加工向导第一步

[3] 选择 输入点 方式来定位工艺钻孔位置，根据命令提示行输入钻孔的定位点（20,0,40），（0,0,40），（−20,0,40），则在长方体上表面出现三个定位点，如图 8-46 所示。

[4] 单击鼠标右键，返回到图 8-45，单击 下一步(N) 按钮，如图 8-47 所示。选择"最短路径"优化方式。

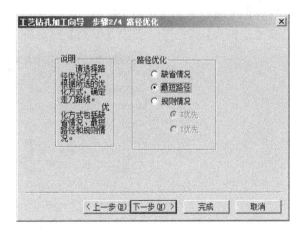

图 8-46　工艺钻孔定位点　　　　　图 8-47　工艺钻孔加工向导第二步

[5] 单击图 8-47 中 下一步(N) 按钮，如图 8-48 所示。

[6] 单击图 8-48 中 下一步(N) 按钮，如图 8-49 所示。

[7] 单击【完成】按钮，如图 8-50 所示。

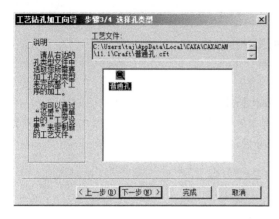

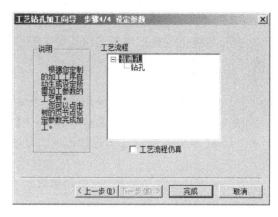

图 8-48　工艺钻孔加工向导第三步　　　　　　　图 8-49　工艺钻孔加工向导第四步

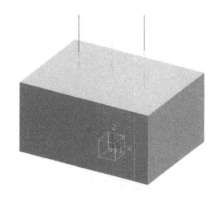

图 8-50　工艺钻孔加工轨迹

8.2.3　孔加工

孔加工用来生成钻孔加工轨迹。单击【加工】—【其它加工】—【孔加工】，或者直接单击【孔加工】按钮，弹出【钻孔】对话框，如图 8-51 所示。

图 8-51　【钻孔】对话框

- 系统提供了 12 种孔加工方式。
  - 钻孔；
  - 反镗孔；
  - 高速啄式钻孔；
  - 攻丝；
  - 精镗孔；
  - 镗孔；
  - 镗孔（暂停）；
  - 镗孔（暂停+手动）；
  - 镗孔（主轴停）；
  - 啄式钻孔；
  - 钻孔+反镗孔；
  - 左攻丝。
- 参数：
  - 安全高度：刀具在此高度以上任何位置，均不会碰伤工件和夹具。
  - 主轴转速：机床主轴的转速。
  - 安全间隙：钻孔时，钻头快速下刀到达的位置，即距离工件表面的距离，由这一点开始按钻孔速度进行钻孔。
  - 钻孔速度：钻孔时刀具的切削进给速度。
  - 钻孔深度：孔的加工深度。
  - 接近速度：慢下刀速度。
  - 暂停时间：攻丝时刀在工件底部的停留时间。
  - 下刀增量：钻孔时每次钻孔深度的增量值。
- 钻孔点：钻孔点定义有三种方式。
  - 鼠标点取：客户可以根据需要，用鼠标点取点，确定孔的位置。
  - 拾取圆弧：客户可通过拾取屏幕上的圆弧，确定孔的位置。
  - 拾取存在点：客户通过拾取屏幕上的存在点，确定孔的位置。

【例 8-5】钻孔加工。

在长方体上生成三个孔加工的刀具轨迹。

加工过程

[1] 通过【拉伸增料】命令生成一个 80×60×40 的长方体，如图 8-52 所示。

[2] 单击【加工】—【其它加工】—【孔加工】，或者直接单击【孔加工】按钮 ，弹出【钻孔】对话框，如图 8-53 所示。

[3] 选择 鼠标点取 方式来定位钻孔位置，根据命令提示行输入钻孔的定位点（20,0,40），（0,0,40），（-20,0,40），则在长方体上表面出现三个定位点，单击鼠标右键，返回到【钻孔】对话框，如图 8-54 所示。

[4] 选择【刀具参数】选项卡，选择钻头参数，如图 8-55 所示。

[5] 单击【确定】按钮，如图 8-56 所示。

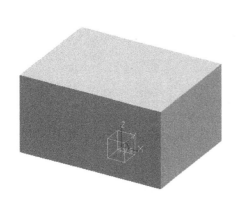

图 8-52　长方体

图 8-53　【钻孔】对话框

图 8-54　【钻孔】对话框

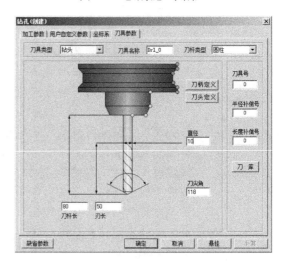

图 8-55　【刀具参数】选项卡

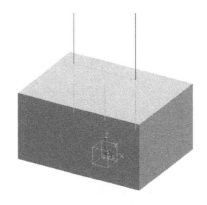

图 8-56　钻孔加工轨迹

8.2.4　G01 钻孔

G01 钻孔加工用来生成钻孔加工轨迹。单击【加工】—【其它加工】—【G01 钻孔】，或者直接单击【G01 钻孔】按钮 ∰ ，弹出【G01 钻孔】对话框，如图 8-57 所示。

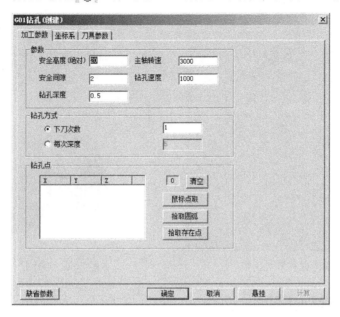

图 8-57 【G01 钻孔】对话框

- 参数：
  - 安全高度：刀具在此高度以上任何位置，均不会碰伤工件和夹具。
  - 主轴转速：机床主轴的转速。
  - 安全间隙：钻孔时，钻头快速下刀到达的位置，即距离工件表面的距离，由这一点开始按钻孔速度进行钻孔。
  - 钻孔速度：钻孔时刀具的切削进给速度。
  - 钻孔深度：孔的加工深度。
- 钻孔方式：
  - 下刀次数：当孔较深使用啄式钻孔时以下刀的次数完成所要求的孔深。
  - 每次深度：当孔较深使用啄式钻孔时以每次钻孔深度完成所要求的孔深。
- 钻孔点：钻孔点定义有三种方式。
  - 鼠标点取：用户可以根据需要，用鼠标点取点，确定孔的位置。
  - 拾取圆弧：用户可通过拾取屏幕上的圆弧，确定孔的位置。
  - 拾取存在点：用户通过拾取屏幕上的存在点，确定孔的位置。

【例 8-6】 G01 钻孔加工。

生成 G01 钻孔加工刀具轨迹。

加工过程

[1] 通过【拉伸增料】和【拉伸除料】命令，生成实体造型，如图 8-58 所示。

[2] 单击【G01 钻孔】按钮 ∰ ，弹出【G01 钻孔】对话框，如图 8-59 所示，定义加工参数，选择"拾取圆弧"方式，依次拾取实体的四个孔的圆弧。选择直径为 12 的钻头。

图 8-58 实体造型

[3] 单击【确认】按钮，结果如图 8-60 所示。

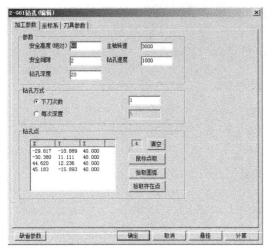

图 8-59 【G01 钻孔】对话框

图 8-60 G01 钻孔加工刀具轨迹

8.2.5 铣螺纹加工

铣螺纹加工是使用铣刀来进行各种螺纹操作。单击【加工】—【其它加工】—【铣螺纹加工】，或者直接单击【铣螺纹加工】按钮，弹出【铣螺纹加工】对话框，如图 8-61 所示。

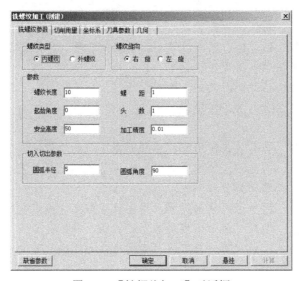

图 8-61 【铣螺纹加工】对话框

- 螺纹类型：
  - 内螺纹：铣内螺纹。
  - 外螺纹：铣外螺纹。
- 螺纹旋向：
  - 右旋：向右方向旋转加工。
  - 左旋：向左方向旋转加工。
- 参数：
  - 螺纹长度：加工螺纹的长度。

- 螺距：加工螺纹的螺距。
- 起始角度：加工螺纹的初始角度。
- 头数：加工螺纹的头数。
- 安全高度：刀具在此高度以上任何位置，均不会碰伤工件和夹具。
- 加工精度：输入模型的加工精度。计算模型的轨迹的误差小于此值。加工精度越大，模型形状的误差也增大，模型表面越粗糙。加工精度越小，模型形状的误差也减小，模型表面越光滑，但是，轨迹段的数目增多，轨迹数据量变大。

● 切入切出参数：
- 圆弧半径：切入切出圆弧的半径。
- 圆弧角度：切入切出圆弧的角度。

【例 8-7】铣螺纹加工。

在长方体上生成三个铣螺纹加工的刀具轨迹。

🐎 加工过程

[1] 通过【拉伸增料】命令生成一个 80×60×40 的长方体，如图 8-62 所示。

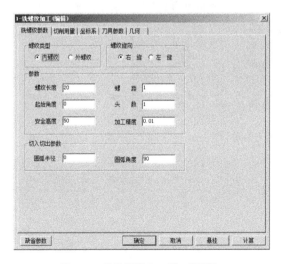

图 8-62　长方体

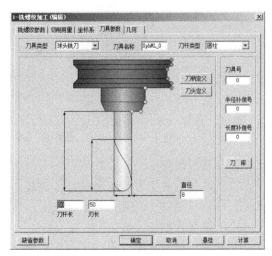

图 8-63　绘制圆

[2] 在长方体上表面绘制 3 个直径为 10mm 的圆，如图 8-63 所示。

[3] 单击【加工】—【其它加工】—【铣螺纹加工】，或者直接单击【铣螺纹加工】命按钮，弹出【铣螺纹加工】对话框，如图 8-64 所示。

[4] 选择【刀具参数】选项卡，选择直径为 8mm 的铣刀，如图 8-65 所示。这里选择刀具的直径要小于圆孔直径。

图 8-64　【铣螺纹加工】对话框

图 8-65　【刀具参数】选项卡

[5] 单击【确定】命令按钮，按命令提示行依次拾取孔圆弧为直径为10mm的圆弧，结果如图8-66所示。

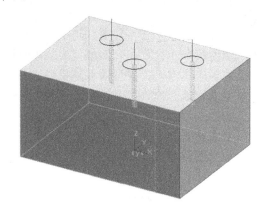

图8-66　铣螺纹加工轨迹

8.2.6　铣圆孔加工

铣圆孔加工是使用铣刀来进行各种铣圆孔操作。单击【加工】—【其它加工】—【铣圆孔加工】，或者直接单击【铣圆孔加工】按钮，弹出【铣圆孔加工】对话框，如图8-67所示。

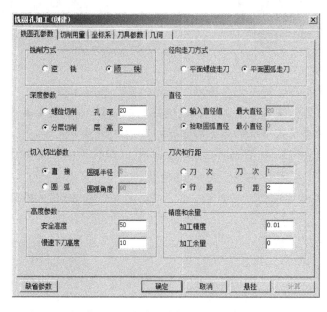

图8-67　【铣圆孔加工】对话框

- 铣削方式：
  - 顺铣：刀具沿顺时针方向旋转加工。
  - 逆铣：刀具沿逆时针方向旋转加工。
- 深度参数：
  - 螺旋切削：用螺旋的方式进行加工。
  - 分层切削：用分层的方式进行加工。

- 径向走刀方式：
  - 平面螺旋走刀：在平面中用螺旋的方式进行加工。
  - 平面圆弧走刀：在平面中用圆弧的方式进行加工。
- 直径：
  - 输入直径值：手工输入圆直径的大小。
  - 拾取圆弧直径：拾取存在的圆弧。
- 刀次和行距：
  - 刀次：以给定加工的次数来确定走刀的次数。
  - 行距：以给定行距确定轨迹行间的距离。
- 切入切出参数：
  - 直接：直接切入切出。
  - 圆弧：以圆弧的方式切入切出。
- 高度参数：
  - 安全高度：刀具在此高度以上任何位置，均不会碰伤工件和夹具。
  - 慢速下刀高度：刀具在此高度时进行慢速下刀。
- 精度和余量：
  - 加工精度：输入模型的加工精度。计算模型的轨迹的误差小于此值。加工精度越大，模型形状的误差也增大，模型表面越粗糙。加工精度越小，模型形状的误差也减小，模型表面越光滑，但是，轨迹段的数目增多，轨迹数据量变大。
  - 加工余量：加工后工件表面所保留的余量。

【例 8-8】 铣圆孔加工。

在长方体上生成三个铣圆孔加工的刀具轨迹。

加工过程

[1] 采用例 8-7 中的长方体和圆孔。

[2] 单击【加工】—【其它加工】—【铣圆孔加工】，或者直接单击【铣圆孔加工】按钮，弹出【铣圆孔加工】对话框，如图 8-68 所示。

[3] 选择【刀具参数】选项卡，选择直径为 8mm 的球头铣刀，如图 8-69 所示。这里选择刀具的直径要小于圆孔直径。

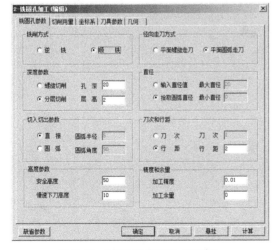

图 8-68 【铣圆孔加工】对话框

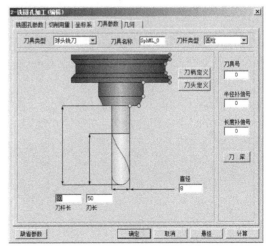

图 8-69 【刀具参数】选项卡

[4] 单击【确定】按钮，按命令提示行依次拾取三个孔圆弧，结果如图 8-70 所示。

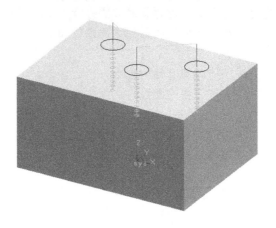

图 8-70　铣圆孔加工轨迹

8.3　思考与练习

1. CAXA 制造工程师里有哪几种常用的雕刻加工方法？它们主要用于何种场合下的加工？

2. 在一个空间曲面上，完成如图 8-71 所示甲虫的曲面图像浮雕加工轨迹的生成。

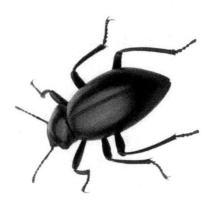

图 8-71　甲虫图像

第9章 刀具轨迹编辑

【内容与要求】

刀具轨迹编辑是对已经生成的刀具轨迹的刀位行或刀位点进行增加、删除、仿真等。系统提供多种刀具轨迹编辑和仿真手段，主要用于对生成的刀位进行必要的调整和裁剪。系统提供了轨迹裁剪、轨迹反向、刀位点、抬刀、轨迹连接等多个刀具轨迹的编辑手段。

通过本章的学习应达到如下目标：

* 掌握刀具轨迹的基本方法；
* 掌握轨迹仿真的方法。

9.1 轨迹编辑

系统根据用户选定的加工方法和设定的加工参数自动生成的加工轨迹，不一定完全符合实际加工情况。用户可以对轨迹进行适当的编辑，以满足数控加工的要求，提高生产效率。

选择【加工】—【轨迹编辑】菜单后，即可打开轨迹编辑的子菜单，如图9-1所示。在实际加工编程时较常用的轨迹编辑功能是轨迹裁剪和轨迹反向。

图9-1 轨迹编辑菜单

9.1.1 轨迹裁剪

用曲线（称为剪刀曲线）对刀具轨迹进行裁剪，截取其中一部分轨迹。单击【加工】—【轨迹编辑】—【轨迹裁剪】，即弹出轨迹裁剪的立即菜单，轨迹裁剪的立即菜单共有三个选项：裁剪边界、裁剪平面和裁剪精度，如图9-2所示。

- 裁剪边界：轨迹裁剪边界形式有三种：在曲线上、不过曲线、超过曲线。单击立即菜单可以选择任意一种，如图9-3所示。

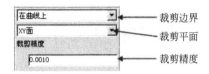

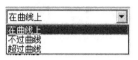

图9-2　轨迹裁剪立即菜单　　　　　　　　　　　图9-3　裁剪边界

- 　在曲线上：轨迹裁剪后，临界刀位点在剪刀曲线上。
- 　不过曲线：轨迹裁剪后，临界刀位点未到剪刀曲线，投影距离为一个刀具半径。
- 　超过曲线：轨迹裁剪后，临界刀位点超过裁剪线，投影距离为一个刀具半径。

以上三种裁剪边界方式，如图9-4所示，图9-4（a）为裁剪前的刀具轨迹，图9-4（b）、（c）、（d）为裁剪后的刀具轨迹。

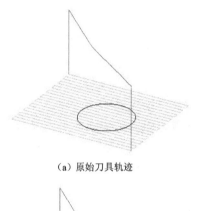

（a）原始刀具轨迹

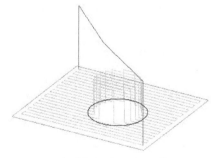

（b）在曲线上裁剪后的刀具轨迹

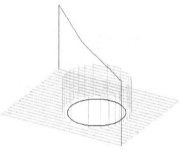

（c）不过曲线裁剪后的刀具轨迹

（d）超过曲线裁剪后的刀具轨迹

图9-4　裁剪边界

- 裁剪平面：在指定坐标面内当前坐标系的 XY、YZ、ZX 面。单击立即菜单可以选择在哪个面上裁剪，如图9-5所示。
- 裁剪精度：由立即菜单给出，表示当剪刀曲线为圆弧和样条时用此裁剪精度离散该剪刀曲线。

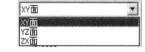

【例9-1】　轨迹的裁剪。

对已加工轨迹进行轨迹裁剪。

图9-5　裁剪平面

🖱 操作过程

[1]　按 F7 键，在 XOZ 平面绘制一条样条曲线，单击【扫描面】按钮 ⊞，在立即菜单

中输入起始距离为–50，扫描距离为 100，扫描方向沿 Y 轴正方向，根据状态栏提示拾取样条曲线，生成一个扫描面，如图 9-6 所示。

[2] 按 F5 键，在 XOY 平面绘制一个圆和椭圆，必须使绘制的圆和椭圆能够投影到扫描面上，如图 9-7 所示。

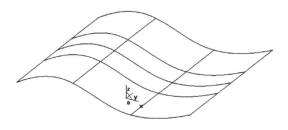

图 9-6　扫描面

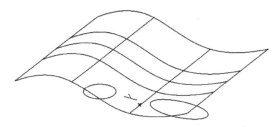

图 9-7　绘制裁剪线

[3] 按 F8 键，单击【加工】—【精加工】—【曲面区域精加工】，或者直接单击 按钮，输入加工参数，生成的曲面区域精加工轨迹如图 9-8 所示。

[4] 单击【加工】—【轨迹编辑】—【轨迹裁剪】，在立即菜单中选择如图 9-9 所示参数，根据状态栏提示拾取刀具轨迹，拾取剪刀线为圆，则裁剪后的刀具轨迹如图 9-10 所示。

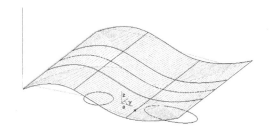

图 9-8　曲面区域精加工轨迹

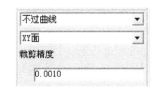

图 9-9　立即菜单

[5] 采用同样的方法可以作出剪刀线为椭圆时，裁剪后的刀具轨迹如图 9-11 所示。

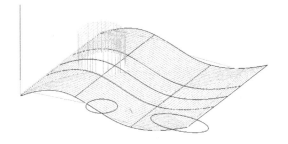

图 9-10　裁剪后的刀具轨迹

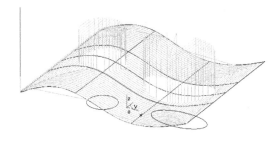

图 9-11　裁剪后的刀具轨迹

9.1.2　轨迹反向

对生成的刀具轨迹中刀具的走向进行反向处理，以实现加工中顺铣和逆铣的互换。单击【加工】—【轨迹编辑】—【轨迹反向】，即激活轨迹反向功能。按照状态栏提示拾取刀具轨迹后，刀具轨迹的方向为原来刀具轨迹的反方向。

📖 提示：轨迹反向具有很强的实际意义。在做刀具轨迹生成时，由于刀具轨迹的方向与拾取曲面轮廓的方向、岛屿的方向以及加工时的进给方向等都有很大的关系，所以有时生成的刀具轨迹在实际加工过程中刀位方向不太理想，这时利用轨迹反向功能就能方便地实现实际加工中的这类需求。但反向后，可能会导致进刀点的变化。

【例9-2】 轨迹反向的操作。

对已加工轨迹进行反向操作。

🐴 操作过程

[1] 生成一个长方体，如图 9-12 所示。

[2] 双击特征树中的【毛坯】按钮，选择两点方式定义长方体的毛坯，如图 9-13 所示。

图 9-12　长方体

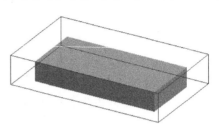
图 9-13　定义毛坯

[3] 单击【等高线粗加工】按钮🥮，在弹出的【等高线粗加工】对话框中设置加工参数，单击【确定】按钮。根据状态栏提示拾取加工对象为长方体，单击右键确认，则结果如图 9-14 所示。

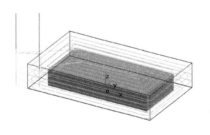
图 9-14　等高线粗加工轨迹

图 9-15　轨迹反向

[4] 单击【加工】—【轨迹编辑】—【轨迹反向】，根据状态栏提示拾取刀具轨迹，刀具轨迹的方向为原来刀具轨迹的反方向，如图 9-15 所示。

9.1.3　刀位点

1. 插入刀位点

在刀具轨迹上插入一个刀位点，使轨迹发生变化。单击【加工】—【轨迹编辑】—【插入刀位点】，即打开【插入刀位点】对话框，如图 9-16 所示。以在立即菜单中选择"前"还是"后"来决定新的刀位点的位置。

图 9-16　【插入刀位点】对话框

- 前：在拾取轨迹的刀位点前插入新的刀位点，如图 9-17（b）所示。
- 后：在拾取轨迹的刀位点后插入新的刀位点，如图 9-17（c）所示。

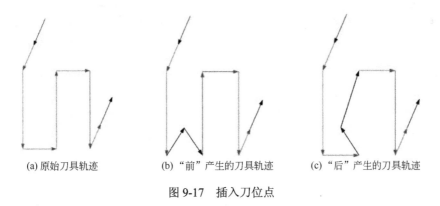

(a) 原始刀具轨迹　　　　(b)"前"产生的刀具轨迹　　　　(c)"后"产生的刀具轨迹

图 9-17　插入刀位点

> 📖 **提示**：插入刀位点只能对三轴刀具轨迹进行，用户需保证插入的刀位不至于发生过切。

2．删除刀位点

即把所选的刀位点删除掉，并改动相应的刀具轨迹。单击
【加工】—【轨迹编辑】—【删除刀位点】，即打开【删除刀位
点】对话框，如图 9-18 所示。删除刀位点后改动刀具轨迹有两

| 抬刀 | ▼ |

图 9-18　【删除刀位点】对话框

种选择：一种是抬刀，另一种是直接连接。可以在立即菜单中来选择用哪种方式来删除刀位点。

- 抬刀：在删除刀位点后，删除和此刀位点相连的刀具轨迹，刀具轨迹在此刀位点的
  上一个刀位点切出，并在此刀位点的下一个刀位点切入，9-19（a）为原始刀具轨迹，
  其中画圆圈处为要删除的刀位点，9-19（b）为抬刀后的刀具轨迹。
- 直接连接：在删除刀位点后，刀具轨迹将直接连接此刀位点的上一个刀位点和下一
  个刀位点，如图 9-19（c）所示。

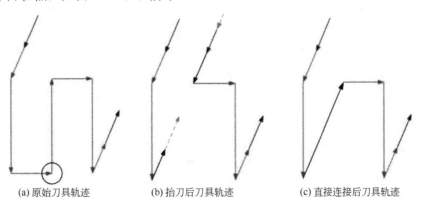

(a) 原始刀具轨迹　　　　(b) 抬刀后刀具轨迹　　　　(c) 直接连接后刀具轨迹

图 9-19　删除刀位点

> 📖 **提示**：若刀位点所在的行只有两个刀位点，则不能删除这两个刀
> 位点。

【例 9-3】　刀位点的插入和删除。

对图 9-20 所示的刀具轨迹进行刀位点的插入，并删除刀位点。

🐴 **操作过程**

[1]　打开已生成的加工轨迹文件。

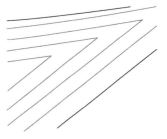

图 9-20　刀具轨迹

[2] 单击【加工】—【轨迹编辑】—【插入刀位点】，即打开【插入刀位点】对话框，
选择"前"决定新的刀位点的位置。根据状态栏提示拾取轨迹的刀位点为图 9-21
中的 A 点，拾取点为 B 点，则插入刀位点后的刀具轨迹如图 9-22 所示。

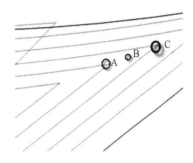

图 9-21　拾取刀位点

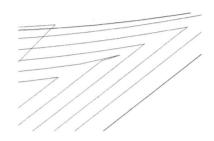

图 9-22　插入刀位点后的刀具轨迹

[3] 单击【加工】—【轨迹编辑】—【删除刀位点】，即打开【删除刀位点】对话框，
选择"抬刀"方式来删除刀位点。根据状态栏提示拾取轨迹的刀位点为图 9-21 中的
C 点，则删除刀位点后的刀具轨迹如图 9-23 所示。

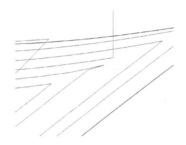

图 9-23　删除刀位点后的刀具轨迹

9.1.4　抬刀

1．两刀位点间抬刀

单击【加工】—【轨迹编辑】—【两刀位点间抬刀】，即激活两刀位点间抬刀功能。然
后再按照提示先后拾取两个刀位点，则删除这两个刀位点之间的刀具轨迹，并按照刀位点的
先后顺序分别成为切入起始点和切出结束点，如图 9-24 所示。

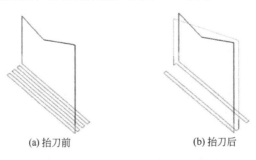

(a) 抬刀前　　　　　　　　　(b) 抬刀后

图 9-24　两刀位点间抬刀

📖 提示：不能够把切入起始点、切入结束点和切出结束点作为要拾取的刀位点。

2. 清除抬刀

单击【加工】—【轨迹编辑】—【清除抬刀】，即打开清除抬刀立即菜单，如图 9-25 所示。此轨迹编辑命令有两种选择，即全部删除和指定删除，如图 9-26 所示。

图 9-25　清除抬刀立即菜单

- 全部删除：选择此命令时，根据提示选择刀具轨迹，则删除所有的快速移动线，切入起始点和上一条刀具轨迹线将直接相连。
- 指定删除：选择此命令时，根据提示选择刀具轨迹，然后再拾取轨迹的刀位点，则删除经过此刀位点的快速移动线被，经过此点的下一条刀具轨迹线将直接和下一个刀位点相连。

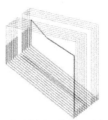

(a) 原始刀具轨迹　　(b) 全部删除后的刀具轨迹　　(c) 指定删除后的刀具轨迹

图 9-26　清除抬刀

📖　提示：当选择指定删除时，不能拾取切入结束点作为要抬刀的刀位点。

【例 9-4】 抬刀。

对图 9-27 所示的刀具轨迹两刀位点间进行抬刀和清除抬刀的操作。

🔧　**操作过程**

[1]　打开已生成的加工轨迹文件。

[2]　单击【加工】—【轨迹编辑】—【两刀位点间抬刀】，即激活两刀位点间抬刀功能。根据状态栏提示拾取刀具轨迹，拾取第一个刀位点为图 9-28 中的 A 点，拾取第二个刀位点为 B 点，则两刀位点间抬刀后的刀具轨迹如图 9-29 所示。

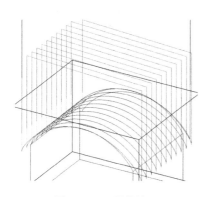

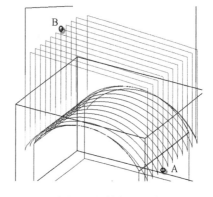

图 9-27　刀具轨迹　　　　　　　　图 9-28　拾取刀位点

[3]　单击【加工】—【轨迹编辑】—【清除抬刀】，即打开清除抬刀立即菜单，选择"全部删除"方式来清除抬刀。根据状态栏提示拾取刀具轨迹，则清除抬刀后的刀具轨迹如图 9-30 所示。

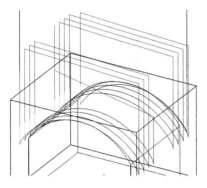

图 9-29 两刀位点间抬刀后的刀具轨迹

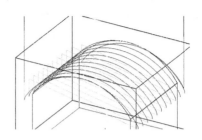

图 9-30 清除抬刀后的刀具轨迹

9.1.5 轨迹连接

1. 轨迹打断

在被拾取的刀位点处把刀具轨迹分为两部分。单击【加工】—【轨迹编辑】—【轨迹打断】，即激活轨迹打断功能。首先拾取刀具轨迹，然后再拾取轨迹要被打断的刀位点。

2. 轨迹连接

就是把两条不相干的刀具轨迹连接成一条刀具轨迹。单击【加工】—【轨迹编辑】—【轨迹连接】，即打开轨迹连接立即菜单，如图 9-31 所示。按照提示拾取刀具轨迹。轨迹连接的方式有抬刀连接和直接连接两种选择。

图 9-31 轨迹连接立即菜单

- 抬刀连接：第一条刀具轨迹结束后，首先抬刀，然后再和第二条刀具轨迹的接近轨迹连接。其余的刀具轨迹不发生变化，如图 9-32（b）所示。
- 直接连接：第一条刀具轨迹结束后，不抬刀就和第二条刀具轨迹的接近轨迹连接。其余的刀具轨迹不发生变化。因为不抬刀，很容易发生过切，如图 9-32（c）所示。

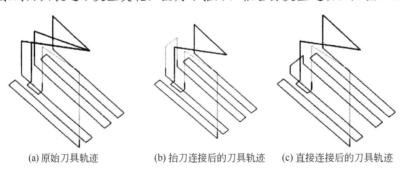

(a) 原始刀具轨迹   (b) 抬刀连接后的刀具轨迹   (c) 直接连接后的刀具轨迹

图 9-32 轨迹连接

📖 提示：*所有连接轨迹使用的刀具必须相同；两轴和三轴轨迹不能互相连接。*

【例 9-5】轨迹连接。
将两条刀具轨迹连接成一条刀具轨迹。

操作过程

[1] 在 XOY 平面上绘制一个矩形和一个圆，如图 9-33 所示。

[2] 单击【加工】—【粗加工】—【平面区域粗加工】，在弹出的对话框中分别填写参数，注意选择相同的刀具，分别拾取矩形和圆，得到两条加工轨迹，如图 9-34 所示。

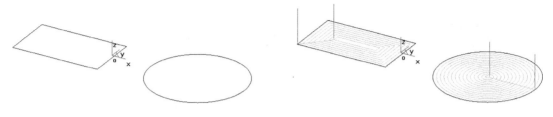

图 9-33　绘制轮廓　　　　　　　　　　　图 9-34　加工轨迹

[3] 单击【加工】—【轨迹编辑】—【轨迹连接】，选择【抬刀】连接方式。根据状态栏提示分别拾取两条刀具轨迹，按鼠标右键，则连接后的刀具轨迹如图 9-35 所示。

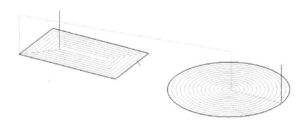

图 9-35　连接后的刀具轨迹

9.2 实体仿真

实体仿真功能用于模拟刀具沿轨迹走刀，对毛坯的切削动态图像显示过程可以通过轨迹仿真来实现。在轨迹仿真的过程中，零件显示的状态为实体。单击【加工】—【实体仿真】，激活实体仿真功能，根据状态栏提示拾取刀具轨迹，按鼠标右键，则弹出实体仿真窗口，如图 9-36 所示。

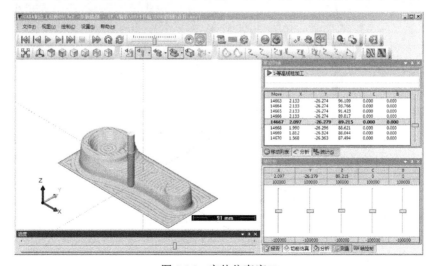

图 9-36　实体仿真窗口

在实体仿真窗口中，可以对刀具轨迹进行编辑、修改和仿真。单击【文件】—【退出】，即可退出实体仿真，回到 CAXA 制造工程师原来的界面。

【例 9-6】 实体仿真。

对四轴柱面曲线加工的加工轨迹进行实体仿真操作。

🐴 **操作过程**

[1] 打开待加工文件四轴柱面曲线加工轨迹，如图 9-37 所示。

[2] 双击特征树中按钮🔲 毛坯，弹出【毛坯定义】对话框，选择参数如图 9-38 所示，单击【确定】按钮。

图 9-37 加工轨迹

图 9-38 【毛坯定义】对话框

[3] 单击【加工】—【实体仿真】，根据状态栏提示拾取刀具轨迹，按鼠标右键，则弹出实体仿真窗口，如图 9-39 所示。

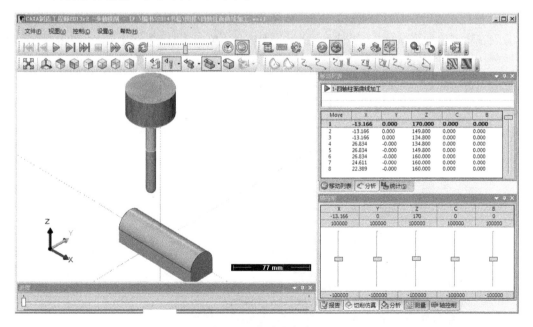

图 9-39 实体仿真窗口

[4] 按【播放】按钮 ▶，则系统将进行加工仿真，如图9-40所示。

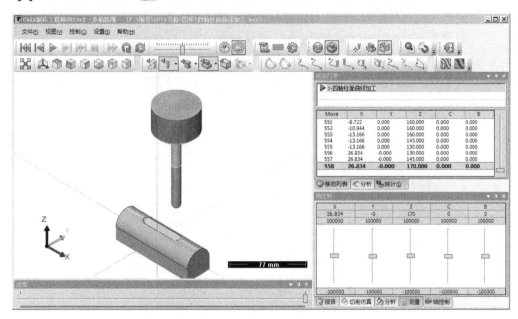

图9-40 加工仿真

[5] 单击【文件】—【退出】按钮，则退出加工仿真窗口，恢复CAXA制造工程师2013工作界面。

9.3 后置处理及生成 G 代码

后置处理就是结合特定的机床把系统生成的刀具轨迹转化成机床能够识别的 G 代码指令，生成的 G 指令可以直接输入数控机床用于加工。考虑到生成程序的通用性，CAXA 制造工程师软件针对不同的机床，可以设置不同的机床参数和特定的数控代码程序格式，同时还可以对生成的机床代码的正确性进行校验。最后，生成工艺清单。后置处理分为三部分，分别是生成 G 代码、校核 G 代码和后置设置。

9.3.1 后置设置

后置设置就是针对特定的机床，结合已经设置好的机床配置，对后置输出的数控程序的格式，如程序段行号、程序大小、数据格式、编程方式、圆弧控制方式等。单击【加工】—【后置处理】—【后置设置】，弹出【选择后置配置文件】对话框，如图9-41所示。

选择【数控系统文件】，单击【编辑】按钮，即可打开相应的【后置配置】对话框，如图9-42所示。

- 文件长度：可以对数控程序的大小进行控制，文件大小控制以 K 为单位。当输出的代码文件长度大于规定长度时系统自动分割

图9-41 【选择后置配置文件】对话框

文件。例如：当输出的 G 代码文件 post.cut 超过规定的长度时，就会自动分割为 post0001.cut、post0002.cut、post0003.cut、post0004.cut 等。

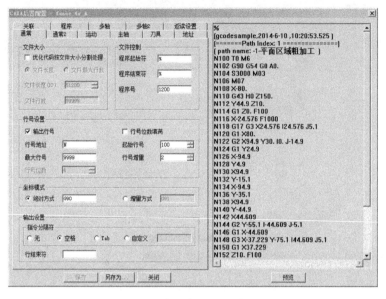

图 9-42 【后置设置】对话框

- 行号设置：在输出代码中控制行号的一些参数设置，包括行号的位数、行号是否输出、行号是否填满、起始行号以及行号递增数值等。
  - 输出行号：选中行号输出则在数控程序中的每一个程序段前面输出行号，反之则不输出。
  - 行号位数填满：指行号不足规定的行号位数时是否用"0"填充。行号填满就是在不足所要求的行号位数的前面补零，如 N0028；反之则是 N28。
  - 行号位数：指输出行号时按几位数输出。
  - 行号增量：程序段行号之间的间隔。如 N002 与 N0025 之间的间隔为 5，建议选取比较适中的递增数值，这样有利于程序的管理。
- 坐标模式：决定数控程序中数值的格式，有绝对方式和增量方式两种。
- 程序号：是记录后置设置的程序号，不同的机床其后置设置不同，所以采用程序号来记录这些设置。以便于用户日后使用。

9.3.2　生成 G 代码

生成 G 代码就是按照当前机床类型的配置要求，把已经生成的刀具轨迹转化成 G 代码数据文件，即 CNC 数控程序，后置生成的数控程序是数控编程的最终结果，有了数控程序就可以直接输入机床进行数控加工。

在对机床进行了配置，并对后置格式进行了设置后，就很容易生成加工轨迹的后置 G 代码。

单击【加工】—【后置处理】—【生成 G 代码】，弹出【生成后置代码】对话框，如图 9-43 所示。

图 9-43 【生成后置代码】对话框

在生成后置代码对话框中输入文件名称和存放的文件目录，选择相应的数控系统，根据状态栏提示选择要生成 G 代码刀具轨迹，可以连续选择多条刀具轨迹，单击【确定】按钮，即可生成相应的 G 代码文件，如图 9-44 所示。

```
NC0001.cut - 记事本
文件(F)  编辑(E)  格式(O)  查看(V)  帮助(H)
%
(NC0001,2014-6-10 ,10:47:58.790 )
(======Path Index: 1 ============)
( path name: 1-四轴柱面曲线加工   )
N100 T0 M6
N102 G90 G54 G0 A0.
N104 S3000 M03
N106 M07
N108 X-13.166
N110 G43 H0 Z50.
N112 Y0. Z40.
N114 Z29.8
N116 G1 Z14.8 F1000
N118 X26.834 F2000
N120 Z29.8
N122 Z40.
N124 G0 X-13.166 Z40.
N126 Z29.6
N128 G1 Z14.6 F1000
N130 X26.834 F2000
N132 Z29.6
N134 Z40.
N136 G0 X-13.166 Z40.
N138 Z29.4
N140 G1 Z14.4 F1000
N142 X26.834 F2000
```

图 9-44　G 代码文件

9.3.3　校核 G 代码

校核 G 代码就是把生成的 G 代码文件反读进来，生成刀具轨迹，以检查生成的 G 代码的正确性。如果反读的刀位文件中包含圆弧插补，就需用户指定相应的圆弧插补格式，否则可能得到错误的结果。若后置文件中的坐标输出格式为整数，且机床分辨率不为 1 时，反读的结果是不对的。亦即系统不能读取坐标格式为整数且分辨率为非 1 的情况。

单击【加工】—【后置处理】—【校核 G 代码】，弹出【校核 G 代码】对话框，如图 9-45 所示，在对话框中读入已经保存的 G 代码，选择数控系统，单击【确定】按钮，则对 G 代码进行校核。

图 9-45　【校核 G 代码】对话框

> 📖 提示：刀位校核只用来进行对 G 代码的正确性进行检验，由于精度等方面的原因，用户应避免将反读出的刀位重新输出，因为系统无法保证其精度。校对刀具轨迹时，如果存在圆弧插补，则系统要求选择圆心的坐标编程方式，其含义前面已经讲过。这个选项针对采用圆心（I，J，K）编程方式。用户应正确选择对应的形式，否则会导致错误。

【例 9-7】　生成 G 代码与校核 G 代码的操作。

将连杆的刀具轨迹生成 G 代码，并进行校核。

![icon] **操作过程**

[1] 打开"连杆.mxe"文件,如图9-46所示。

[2] 单击【加工】—【后置处理】—【生成G代码】,弹出【生成后置代码】对话框,如图9-47所示。

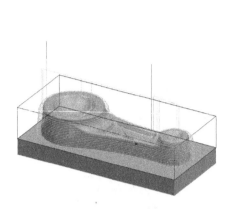

图9-46 连杆

图9-47 【生成后置代码】对话框

[3] 在选择后置文件对话框输入文件名"连杆"和存放的文件目录,根据状态栏提示拾取要生成G代码刀具轨迹,按右键确定,弹出"连杆.cut"G代码文件,如图9-48所示。

[4] 单击【加工】—【后置处理】—【校核G代码】,弹出【校核G代码】对话框,如图9-49所示,在对话框中读入已经保存的"连杆.cut"G代码。

图9-48 G代码文件

图9-49 【校核G代码】对话框

[5] 单击【确定】按钮,则完成对连杆G代码的校核。

9.4 工艺清单

以HTML格式或EXCEL格式生成加工工艺清单,便于机床操用户对G代码程序的使用和对 G 代码程序的管理。根据制定好的模板，可以输出多种风格的工艺清单，模板可以自行设计制定。

单击【加工】—【工艺清单】，打开【工艺清单】对话框，如图 9-50 所示。

- 指定目标文件的文件夹：设定生成工艺清单文件的位置。
- 明细表参数：零件名称、零件图图号、零件编号、设计、工艺、校核等明细表参数。
- 使用模板：系统提供了 8 个模板供用户选择。
  - sample01：关键字一览表提供了几乎所有生成加工轨迹相关的参数的关键字，包括明细表参数、模型、机床、刀具起始点、毛坯、加工策略参数、刀具、加工轨迹、NC 数据等。
  - sample02：NC 数据检查表几乎与关键字一览表相同，只是少了关键字说明。
  - sample03 ~ sample08：系统缺省的用户模板区，用户可以自行制定自己的模板。
- 生成清单：注意到特征树中有选中的轨迹（√），单击生成清单按钮后，系统会自动计算，生成工艺清单。
- 拾取轨迹：单击拾取轨迹按钮后可以从工作区或特征树中选取相关的若干条加工轨迹，拾取后按右键确认会重新弹出工艺清单的主对话框。

图 9-50 【工艺清单】对话框

【例 9-8】 生成工艺清单。

将手机的加工轨迹生成工艺清单。

🐎 操作过程

[1] 打开"手机.mxe"文件，如图 9-51 所示。

[2] 单击【加工】—【工艺清单】，打开【工艺清单】对话框，填写如图 9-52 所示的参数。

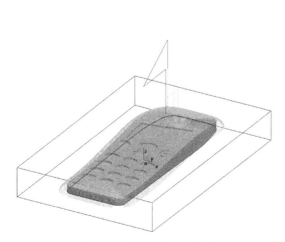

图 9-51 手机的精加工轨迹

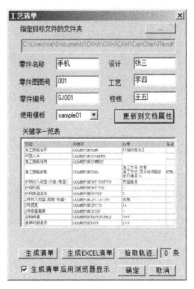

图 9-52 【工艺清单】对话框

[3] 单击【拾取轨迹】按钮，拾取手机的加工轨迹，按右键重新弹出工艺清单对话框，单击【生成清单】按钮，则弹出 HTML 格式的 CAXA 工艺清单，如图 9-53 所示。

图 9-53　CAXA 工艺清单

[4] 用户可以分别打开不同的文件，查看机床、起始点、模型、毛坯、功能参数、刀具、刀具轨迹、NC 数据等加工工艺。

9.5　综合实例：鼠标加工轨迹的仿真和工艺清单

对第 6 章综合实例（鼠标的等高线粗加工和等高线精加工）轨迹进行仿真，并生成相应的 G 代码和工艺清单。

操作步骤

步骤 1　打开练习文件

[1] 单击工具栏中的【打开文件】按钮 📂，打开鼠标的加工轨迹文件，如图 9-54 所示。

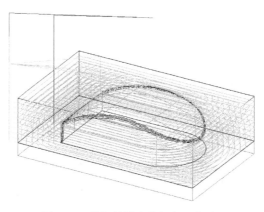

图 9-54　鼠标的等高线粗加工轨迹

步骤 2 加工仿真、刀路检验与修改

[1] 单击【加工】—【实体仿真】，根据状态栏提示拾取刀具轨迹，按鼠标右键，则弹出实体仿真窗口，如图 9-55 所示。

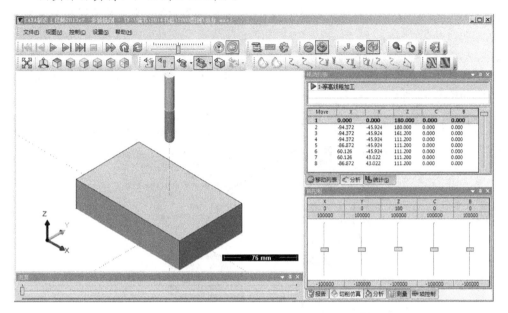

图 9-55 实体仿真窗口

[2] 按下仿真加工对话框中的【播放】按钮 ▶，则系统将进行加工仿真。

[3] 在仿真过程中，系统显示走刀速度和加工状况，如图 9-56 所示。

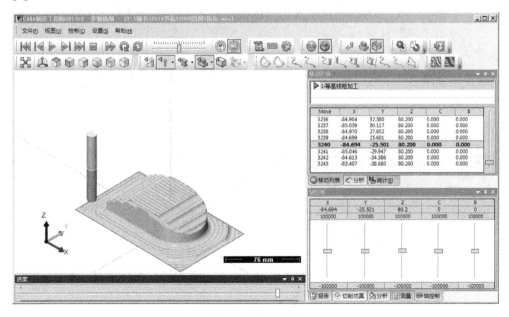

图 9-56 加工仿真

[4] 观察仿真加工走刀路线，检验判断刀路是否正确、合理（有无过切等错误）。

[5] 单击【加工】-【轨迹编辑】，可进行局部轨迹修改。若修改过大，重新生成加工轨迹。

[6] 单击【文件】—【退出】按钮，则退出加工仿真窗口，恢复CAXA制造工程师2013
工作界面。

步骤3　生成G代码

[1] 单击【加工】—【后置处理】—【生成G代码】，弹出【生成后置代码】对话框，
如图9-57所示。

[2] 在选择生成后置代码对话框中输入文件名"鼠标"和存放的文件目录，根据状态
栏提示拾取要生成G代码刀具轨迹，按右键确定，弹出"鼠标.cut"G代码文件，
如图9-58所示。

图9-57　【生成后置代码】对话框　　　　　　　　图9-58　G代码文件

[3] 单击【加工】—【后置处理】—【校核G代码】，弹出【校核G代码】对话框，如
图9-59所示，在对话框中读入已经保存的G代码。单击【确定】按钮，则完成对
鼠标G代码的校核。

步骤4　生成工艺清单

[1] 单击【加工】—【工艺清单】，打开【工艺清单】对话框，填写如图9-60所示的参数。

图9-59　【校核G代码】对话框　　　　　　　　图9-60　【工艺清单】对话框

[2] 单击【拾取轨迹】按钮，拾取鼠标的粗加工轨迹，按右键重新弹出【工艺清单】对话框，单击【生成清单】按钮，则弹出 HTML 格式的 CAXA 工艺清单，如图 9-61所示。

图 9-61　CAXA 工艺清单

[3] 用户可以分别打开不同的文件，查看机床、起始点、模型、毛坯、功能参数、刀具、刀具轨迹、NC 数据等加工工艺。

9.6　思考与练习

1．准备功能指令（G 代码）与辅助功能指令（M 代码）在数控编程中的作用各是什么？
2．G41、G42、G43 的含义是什么？M00、M02、M03 如何应用？
3．常用的轨迹编辑命令有几种？各有什么作用？
4．什么是后置处理？其作用是什么？
5．按图 9-62～图 9-64 进行实体造型，并分析加工过程、生成刀具轨迹和相应的 G 代码，以及工艺清单。

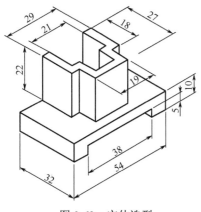

图 9-62　实体造型

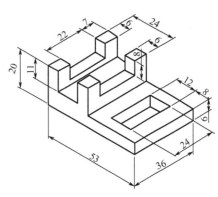

图 9-63　实体造型

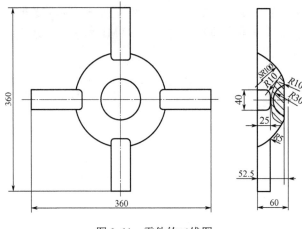

图 9-64　零件的二维图

第10章 综合实例

【内容与要求】

前面的章节介绍了线框造型、曲面造型和实体造型，以及各种加工轨迹的生成方法和轨迹编辑技术等。本章主要通过手机模型和肥皂模具的设计和加工，详细介绍零件实体造型和曲面的生成方法，以及轨迹生成的一些加工方法的具体应用，通过本章的学习能对CAXA制造工程师2013有更深刻地理解和更熟练地掌握。

通过本章的学习应达到如下目标：

- 掌握手机的造型和加工轨迹生成方法；
- 掌握肥皂模具的设计和加工轨迹的生成方法。

10.1 手机模型的设计与加工

通过手机模型（见图10-1）的造型学习拉伸、旋转、过渡等实体特征及扫描面的生成方法。通过手机模型的加工学习毛坯的定义、等高线粗加工、五轴曲线加工、五轴曲面区域加工的加工方法。

10.1.1 手机模型的造型

操作步骤

步骤1 拉伸基本体

[1] 在【零件特征】中XY平面，单击绘制【草图】按钮，进入草图绘制状态。绘制草图如图10-2所示

图10-1 手机

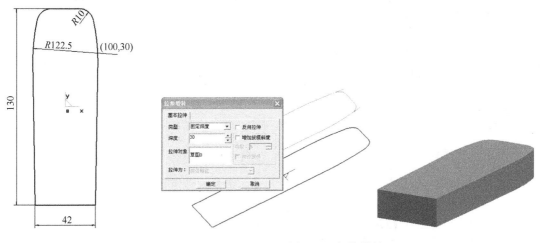

图10-2 绘制草图

图10-3 拉伸增料

[2] 单击特征工具栏上的【拉伸增料】按钮 ⬚，在固定深度类型时中输入深度为 30，并单击【确定】按钮，结果如图 10-3 所示。

[3] 在【零件特征】中 YZ 平面，单击绘制【草图】按钮 ✎，进入草图绘制状态。绘制草图如图 10-4 所示，其中样条线型值点为(65,5)，(32.5,10)，(0,7.5)，(−32.5,4.8)，(−65,5)。

[4] 单击特征工具栏的【拉伸除料】按钮 ⬚，选择贯穿，结果如图 10-5 所示。

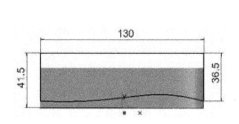

图 10-4　绘制样条曲线草图

图 10-5　拉伸除料

[5] 单击特征工具栏的【过渡】按钮 ⬚，在对话框中输入半径为 5，拾取手机的两条棱结，并单击【确定】按钮，结果如图 10-6 所示。

图 10-6　棱结过渡

[6] 单击特征工具栏的【过渡】按钮 ⬚，在对话框中输入半径为 3，拾取手机上表面的所有棱线，并单击【确定】按钮，结果如图 10-7 所示。

步骤 2　旋转除料

[1] 按 F6 键，单击【直线】按钮 ✎，在距 Z 轴 45 处画一平行于 Z 轴的直线作为之后旋转除料的旋转轴线，如图 10-8 所示。

图 10-7　棱线过渡

图 10-8　绘制旋转轴线

[2] 在【零件特征】中 YZ 平面，单击绘制【草图】按钮 ✎，进入草图绘制状态。绘制草图如图 10-9。

[3] 单击【旋转除料】 ⬚ 按钮，拾取之前所作草图和作为旋转轴的空间直线，并单击【确定】按钮，然后删除空间直线，结果如图 10-10 所示。

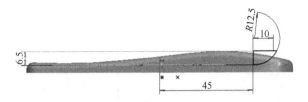

图 10-9　绘制草图

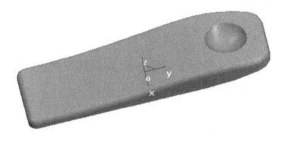

图 10-10　旋转出料

步骤 3　按键造型

[1]　单击【构造基准面】◇按钮，拾取 XY 平面为等距基准面，输入 20 并单击【确定】
　　按钮，结果如图 10-11 所示。

[2]　选择所构造平面，单击绘制【草图】✎按钮，进入草图绘制状态。绘制草图如图 10-12
　　所示。

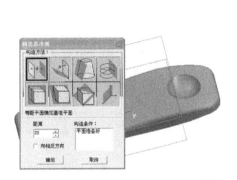

图 10-11　构造基准面

图 10-12 绘制草图

[3]　单击【样条线】按钮～，画样条线，型值点为(0,65,4)，(0,32.5,9)，(0,0,6.5)，
　　(0,–32.5,3.8)，(0,–65,4)，如图 10-13 所示。

图 10-13　绘制样条曲线

[4]　单击【扫描面】按钮▣，输入起始距离–50，扫描距离 100，扫描 X 轴正方向，拾

取样条线，作出扫描面如图 10-14。

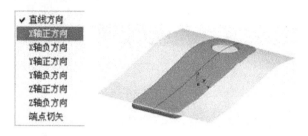

图 10-14　扫描面

[5]　单击特征工具栏的【拉伸除料】按钮 ⬚，选择拉伸到面，拾取草图及扫描面并单击
【确定】按钮，隐藏扫描面，结果如图 10-15 所示。

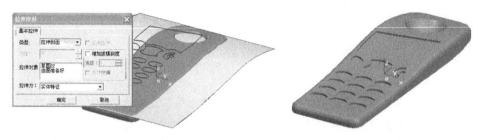

图 10-15　拉伸除料

[6]　单击特征工具栏的【过渡】按钮 ⬚，在对话框中输入半径为 0.9，拾取过渡棱线，
并单击【确定】按钮，如图 10-16 所示。

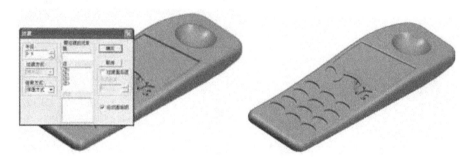

图 10-16　棱线过渡

10.1.2　手机模型的加工

工艺分析

手机模型的毛坯尺寸为：100×150×20，材料为铝材。

零件整体形状平坦，可先采用等高线粗加工。手机上表面可以采用五轴曲面区域加工方
法加工，设置加工曲面预留量为 0，刀具用直径为 5mm 的球头铣刀；曲面上的浅孔采用五轴
曲线加工方法，刀具用直径为 2mm 的球头铣刀。

加工步骤如下：

* 用直径为 ϕ8mm 的端铣刀做等高线粗加工。

- 用直径为ϕ5mm的球头铣刀做五轴曲面区域加工。
- 用直径为ϕ2mm的球头铣刀做五轴曲线加工。

操作步骤

步骤1　毛坯定义

[1] 在如图10-17所示的轨迹管理对话框中，双击【毛坯】按钮，打开【毛坯定义】对话框。

[2] 在毛坯定义对话框中选择【参照模型】，如图10-18所示，单击【确定】按钮，则得到手机加工的毛坯如图10-19所示。

图10-17　轨迹管理对话框

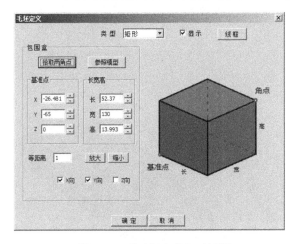

图10-18　【毛坯定义】对话框

图10-19　手机的毛坯

步骤2　等高线粗加工

[1] 单击【加工】—【常用加工】—【等高线粗加工】，或者直接单击🔩按钮，弹出等高线粗加工对话框。填写【加工参数】选项卡如图10-20所示，单击【确定】按钮。

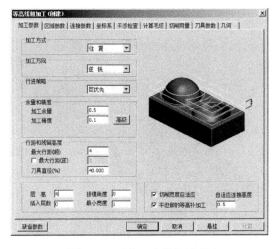

图10-20　【加工参数】选项卡

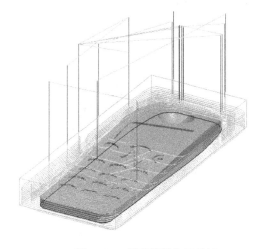

图10-21　等高线粗加工轨迹

[2] 根据状态栏提示拾取加工对象为整个实体，单击右键确认，则结果如图10-21所示。

[3] 单击特征树中的【1-等高线粗加工】命令，单击右键，选择【隐藏】粗加工的刀具轨迹。

步骤3 五轴曲面区域加工

[1] 单击【相关线】按钮 🖐，选择手机实体的外轮廓
边界，如图10-22所示。

图10-22 选择手机实体的外轮廓边界

[2] 单击【五轴曲面区域加工】按钮 🔧，弹出【五轴
曲面区域加工】对话框，如图10-23所示，定义加
工参数，走刀方式为平行加工，往复，拐角过渡方
式为圆弧过渡，行距为2，起止高度50，安全高度
30，下刀相对高度10。选择直径为5的球形铣刀。

[3] 单击【确定】按钮，根据命令提示行，拾取加工对象为手机上表面，拾取轮廓曲线，
选择轮廓搜索方向，单击右键，结果如图10-24所示。

图10-23 【五轴曲面区域加工】对话框

图10-24 五轴曲面区域加工刀具轨迹

[4] 单击特征树中的【2-五轴曲面区域加工】按钮，单击右键，选择【隐藏】粗加工的
刀具轨迹。

步骤4 五轴曲线加工

[1] 单击【相关线】按钮 🖐，选择手机上表面的浅孔轮廓边界，如图10-25所示。

图10-25 选择手机的轮廓边界

图10-26 选择手机的上表面为实体表面

[2] 单击【实体表面】按钮 🔲，选择手机上表面，如图10-26所示。

[3] 单击【五轴曲线加工】按钮 🔧，弹出【五轴曲线加工】对话框，如图10-27所示，
定义加工参数，顶层高度为2，底层高度为0，每层下降高度为0.5，偏置选项为曲
线上，层间走刀方式为往复。选择直径为2的球形铣刀。

[4] 单击【确定】按钮，根据命令提示行，拾取加工曲面为手机上表面，选择加工曲面方向朝下，依次拾取轮廓曲线，选择轮廓搜索方向，结果如图10-28所示。

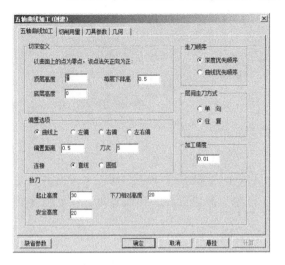

图 10-27 【五轴曲线加工】对话框

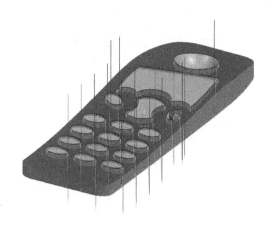

图 10-28 五轴曲线加工刀具轨迹

10.2 肥皂模具的设计与加工

通过肥皂的造型学习拉伸、变半径过渡、裁剪、布尔运算等实体特征及放样面的生成方法。通过肥皂模型的加工学习毛坯的定义、等高线粗加工、等高线精加工及扫描线精加工的加工方法。

10.2.1 肥皂模具的造型

操作步骤

步骤 1　拉伸基本体

[1] 在【零件特征】中 XY 平面，单击绘制【草图】按钮 ，进入草图绘制状态。绘制草图如图 10-29 所示。

[2] 单击特征工具栏上的【拉伸增料】按钮 ，在固定深度类型时中输入深度为 15，并单击【确定】按钮。结果如图 10-30 所示。

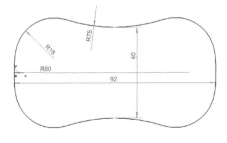

图 10-29　绘制草图

图 10-30　拉伸实体

[3] 单击特征工具栏的【过渡】按钮 ，选择变半径、光滑变化，拾取上表面所有棱线，除顶点 2 和顶点 7 过渡半径为 13 外，其余顶点过渡半径为 15，并单击【确定】按

钮，如图 10-31 所示。

图 10-31　实体过渡

步骤 2　作花纹特征

[1]　按 F5 键，单击【直线】按钮 ，作一直线过 R18 和 R75 交点，单击【扫描面】按钮 ，输入起始距离–20，扫描距离 40，扫描 Z 轴正方向，拾取直线，作出扫描面如图 10-32 所示。

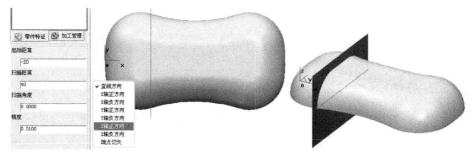

图 10-32　扫描面

[2]　单击【曲面裁剪除料】按钮 ，拾取扫描面，确定后隐藏直线和扫描面，结果如图 10-33 所示。

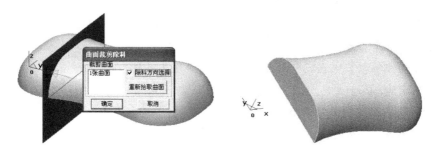

图 10-33　曲面裁剪

[3]　单击【相关线】按钮 ，选择实体边界，拾取实体边界，确定后结果如图 8-34 所示。

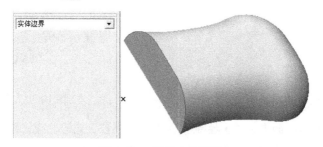

图 10-34　拾取实体边界

[4] 单击【曲线组合】按钮🌙，选择删除原曲线，拾取实体边界线组合成一条曲线后，将特征树中的裁剪特征删除，结果如图 8-35 所示。

[5] 用同样的方法作出香皂中间和右侧的另外两条曲线，如图 10-36 所示。

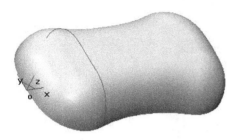

图 10-35　恢复实体裁剪

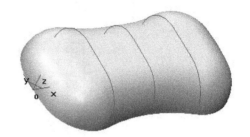

图 10-36　作另外两条曲线

[6] 单击【放样面】按钮◇，选择单截面线，依次拾取三条曲线，生成放样面，如图 10-37 所示。

图 10-37　生成放样面

[7] 单击【等距面】按钮🗐，选择放样面，等距距离为 0.5，方向朝下，如图 10-38 所示。

[8] 单击【消隐显示】按钮◇，单击香皂上平面，按 F2 键，进入草图状态，绘制草图如图 10-39 所示。

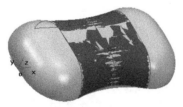

图 10-38　生成等距面

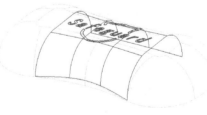

图 10-39　绘制草图

[9] 单击特征工具栏的【拉伸除料】按钮🔲，选择拉伸到面，拾取等距面并确定，隐藏扫描面，单击【真实感显示】按钮◇，结果如图 10-40 所示。

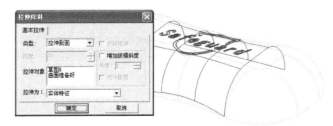

图 10-40　拉伸除料

[10] 单击【保存】按钮🖫，将文件保存为"香皂.X-t"格式文件。

步骤 3　布尔运算

[1]　按 F5 键，单击【直线】按钮✎，作一过原点的水平线，单击【实体布尔运算】按钮🖰，打开"香皂.X-t"格式文件，如图 10-41 所示。

图 10-41　打开文件

[2]　选择"当前零件 U 输入零件"，拾取原点为定位点，定位方式选择拾取定位的 X 轴，拾取水平线为 X 轴，输入旋转角度 180，确定后结果如图 10-42 所示。

图 10-42　输入特征

10.2.2　肥皂模型的加工

工艺分析

香皂模型的毛坯尺寸为：103×160×30，材料为铝材。

零件整体形状平坦，非常适合采用等高线粗加工和等高线精加工完成加工。香皂模型上表面的文字图案可用扫描线精加工来完成。

加工原点：零件的底部中心为坐标原点。

安全高度：因零件的最高点 Z 坐标为 15，所以安全高度设为 50，起始点坐标为（0,0,50）

加工步骤如下：

- 直径为 ϕ8mm 的端铣刀做等高线粗加工。
- 用直径为 ϕ10mm，圆角为 r2 的圆角铣刀做等高线精加工。
- 用直径为 ϕ0.2mm 的雕铣刀做扫描线精加工铣花纹。

操作步骤

步骤 1　毛坯定义

[1]　在如图 10-43 所示的【轨迹管理】对话框中，双击【毛坯】命令，打开【毛坯定义】

对话框。

[2] 在【毛坯定义】对话框中输入如图 10-44 所示的参数,单击【确定】按钮,则得到肥皂加工的毛坯。

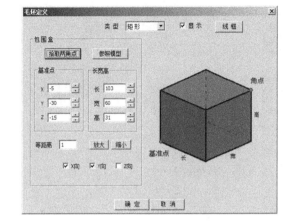

图 10-43 【轨迹管理】对话框　　　　　　　　　　图 10-44 【毛坯定义】对话框

步骤 2　等高线粗加工

[1] 单击【加工】—【常用加工】—【等高线粗加工】,或者直接单击⬛按钮,弹出【等高线粗加工】对话框。填写【加工参数】选项卡,如图 10-45 所示,单击【确定】按钮。

[2] 根据状态栏提示拾取加工对象为整个实体,单击右键确认,则结果如图 10-46 所示。

[3] 单击特征树中的【1-等高线粗加工】命令,单击右键,选择 【隐藏】粗加工的刀具轨迹。

图 10-45 【加工参数】选项卡

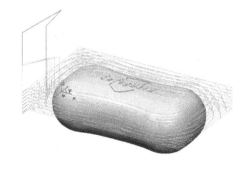

图 10-46　等高线粗加工轨迹

步骤 3　等高线精加工

[1] 单击【加工】—【常用加工】—【等高线精加工】,或者直接单击⬛按钮,弹出等【高线精加工】对话框。填写【加工参数】选项卡,如图 10-47 所示,单击【确定】按钮。

[2] 根据状态栏提示拾取加工对象为整个实体,单击右键确认,则结果如图 10-48 所示。

图 10-47 【加工参数】选项卡　　　　　　　　图 10-48 等高线精加工轨迹

步骤 4　扫描线精加工

[1] 单击【加工】—【常用加工】—【扫描线精加工】按钮，或者直接单击 🔧 按钮，弹出【扫描线精加工】对话框。填写【加工参数】选项卡，如图 10-49 所示，单击【确定】按钮。

[2] 根据状态栏提示选择花纹所在曲面为加工对象，拾取花纹边界为加工边界，刀具轨迹结果如图 10-50 所示。

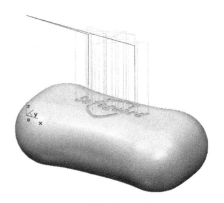

图 10-49 【加工参数】选项卡　　　　　　　　图 10-50 等高线精加工轨迹

10.3 思考与练习

按图 10-51～图 10-53 所示的二维图进行实体造型，并分析加工过程，生成相应的刀具轨迹和 G 代码，以及工艺清单。

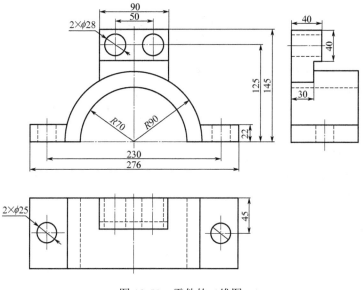

图 10-51　零件的二维图

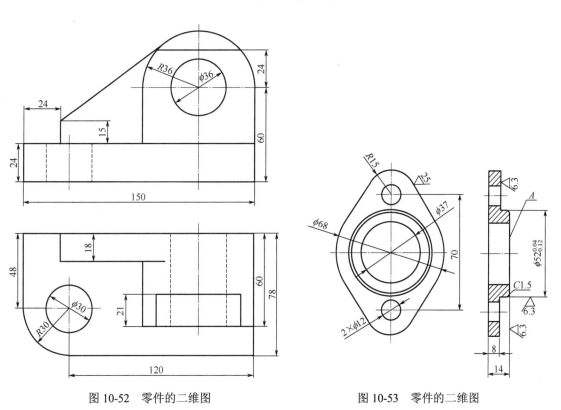

图 10-52　零件的二维图

图 10-53　零件的二维图

反侵权盗版声明

电子工业出版社依法对本作品享有专有出版权。任何未经权利人书面许可,复制、销售或通过信息网络传播本作品的行为;歪曲、篡改、剽窃本作品的行为,均违反《中华人民共和国著作权法》,其行为人应承担相应的民事责任和行政责任,构成犯罪的,将被依法追究刑事责任。

为了维护市场秩序,保护权利人的合法权益,我社将依法查处和打击侵权盗版的单位和个人。欢迎社会各界人士积极举报侵权盗版行为,本社将奖励举报有功人员,并保证举报人的信息不被泄露。

举报电话:(010)88254396;(010)88258888

传　　真:(010)88254397

E-mail:dbqq@phei.com.cn

通信地址:北京市万寿路 173 信箱

　　　　　电子工业出版社总编办公室

邮　　编:100036